FRONTEIRAS CULTURAIS

FRONTEIRAS CULTURAIS
Brasil – Uruguai – Argentina

Maria Helena Martins
Organizadora

Copyright © 2002 by autores

Direitos reservados e protegidos pela Lei 9.610 de 19.02.98.
É proibida a reprodução total ou parcial sem autorização,
por escrito, da editora.

ISBN 85-7480-122-4

Direitos reservados à
ATELIÊ EDITORIAL
Rua Manoel Pereira Leite, 15
06709-280 – Granja Viana – Cotia – SP
Telefax (11) 4612-9666
www.atelie.com.br
e-mail atelie_editorial@uol.com.br
2002

Impresso no Brasil
Foi feito depósito legal

SUMÁRIO

AGRADECIMENTOS 11

APRESENTAÇÃO – *Olívio Dutra* 13

INTRODUÇÃO – *Maria Helena Martins* 15

Parte I: PANORAMA

1. FRONTEIRAS CULTURAIS E GLOBALIZAÇÃO 21

   Fronteiras Culturais – *Luiz Paulo Pilla Vares* 23
   Fronteiras, Fronteiras Culturais e Globalização –
   Jacques Leenhardt 27
   Além das Fronteiras – *Sandra Jatahy Pesavento* 35

2. MULTICULTURALISMO, IDENTIDADE NACIONAL, INTEGRAÇÃO CULTURAL 41

   Multiculturalismo e Identidade Nacional – *Ligia Chiappini* ... 43
   Integração Cultural Regional – *Aldyr Garcia Schlee* 61
   A América Latina não Existe – *Flávio Wolf de Aguiar* 65

Parte II : APROXIMAÇÕES

1. GAUCHESCA: ENTRE SUL-RIO-GRANDENSES E CASTELHANOS 71

   Encruzilhadas e Fronteiras da Gauchesca (Do Rio da Prata ao
     Rio Grande do Sul) – *Pablo Rocca* 73
   A Gauchesca Brasileira: Revisão Crítica do Regionalismo –
     Léa Masina 93
   Matrero, Guerreiro e Peão Campeiro: Aspectos da Construção
     Literária do Gaúcho – *César Augusto Barcellos Guazzeli* 107
   O Nosso Pampa, Tão Comum e Vário –
     Luiz Antonio de Assis Brasil 127

2. VÍNCULOS PORTENHOS E LITERÁRIOS DA PSICANÁLISE NO
   RIO GRANDE DO SUL 133

   Psicanálise e Cultura: Trajetórias e Fronteiras –
     Cláudio Laks Eizirik 135
   Depois de uma Tarde Sombria – *Roberto Bittencourt Martins* .. 143
   A Psicanálise no Rio Grande do Sul: Aspectos Históricos –
     Cláudio M. Martins 149
   A Ficção, ou a Imortalidade do Real, na Mentira –
     Theobaldo Oliveira Thomaz 155

3. INSTITUIÇÕES CULTURAIS E O MERCOSUL 161

   Caminhadas Além das Fronteiras – *Margarete Moraes* 163
   Instituições Culturais e o Mercosul – *Ricardo Ribenboim* 167
   Livros de Autores Brasileiros na Argentina: Uma Força de
     Alteridade Negada – *Gustavo Sorá* 171

4. GAÚCHOS, FUTEBOL E INTERNET 209

   Fronteiriças – *Ruy Carlos Ostermann* 211
   Página do Gaúcho, o Maior *Site* sobre a Cultura
     Gaúcha na Internet – *Roberto Cohen* 213

5. PESQUISANDO PRÁTICAS CULTURAIS NA FRONTEIRA 217

   Práticas Comunicacionais em Espaços de Fronteira: Os Casos
     do Brasil-Argentina e Brasil-Uruguai – *Karla Maria Müller* . 219

Pagos, Passagens, Incertezas... O Drama da Fronteira –
Maria Helena Martins 233

SOBRE OS AUTORES 253

SÍNTESE BIOBIBLIOGRÁFICA DE CYRO MARTINS 259

AGRADECIMENTOS

Aos Autores, que tornaram possível e valioso este livro; à Ateliê Editorial e à Secretaria de Cultura de Porto Alegre, que acreditaram na importância desta publicação. À artista Bina Monteiro, autora da obra que ilustra a capa, *Campanha*, gentilmente cedida.

A quem viabilizou a realização do *1º Encontro Fronteiras Culturais (Brasil-Uruguai-Argentina)*, origem deste livro: Profª. Aymara Celia, pela assessoria; Profªs. Dras. Léa Masina e Sandra Jatahy Pesavento, pela colaboração na Comissão Organizadora; SESI/FIERGS, Secretaria de Estado da Cultura do Rio Grande do Sul, Instituto Estadual do Livro (IEL); FAPERGS, UFRGS, Itaú Cultural, Palco Habitasul e Substância News, pelos apoios.

APRESENTAÇÃO*

O governo do Estado do Rio Grande do Sul orgulha-se de participar desta iniciativa, de reforçá-la e de potencializá-la, porque ela tem muito a ver com a nossa visão de integração, que não a subordinada mas a desejada há muito pelos povos, não só desta parte da América Latina, o Cone Sul, mas da América Latina como um todo. O sonho de integração entre os povos no mundo, no processo de acumulação de riquezas nas mãos de poucos desencadeado pelo capitalismo, acaba se transformando numa expansão do domínio dos interesses econômicos de grupos poderosos localizados aqui ou ali. Nós achamos que as relações de comércio, as trocas entre os países, são importantes, têm de ser trabalhadas, intensificadas, programadas, previstas, planejadas. Por isso mesmo queremos construir uma outra relação de troca no mundo. A que existe é uma relação de troca subordinada. Mais do que isto, uma relação com ênfase apenas no econômico, que coloca as populações de diferentes regiões e países na condição de mercadorias na prateleira de um vasto supermercado. Nós queremos a globalização e a integração de valores culturais, solidários, de valores democráticos, libertários, e este evento condiz com essa visão.

* Excerto de discurso do Governador do Rio Grande do Sul, Olívio Dutra, na Abertura do 1º Encontro Fronteiras Culturais (Brasil-Uruguai-Argentina), Porto Alegre, Casa de Cultura Mário Quintana, 12 de dezembro de 2000.

Nós somos parceiros de um mesmo destino na América Latina: construir a grande pátria sonhada por Bolívar. O Brasil, por meio deste Estado – o mais meridional do nosso país, o Rio Grande do Sul –, está nisso junto com os irmãos, *hermanos*, uruguaios, argentinos, paraguaios, chilenos e os demais vizinhos latino-americanos. Por isso, a integração não é apenas o Mercosul. Aliás, este nome – Mercosul – dá ênfase ao mercado, mas é evidente que não vamos brigar pelo nome, queremos entrar pelo conteúdo dessa integração. E aqui está uma ação concreta a mostrar como essa integração pode ter uma construção mais rica, mais instigante, mais identificadora da idéia de fraternidade, de enriquecimento mútuo, de afirmação da pluralidade, da permanência no fluxo, da troca, do intercâmbio de valores que sedimentam as ricas sensibilidades do nosso povo para a criação cultural, artística, literária, musical, em todas as áreas do pensar e do conhecer humano. É uma iniciativa que tem no centro esta questão: o ser humano, as suas riquezas, as suas potencialidades e as miríades de sensibilidades despertadas pelo existir e viver num espaço especial no mundo – a fronteira.

A nossa Secretaria da Cultura, a Casa da Cultura Mário Quintana, o Centro de Estudos de Literatura e Psicanálise Cyro Martins – os participantes do 1º Encontro Fronteiras Culturais (Brasil-Uruguai-Argentina) e cada um de nós estamos diante de um bom desafio: possibilitar que a integração entre nossos povos seja uma integração de quem visa à construção de uma sociedade que seja prazerosamente vivida por todos, enriquecida por valores que dignificam o ser humano, despertem as suas sensibilidades e construam na fraternidade a nossa grande Pátria, Pátria de todos, sem fronteira física ou econômica que a impeça de existir.

A obra de Cyro Martins tem enorme significado nessa visão de integração – é o centro de estudos e de reflexões porque trabalha objetivamente essa relação e as potencialidades do intercâmbio cultural na região. Uma troca, portanto, não apenas de mercadorias, mas uma troca que enriquece a todos e que possibilita que nos afirmemos como herdeiros daquela visão de Bolívar e de tantos outros que, na história da humanidade, sonharam com a possibilidade de um dia sermos cidadãos do mundo, sem que percamos nossa identidade local ou regional. Essa integração é não só possível, mas necessária e ela avança com eventos como este, tendo agentes e protagonistas como cada um e todos nós. O governo do Rio Grande do Sul se orgulha de ser parceiro desta boa luta.

OLÍVIO DUTRA
Governador do Estado do Rio Grande do Sul

INTRODUÇÃO

A região que abrange a fronteira do Rio Grande do Sul com o Uruguai e a Argentina é peculiar. Nela se mesclam formação histórica e geográfica, constituição social, idiomas, literaturas, costumes de três países. Daí a importância do estudo de práticas culturais dessa região, elos para repensar o passado, pontes para um futuro possível, constituintes do aqui-e-agora de suas populações. Ademais, tem-se nesse contexto excelente oportunidade para analisar meandros da integração cultural que – face a tensões conceituais e concretas entre globalização, multiculturalismo e identidade nacional –, assume papel decisivo.

No exame dos modos de dizer, ver o mundo e conviver se encontrariam respostas aos insondáveis de suas fronteiras e da situação de fronteira? Estariam aí possibilidades de se trazer à tona elementos capazes de, potencializados pela prática conseqüente, pelo estudo sistemático, pela "ação integradora", auxiliar a superação de precariedades?

Para promover exposição de idéias, apresentação de pesquisas e discussão sobre essas questões, o Centro de Estudos de Literatura e Psicanálise Cyro Martins realizou o 1º Encontro Fronteiras Culturais (Brasil-Uruguai-Argentina).

Reuniram-se especialistas em diferentes saberes e artes, que manifestaram suas constatações, dúvidas e expectativas; descobriram pontos de contato e contrastes, aproximaram-se de outras formas de conhecer. Participantes vieram da Europa, dos Estados Unidos, do Uruguai e da Argentina, de outros Estados do Brasil e do interior do Rio Grande do Sul para se encontrar, nos dias 12, 13 e 14 de dezembro de 2000, na Casa de Cultura Mário Quintana, em Porto Alegre. Em conferências, mesas-redondas e debates – oportunamente ilustrados pela Mostra de Vídeos *Fronteiras – Um Olhar Investigativo* (Itaú Cultural) e pela biografia visual *Cyro, o Transfigurador do Óbvio*, criação da artista plástica Liana Timm – foram apresentados trabalhos das Letras à História, da Antropologia à Sociologia, da Comunicação às Artes em geral. Todos, ora mais ora menos, voltados para questões culturais que envolvem os três países, tendo em mente o contexto fronteiriço e as fronteiras culturais.

Aos leitores deste livro chamará a atenção que os Autores, num esforço de compreensão da amplitude dessas fronteiras, chegam aos limiares de outros saberes e discursos. Buscam fronteiras, enfim, na temática que abordam e no próprio exercício de sua reflexão. Disponíveis para outros horizontes, acercam-se de entendimento mais fecundo ao lançar pontes para o conhecer integrado e compartilhado. Historiadores valem-se da literatura, críticos literários orientam-se por referências históricas; comunicadores, antropólogos, filósofos, sociólogos põem seus conhecimentos a serviço de uma melhor compreensão da formação cultural da região.

Ressalta, no geral, a reflexão sobre expressões e conceitos amplos, possibilitando um panorama – globalização, cultura, fronteira/fronteiras, multiculturalismo, identidade nacional, América Latina, integração cultural – assim como a apresentação de aproximações a questões mais específicas – gauchesca, Mercosul e intercâmbio cultural, tradução-edição de autores brasileiros na Argentina, fronteira sul-rio-grandense e suas fronteiras culturais. Resulta um todo harmônico, em que se entrecruzam idéias, surgem perspectivas novas de situações previamente abordadas, retomam-se proposições para lhes dar conotação diferente. Ganha o leitor, que tem o privilégio de compartilhar esse processo e estabelecer outras relações significativas.

Os textos aqui apresentados – pela abordagem acadêmica, pelo trabalho de campo, pela atuação cotidiana – remetem à necessidade de conhecer, compreender e valorizar práticas culturais; de reconhecer suas fronteiras como possibilidades e não como limitação. Também nos levam a pensar na importância dessas questões serem consideradas no âmbito das ações políticas e econômicas, com intuito de responder a demandas sociais da população fronteiriça e, além dela, dos povos e culturas periféricos. Assim, perpassa o livro um aporte humanista que fortalece sua relação com propósitos do Centro de Estudos de Literatura e Psicanálise Cyro Martins, norteados por seu inspirador:

O humanismo de nossos dias é um humanismo voltado para o futuro, que aspira a abranger os mais variados ramos do saber, de molde a equilibrar os condicionamentos do meio com as idéias abstratas, e daí partir para uma saída através de fatos e circunstâncias inerentes à nossa cultura, entre eles o exercício prático da proteiforme tecnologia contemporânea. Por isso não julga uma ciência superior a outra, elas se completam. Entretanto, nos incita a meditar sobre a circunstância de serem as nossas mais profundas e duradouras gratificações provenientes de fontes somáticas, intelectuais, morais e estéticas. Nós, estudiosos, como agentes do futuro, temos deveres e privilégios. Estes são prerrogativas de quem chega na frente. Os deveres se referem ao destino coletivo. O destino não se enfrenta de olhos fechados, submissos à fatalidade da tragédia grega. Cabe-nos nesta encruzilhada da conjuntura mundial enfrentar a esfinge com um sistema objetivo de pensamento e ação, para que possamos planejar o futuro previsível. A primeira medida deverá consistir na renúncia das palavras pretensiosas que conduzam ao pseudoconhecimento conceitualizado, forma neutralizadora do contato direto com a realidade. A civilização ocidental, através de grandezas, acertos, erros e misérias, nos colocou às portas de uma tomada de consciência humanística, que compreende uma conotação trágica e que deverá levar os homens mais esclarecidos a repensar o nosso entusiasmo pelos milagres da técnica, tão fabulosos e arrebatadores que obscurecem a suprema obra da natureza, a unidade mente-corpo, denominada homem. (CYRO MARTINS, *O Mundo em que Vivemos*, 1983.)

MARIA HELENA MARTINS

Parte I
PANORAMA

1
Fronteiras Culturais e Globalização

FRONTEIRAS CULTURAIS

Luiz Paulo Pilla Vares*

Quero começar com a idéia da importância da arte como antecipação do futuro. A tragédia grega, por exemplo, quando analisada no século XIX por estudos jurídicos, pode ser vista como uma supremacia do direito paterno sobre o direito materno. Posteriormente, com Freud, essa mesma tragédia grega ganha outros enfoques, de tal forma que hoje é quase impossível nos voltarmos às obras de Sófocles e Eurípides sem imaginarmos a presença marcante de Freud. As *Relações Perigosas,* de Choderlos de Laclos, por sua vez, remete-nos ao cenário que vai dar origem à Revolução Francesa. *Os Irmãos Karamazov,* do genial Dostoiévski, é impossível de ser lida hoje sem que se tenha o cenário posterior da Revolução Russa. A obra de Kafka nos coloca diante da previsão fantástica da literatura do fascismo.

Chego finalmente a uma novela esquecida mas fundamental, principalmente depois de ter sido imortalizada no cinema. Eu me refiro a *Farenheit 451,* de Ray Bradburry, que François Truffaut marcou com um filme inesquecível. Esta obra antecipa um mundo sem literatura, um mundo de imagens. Ela só é compreensível realmente a partir do final do século XX tamanha a sua dramaticidade. Ela seria, pois, a ilustração prática das teorias

---

* Secretário de Estado da Cultura quando da realização do 1º Encontro Fronteiras Culturais (Brasil-Uruguai-Argentina).

de Adorno, do seu pessimismo em relação à indústria cultural, pessimismo o qual, infelizmente, realizou-se na sua integralidade.

Vivemos hoje num mundo cultural dominado pela concepção de mercado. Não é mais a produção cultural como aquela afirmação de Goethe, da criação para a eternidade. A criação para a eternidade é o objetivo de todo o artista. Hoje a uniformização do gosto, a cultura do clipe, da velocidade e da ausência de espaço para o espírito crítico, transformam o produto cultural – e eu acho abusivo até chamar produto cultural – em um produto como outro qualquer. É preciso que ele seja imediatamente substituído no mercado. A cultura que temos hoje diante de nós é a cultura da moda e a progressiva destruição das linguagens regionais e específicas para o surgimento de um único idioma universal – que, obviamente, não é o Esperanto. É claro que qualquer grande obra de arte, que qualquer grande obra da cultura humana será sempre universal, mas esse universal precisa ser efetivamente embasado na sua realidade, que mantenha aquilo que o Iluminismo nos deixou como uma herança mais preciosa, que é o espaço para a reflexão crítica.

É por isso que este Encontro – que eu tenho a honra de abrir sem reunir as qualidades para tal, tantos são os nomes importantes que o Centro de Estudos de Literatura e Psicanálise Cyro Martins sabiamente escolheu – deve ser efetivamente maduro e crítico de modo que possa resultar em conseqüências importantes para a crise da cultura que vivemos.

Acho que este é o primeiro ponto que devemos ter em mente, ou seja, a crise da cultura contemporânea. Nunca tivemos uma crise tão profunda. Quando a Antigüidade Clássica foi substituída pelo Feudalismo, nem assim houve uma crise tão grande na cultura mundial. Outros valores surgiram no bojo da destruição da Antigüidade Clássica. Novas formas e novos conteúdos ressurgiram com o Renascimento. O próprio século XX, este conturbado século XX, foi riquíssimo em termos de criação cultural. Foi o século do cubismo, do surrealismo, do cinema, neo-realismo italiano, do cinema francês de René Clair, de Jacques Tatit. Foi o século do cinema brasileiro, da pintura contemporânea, o século, enfim, do teatro de Brecht, do romance americano, de Ernest Hemingway, de William Faulkner, foi um século riquíssimo.

Quero chegar, finalmente, ao nosso tempo, que é o das nossas culturas. Culturas que vão progressivamente sendo submersas por uma única, pela cultura do Ratinho, do Silvio Santos, da imprensa contemporânea, do videoclipe. Enquanto a cultura desses três países [Brasil, Argentina, Uruguai] é riquíssima. Não vou falar em nomes já consagrados. Queria falar especificamente na cultura rio-grandense, que é relegada a um plano inteiramente secundário no país.

Há pouco referia ao editor de Saramago a rica literatura gaúcha, a literatura de Cyro Martins, a literatura de Dyonélio Machado, de Qorpo Santo, esse precursor de Alfred Jarry. Enfim, essa cultura tão rica que nós temos e que é desconhecida no momento em que ultrapassamos o Mampituba. Por isso mesmo acho ser obrigação nossa, para inclusive resistirmos à uniformização e à cultura daquilo que o prefeito eleito de Porto Alegre, Tarso Genro, chama o "cidadão nádegas", aquele que passa o dia inteiro diante de um aparelho de televisão.

O engajamento da Secretaria de Estado da Cultura neste projeto tem esse sentido. Que as novas gerações leiam Jorge Luis Borges, ouçam Astor Piazzola, leiam Eduardo Galeano; que os uruguaios e os argentinos leiam Cyro Martins, leiam Dyonélio Machado, ouçam Nei Lisboa. Esse é o sentido efetivo, essa destruição de fronteiras e ao mesmo tempo a afirmação da identidade. Pensamos que não é correto buscar uma identidade em que desapareçam as particularidades. O universal só pode ser compreendido na medida em que o singular permanece. E essa superação de fronteiras, que o Centro de Estudos Cyro Martins propõe, só pode ser efetiva e enriquecedora se as linguagens particulares permanecerem. Se o argentino continuar sendo argentino, se o uruguaio continuar sendo uruguaio, se o brasileiro continuar sendo brasileiro e, no universo brasileiro, o gaúcho continuar sendo gaúcho com a sua linguagem, com a sua concepção de vida. Então sim, aí é possível se falar em uma integração.

Referências Bibliográficas

ADORNO, T. e HORKHEIMER, M. *Dialética do Esclarecimento*. Rio de Janeiro, Zahar, 1985.
BENJAMIN, Walter. "A Obra de Arte na Era da Reprodutibilidade Técnica". *Magia e Técnica, Arte e Política*. São Paulo, Brasiliense, 1985.
JAMESON. *A Cultura do Dinheiro*. Petrópolis, Vozes, 2001.

FRONTEIRAS, FRONTEIRAS CULTURAIS E GLOBALIZAÇÃO

JACQUES LEENHARDT

Nosso Encontro reúne pesquisadores de vários países que têm uma fronteira comum em torno de um território sociocultural que não define senão práticas, obras de arte e tratados. Estes últimos não podem, por definição, levar em conta a unidade cultural que transcende essas fronteiras inscritas sobre os mapas entre a Argentina, o Brasil e o Uruguai. Aquilo que, entretanto, caracteriza este território, culturalmente, é a unidade simbólica do universo "gaúcho" tal como ele foi construído na prática e na literatura, ao passo que, politicamente, é a conseqüência de três entidades geopolíticas, uma zona de conflitos entre três soberanias. Houve três quando Espanha e Portugal se uniram contra as reduções jesuíticas, houve três depois que o Uruguai se tornou um Estado do mesmo modo que houve três quando foi o Paraguai que se tornou em objeto de cobiça.

Os dicionários são muito claros sobre a definição de fronteira. É "a extremidade de um reino, de uma província que os inimigos se deparam quando querem entrar". O aspecto estático de *front* não impede, bem entendido, que por um movimento que venha do interior do território a fronteira se transforme em um *front* móvel. O objeto da geopolítica consiste precisamente nesse aspecto que, face às definições estáticas dadas pela geografia, ela tenha por objeto o movimento permanente que agita estas linhas reputadas imóveis, sabendo que toda fronteira não é senão o resultado precário e passageiro das lutas engendradas pelas pulsões expansionistas. A teoria do

"Lebensraum" tem justamente por característica principal conceitualizar essa pulsão.

É preciso todavia notar que, quando os Estados, Reinos ou Províncias tratam de *contratar*, quer dizer, de fixar as fronteiras por tratados mais que pelas armas, não intervêm em um território virgem. Práticas ancestrais foram já estabelecidas entre as populações que se tocam, constituíram-se *modus vivendi* que integram uma definição prática, senão geográfica, da fronteira, que pode então diferir significativamente daquela dos topógrafos. Tomamos um exemplo para ilustrar o imbricado, no espaço da fronteira, das práticas culturais e políticas. Poderá se perceber assim mais claramente a ambigüidade que se oculta atrás desta noção aparentemente simples. Até o fim do século XVII existem, nos Pirineus, aquilo que se chama *faceries*, acordos entre comunidades de pastores espanhóis e franceses que, no espaço delimitado de um vale, autorizam a pastagem dos rebanhos, do levantar ao pôr-do-sol, de um lado e de outro da fronteira representada pelo regato que corre ao fundo.

As *faceries* constituem pois um arranjo, resultante ele próprio de antigos conflitos locais. Elas são estrangeiras à política dos Estados porque são submetidas à pratica local do nomadismo. Quando os reis da Espanha e da França quiseram estabelecer uma linha fixa e determinada com a ajuda de topógrafos de seus respectivos exércitos, entraram em conflito com os atores locais, chegando até a prender os responsáveis dessas comunidades para lhes fazer, pela violência, aceitar o novo recorte (traçado), o qual privilegiava as exigências tecnocientíficas dos topógrafos e dos cartógrafos militares.

O momento histórico que quero lembrar, e que encontrou o seu término no Tratado dos Pirineus de 27 de agosto de 1785, marca simbolicamente a passagem de duas concepções radicalmente diferentes da linha de fronteira:

> No quadro das *faceries*, a linha de demarcação não existe senão como símbolo das relações complexas compartilhado e unindo conjuntos territoriais complexos. O essencial sendo o aproveitamento das pastagens, das florestas, das águas, das passagens; a linha tem essencialmente por função assegurar a cada uma das comunidades uma possibilidade de uso, ou de expansão sobre as terras situadas além do estrito domínio que é o seu[1].

Assim o limite, a fronteira é, no universo das *faceries,* muito mais uma maneira de arranjar saídas e vantagens externas do que o sinal de um encerramento ou fechamento.

1. Michel Foucher, *Fronts et frontières. Un tour du monde géopolitique*, Paris, Fayard, 1988, pp. 61-62.

Poder-se-ia concluir quanto à imposição das fronteiras científico-técnicas desenhadas por ocasião do Tratado que ela, fundamentada numa nova ciência, põe termo às negociações locais em benefício de uma regra abstrata. Poder-se-ia ver aí então a passagem de uma sociedade arcaica comunitária para uma sociedade moderna, dominada pelas exigências técnicas dos contratos escritos e dos limites precisamente desenhados.

Ora, contrariamente às aparências, a linha de fronteira guarda, neste novo contexto, todas as suas funções originais de transação, formuladas de agora em diante na linguagem da diplomacia, solo que os atores da transação não são mais as comunidades locais mas os Estados centralizados. E, evidentemente, os interesses dos últimos não coincidem necessariamente com aqueles das comunidades; eles não são produto de um cotidiano imemorial cristalizado nas práticas culturais, mas de novos projetos geopolíticos abertos, cuja lógica responde aos objetivos estratégicos dos Estados, evoluindo com sua base técnica.

A história da fronteira entre os diferentes atores do Rio da Prata abriga as mesmas questões: não somente "onde está a fronteira?", surgida dos combates em torno das Províncias Unidas do Prata (1825-1828), que conduzira à transformação da "Banda oriental" em um verdadeiro Estado: o Uruguai; "onde está a fronteira resultante da Guerra da Tríplice Aliança (1864-1870)?" Mas sobretudo como modos de vida e culturas se constroem ou sobrevivem apesar dos recortes que os atravessam, e constituem, à sua maneira, um espaço diferente daquele que tentam definir os Estados, um Estado de cultura mais do que de dispositivos estatais de proteção.

Se a fronteira é menos uma linha do que um espaço, deixa-o entender a definição da palavra latina *limes* (daí limite) que em Ovídio ou Tito Lívio designa o caminho que separa dois campos, o espaço que permite não transgredir nenhuma das proibições acerca dos respectivos espaços, espaços de ajuntamento, articulação, como se viu no caso das *faceries*. A *limes*, então, o limite, designa um intervalo, uma margem, uma borda sem apropriação, mas dotada de todos os valores políticos, simbólicos, religiosos que a mitologia grega reúne sob a égide de Hermes.

Os limites, com efeito, foram sempre sagrados, tal como o domínio dos espíritos. Eles também foram sacralizados, como se houvesse dúvida quanto aos homens não serem capazes de lhes assegurar a permanência. Não se leva em conta, além disso, os templos construídos nos limites que se tornaram, no decorrer dos tempos, fortalezas protegendo a expansão territorial, servindo então de apoio ao espírito "fronteirista" dos heróis ao combate sobre as fronteiras.

O deus que protege as fronteiras, Hermes, apresenta características bem particulares. Deus móvel, múltiplo, rompe-muralhas, guardião das portas, bi ou quadricéfalas quando ele é representado nas encruzilhadas, deus dos gonzos das portas, mestre das entradas e guia dos viajantes, testemunha dos acordos, dos contratos, das trevas e dos juramentos, Hermes é, também, um embrulhador de pistas e o condutor das almas aos Infernos. Hermes é o deus das passagens, da ultrapassagem dos limites mesmo quando ele simboliza a permanência delas.

É preciso desde então examinar em que consiste este espaço dos limites, ou, mais precisamente, a articulação desses *fronts*. Por paradoxal que isto possa parecer, eu diria que o espaço dos confins é, exemplarmente, esta terra dos gaúchos, terra por definição e para sua infelicidade, inexoravelmente sem limites. O pampa é a extensão mesma, a "lhanura sem limites", marcada depois de Sarmiento sob o signo maléfico do espaço sem bordas. Essa paisagem ilimitada constitui um dos topos mais recorrentes da história da literatura, na Argentina, no Uruguai e no Rio Grande do Sul brasileiro. Ele foi o tema recorrente da prosa regionalista. A figura do "gaúcho" está ligada a esse ilimitado. O território, mais profundamente ainda, a alma do "gaúcho" é uma paisagem, na qual só a silhueta do homem a cavalo estabelece um ponto assinalado na imensidade.

Mas a questão que se põe do ponto de vista literário, dos lados das três fronteiras, é de saber se essa paisagem simbólica reenvia a uma verdade de experiência local da qual só uma literatura regionalista saberá dar conta ou se, como Garcia Márquez fez com Macondo ou Rulfo com Comala, a verdade desse espaço ilimitado de fronteiras móveis pode adquirir um valor universal.

Ora, o espaço da fronteira, do *limes*, traz em si uma terceira dimensão, um plano em descompasso que permite apreender o território a partir de um ponto de vista tanto externo como interno. A fronteira que procurei mostrar retomando a definição do *limes* como caminho entre dois territórios e não pertencendo nem a um nem a outro mas aos dois, abre a perspectiva de um terceiro olhar, nem perdido na singularidade do lugar, na cor local, no *genius loci*, nem perdido nas brumas da abstração universalizante.

Quando Jorge Luis Borges tenta figurar a subversão de todos os lugares e de todas as linguagens inventando um universo desconhecido, Tlon, quando ele descreve esse lugar paradoxal por meio das suas paisagens e de sua metafísica, ele diz do mensageiro pelo qual a cultura de Tlon foi conhecida uma só coisa: "ninguém sabia nada do mensageiro morto senão que ele vinha da fronteira"[2]. Para os desenvolvimentos a vir, poderá ser verificado que a língua desse planeta cultural utópico inventado por Borges apresenta

---

2. J. L. Borges, "Tlon uqbar orbis tertius", *Fictions*, Paris, 1951, p. 43.

essa característica singular de não pensar o mundo através de substantivos, e portanto de essências, mas por meio de verbos somente. Ações sem suporte essencial, fazer sem metafísica, tal é a estrutura do universo, do Tertius Orbis de Tlon.

E eis-nos de volta às bordas, ao *limes*, às *faceries*, às frontarias (isto poderia ser uma tradução da palavra *faceries*), palavras todas que remetem tão bem ao jogo do espelho que engendra o texto borgesiano sobre Tlon, todos os espaços sem substância mas dos quais a existência depende de um fazer ancorado em uma cultura: pastagens de ovelhas ou vacas nos campos limítrofes. O *limes* é esse espaço utópico, inteiramente definido por uma prática e não por uma lei.

Falando de Alcides Maya, Cyro Martins nota em seu ensaio "Visão Crítica do Regionalismo": "Com efeito, o pampa estava sempre presente em todas as suas horas, mesmo falando de Byron. Circundava-lhe a fronte imponente um halo tecido de vibração das distancias e do adejo das evocações"[3].

Alcides Maya é, para Cyro Martins, o exemplo típico do escritor regionalista que, na sua prosa colorida, constrói o retrato heróico de um gaúcho macho, batalhando nos limites de suas forças e nas fronteiras de seus territórios. Literatura eufórica, diz: "O nosso regionalismo nada pedia, bastava-lhe o facho da tradição, empapado de pitoresco e luzindo façanhas. Contentava-se com exibi-lo como uma floração arrogante de vitalidade. Caracteriza-o um desejo machista de expansão domínio"[4].

Uma outra coisa é aquilo que ele chama "o localismo". Se o regionalismo é eufórico, a localismo será "disfórico", mesmo se Cyro Martins não utiliza exatamente o termo. O regionalismo é uma literatura do "fazer", da ação brilhante levada a efeito por um indivíduo instalado firme nas suas botas, o localismo é uma literatura "sem adjetivos" sem tipos, sem cavalos, sem espaços infinitos. Será que, no espírito de Cyro Martins, deve se tratar de uma literatura objetal ou objetiva, por oposição a uma literatura do sujeito maiúsculo e heróico? Sem dúvida. Mas o crítico não deixa de precisar que esse retorno do mito eufórico deve-se à transformação das condições concretas da vida do gaúcho. Não se trata somente de uma escolha literária, mas de uma análise da realidade que implica técnicas de escrita diferentes.

Cyro Martins explica essa transformação pelas modificações que afetavam o trabalho do gaúcho e, em particular, o fato de que ele não participa mais diretamente do conjunto do processo de comercialização dos pro-

3. Cyro Martins, "Visão Crítica do Regionalismo", *Sem Rumo*, 6. ed., Porto Alegre, Movimento, 1997, Prefácio, p. 18. Texto originalmente publicado em 1944.
4. *Idem, ibidem.*

dutos de seu trabalho. Os centros de decisão da economia agropecuária estão de agora em diante fora. Essa explicação sociológica tem todo seu valor, mas ela decorre provavelmente de um fato conexo: o gaúcho tradicional era, às vezes, um tropeiro e um militar. O gaúcho contemporâneo não é senão um guardião do gado, sem responsabilidade sobre a fronteira, um vaqueiro circunscrito ao seu espaço.

O sentido que convém dar à noção de fronteira de agora em diante mudou. Se, pelo regionalismo, ela advém do primeiro sentido que dão os dicionários, aquele de limite de um reino ou de um Estado, o segundo desses sentidos, ilustrado pelas *faceries,* sublinha a inexistência desse limite, na vivência das populações que a margeiam. No espaço do pampa, tal como ele foi por muito tempo vivido, a fronteira era um *front* móvel do qual cada gaúcho era o guardião responsável. Desde que a questão dos limites não lhe pertença mais, quando ela advém do poder afastado do Estado, que não tem o que fazer com a vivência local, o gaúcho perdeu completamente sua razão de ser como defensor dos limites. Ele não é senão um pobre vaqueiro, um ser desvalorizado e contraditório: um "gaúcho a pé".

Entretanto, ele traz ainda no fundo do seu coração a canção antiga reatualizada pela função ideológica do regionalismo denunciada por Martins, exemplificada nos versos de Dario Silva:

> Eu sou filho da Fronteira
> Do meu amado Rio Grande
> E em qualquer parte que ande
> Carrego no coração
> A saudade do meu pago
> Cuja imagem sempre trago
> Na cuia do chimarrão[5].

Voltando decididamente as costas às ilusões recolhidas pelo regionalistas, Cyro Martins abre a via de uma ultrapassagem saudável. Ele não chega, entretanto, a se desfazer da idéia de que a solução literária para o espaço do pampa possa se emancipar dos traços particulares da psicologia do gaúcho pauperizado. Ora, essa psicologia é primária, sublinha Martins, "material fácil para reportagens. Para a criação literária, porém, é necessário que tenhamos vivências da trama íntima daquela desolada paisagem humana"[6].

A solução empática permanece, entretanto, hipotecada pelo fato mes-

---

5. Dario Silva, "Gaúcho Fronteirista", *Gaúcho Morre de Pé, Versos Campeiros,*1972.
6. Cyro Martins, *op. cit.*, p. 29.

mo da primitiva estrutura mental dos gaúchos pauperizados, se permanecermos ligados a uma perspectiva literária característica do realismo clássico. Poder-se-ia, entretanto, e esta é a perspectiva que abre uma obra como a de Juan Saer, se se tratasse de surpreender, nos confins dos territórios, uma chance inédita de repensar as territorialidades, o enraizamento, a tradição e a cultura que lhe são ligadas.

A época da globalização, na qual o gaúcho e nós mesmos entramos por portas diferentes mas para nos reencontrarmos todos em face de uma mesma catástrofe das fronteiras, implica uma reflexão inédita sobre a ancoragem no passado (espécie de territorialização ideológica) e a ancoragem no futuro (espécie de utopia ideológica). O pensamento do território, de seus encerramentos mentais tanto quanto físicos, ao qual os exercícios espirituais de Borges nos introduziram, deve hoje ser objeto de uma reavaliação.

Parece que os instrumentos literários aos quais se referia Cyro Martins não constituem senão uma cena muito ligeira face à borrasca sobre as planícies do pampa e da mundialização. Eu não sei se a invocação do terceiro espaço, aquele do *limes,* pode ultrapassar o desejo piedoso ou a conjuração. Mas me parece que nossa territorialidade e nossa temporalidade contemporâneas implicam levar a sério as complexidades já colocadas sob a égide de Hermes.

Lembro, mais uma vez, o mito recolhido nas Odes Homéricas. Trata-se de uma verdadeira história de gaúchos! Hermes rouba ao seu irmão Apolo a metade das suas vacas. Realizado o delito, Hermes manda o rebanho mal adquirido nas planícies divinas do Olimpo para os prados humanos das margens do rio Alphee. Lá, ele espera multiplicar o número de vacas, acrescentar o rebanho divino e imutavelmente estéril, mas que vai em breve se tornar fecundo no mundo dos homens. Porém, para esse propósito, é preciso que ele se reconcilie com seu irmão, uma vez que, quando roubou o gado, desistiu de levar o touro. A narrativa acaba com o contrato que estabelece cooperação e amizade entre os dois irmãos *(filotés).* Hermes dá de presente a Apolo a sua lira em troca do gado. Nesse mito, Hermes aparece claramente como o mestre das técnicas de conjunção, de ligação, de articulação. Onde a cultura grega separa o interno do externo, o meu do teu, o divino do humano, o dinheiro e a carne de um lado, do canto e da literatura do outro, Hermes lança pontes, regateia, fala o verdadeiro tal como as mentiras, ele transgride, transcodifica os costumes e os sentidos.

Essa antiga narrativa sobre vacas, legado da Antigüidade grega, tem ainda hoje todo o seu valor. As fronteiras resultam sempre de uma colagem abstrata. A vida vem para urdir novos laços pragmáticos. É assim que se tece o tecido do sentido, do qual a elucidação tem o nome derivado daquele do nosso ladrão: hermenêutica. O fato de as vacas de Hyperion desempenharem um papel no ensino dessas verdades fundamentais só pode nos divertir. É a prova de que é possível, com vacas e cordeiros, com pagos e rios, ter acesso às questões mais universais que o espírito humano se coloca a si mesmo.

Apresento como conclusão duas perspectivas abertas pela situação de fronteira que nos une. Uma concerne às formas literárias. O regionalismo criticado por Cyro Martins se fecha na representação de um espaço delimitado: a região. Mesmo se ele se alarga para um pampa extensível, ele permanecera local, termo aceito por Martins. Mas, na hora da mundialização, que não esperou o fim do século XX para marcar os habitantes desses espaços, o que a literatura procura não é a busca de um projeto de representação da realidade gaúcha, mas um projeto de escrita capaz de estabelecer as relações entre as três entidades confrontadas: um sujeito, um espaço local, um mundo global. Procurar o caminho que margeia o fim do local e do universal como fazia Hermes, se apoderando das vacas de Apolo. Nosso mundo fez de nós Hermes obrigados, porque ninguém permanecerá fixado no face-a-face que ele mantém com o seu espaço. Toda paisagem, todo face-a-face, e o mito de Hermes nos ensinam que isso é verdadeiro desde a mais alta Antigüidade, toda confrontação nas margens das fronteiras é um poço triangular. Isso implica espelhos sutis, estratégias hermenêuticas.

Tradução do francês de Sandra Jatahy Pesavento

ALÉM DAS FRONTEIRAS

SANDRA JATAHY PESAVENTO

Com o apoio do latim, da etimologia e dos registros lingüísticos, indo dos Pirineus franco-espanhóis do século XVIII ao Olimpo do tempo sem tempo – tempo do mito – da Grécia antiga, Jacques Leenhardt nos presenteia com a figura de um deus para as fronteiras.

Já temos, pois, a bênção do Olimpo – eu quase diria dos céus... – para a temática que nos une nesta discussão.

Hermes, deus da passagem, dos acordos, aquele que está ao lado dos heróis, aquele ainda que se apresenta como ladrão de rebanhos, é uma figura que se aproxima de tudo aquilo que nos evoca a fronteira e a própria história das gentes e dos territórios que a ela se associa. De uma certa forma, Hermes sacraliza nosso objeto e conduz a esta nova reflexão...

Falemos, pois, das fronteiras, este conceito que polariza o debate.

Sabemos todos que as fronteiras, antes de serem marcos físicos ou naturais, são sobretudo simbólicas. São marcos, sim, mas sobretudo de referência mental que guiam a percepção da realidade. Nesse sentido, são produtos desta capacidade mágica de representar o mundo por um mundo paralelo de sinais por meio do qual os homens percebem e qualificam a si próprios, ao corpo social, ao espaço e ao próprio tempo.

Referimo-nos ao imaginário, este sistema de representações coletivas que atribui significado ao real e que pauta os valores e a conduta. Desta forma, as fronteiras são, sobretudo, culturais, ou seja, são construções de sentido, fazendo parte do jogo social das representações que estabelece classificações, hierarquias e limites, guiando o olhar e a apreciação sobre o mundo.

Há, sem dúvida, uma tendência para pensar as fronteiras a partir de uma concepção que se ancora na territorialidade e se desdobra no político. Neste sentido, a fronteira é, sobretudo, encerramento de um espaço, delimitação de um território, fixação de uma superfície. Em suma, a fronteira é um marco que limita e separa e que aponta sentidos socializados de reconhecimento. Com isso podemos ver que, mesmo nesta dimensão de abordagem fixada pela territorialidade e pela geopolítica, o conceito de fronteira já avança para os domínios daquela construção simbólica de pertencimento a que chamamos identidade e que corresponde a um marco de referência imaginária que se define pela diferença.

Nesta medida, o conceito de fronteira trabalha, necessariamente, com princípios de reconhecimento que envolvem analogias, oposições e correspondências de igualdade, em um jogo permanente de interpenetração e conexões variadas.

É por esse viés de compreensão da fronteira que se confrontam as percepções da alteridade e da identidade, ou que se contrapõem as construções imaginárias de referência, definindo-se os "outros" com relação a "nós" e vice-versa. Portanto, o "recorte" epistemológico que "encerra" o conceito de fronteira é capaz de, paradoxalmente, anular este mesmo critério do espaço e avançar para o plano dos significados partilhados.

É ainda por este ângulo de abordagem conceitual que as fronteiras não podem ser apenas encaradas como marcos divisórios construídos, que representam limites e estabelecem divisões. O mais instigante, a meu ver, seria pensá-las na sua outra dimensão.

Elas também induzem a pensar na passagem, na comunicação, no diálogo e no intercâmbio. Figurando um trânsito não apenas de lugar, mas também de situações ou época, assim como de população, esta dimensão aponta para uma nova reflexão: a de que, pelo contato e permeabilidade, a fronteira é, sobretudo, híbrida e mestiça.

Neste ponto, passo a comentar o texto de Jacques Leenhardt.

O primeiro ponto a considerar seria o de entender a fronteira cultural como uma transcendência, acima e antes da geopolítica. Fronteiras culturais remetem à vivência, às socialidades, às formas de pensar intercambiáveis, aos *ethos*, valores, significados contidos nas coisas, palavras, gestos, ritos, comportamentos e idéias. Basicamente, a fronteira cultural aponta para forma pela qual os homens investem no mundo, conferindo sentidos de reconhecimento.

Como realidade transcendente, a fronteira é um limite sem limites, que aponta para um além. É conceito impregnado de mobilidade, princípio este tão caro à história. Se a fronteira cultural é trânsito e passagem, que ultrapassa os próprios limites que fixa, ela proporciona o surgimento de algo novo e diferente, possibilitado pela situação exemplar do contato, da mistura, da troca, do hibridismo, da mestiçagem cultural e étnica.

Ora, este *plus*, este "mais além" para o qual aponta a fronteira cultural, é um terceiro, um novo que se insinua. Creio ser justamente esta a proposta de Jacques Leenhardt, ou, pelo menos, uma das leituras possíveis do seu texto: tomar a fronteira como conceito possibilitador para se encontrar novos sujeitos, novas construções, novas percepções do mundo.

Sua postura, a meu ver, vem ao encontro das novas tendências que desde mais de uma década se abriram no campo da história cultural. Já há tempos que a História vem invadindo zonas não canônicas de fronteira. Tomemos, por exemplo, o plano epistemológico, onde o conceito de representação, de uso recorrente nas novas posturas, indica esta condição de passagem entre duas situações.

A representação, no âmago da sua concepção – "estar no lugar de" – , já apresenta em si uma condição basculante e de imprecisão, pois tanto é exposição e presença quanto ausência e referência a um outro distante. É, pois, ser e não ser, ou, no limite, é ser ela mesma e ser um outro.

Conceito de fronteira, portanto, que encontra consonância com a mesma condição do modo analógico da escritura da história: como narrativa, a história é sempre um ser como, um discurso sobre um ter sido, na fronteira entre aquilo que teve lugar um dia e a representação que dele se constrói.

Igualmente, temas, objetos e fontes da história são cada vez mais inusitados e surpreendentes, pondo à disposição do historiador como que toda uma multiplicidade de sinais emitidos pelo passado para que ele, continuamente, descubra novos caminhos, construindo novas versões.

Ora, o que propõe Jacques Leenhardt é, a meu ver, a possibilidade de pensar a fronteira cultural justo nesta sua dimensão de ambivalência e ambigüidade.

Ambivalente porque a fronteira é trânsito que comporta dois estados de ser, e ambíguo porque traz consigo uma promessa de superação no tempo, na possibilidade de ser um outro, um terceiro.

Com isso, Leenhardt nos conduz ainda a um outro tipo de considerações.

A condição de fronteira é ser ex-cêntrico, ou seja, é dada pela situação de ser borda, margem ou franja. Não estar no centro é, pois, tanto estar distante quanto ser diferente. Admitir tal condição é postular uma atitude de estranhamento, que possibilita aquilo que se convencionou chamar como sendo a melhor atitude antropológica: "ver mais longe", colocar-se à distância e em recuo frente à situação observada para melhor enxergá-la e compreendê-la.

Mas, para que isto ocorra, e para que a transcendência atinja o universal – para que a condição de fronteira possibilite construir algo que tenha valor para ser compreendido/lido/apropriado por outros que não os próprios que a vivenciam – é preciso romper. Romper com o local/regional, perder a territorialidade que foi o início da ancoragem do conceito de fronteira e chegar a uma terceira dimensão.

Chegamos, pois, ao ponto nuclear, que é o do valor universal da fronteira possibilitada pela sua condição de transcendência, que envolve o distanciamento e o estranhamento como atitude, e a ambivalência e a ambigüidade como condição de ser.

Atingir valores universais, partilhados, permanentes é dimensão utópica para todos nós. E, neste sentido, não é preciso remontar a Walter Benjamin para saber que é justo das energias utópicas que se desenvolve a força criadora de construir o mundo.

Essa seria uma postura que implicaria continuar, talvez, o sonho de Cyro Martins, de reler os mitos que chegam do passado e tentar superá-los pela inscrição utópica de uma nova reflexão e nova construção.

O conceito de fronteira cultural, nessa medida, parece até que recoloca aquela situação de começar de novo, que teve o seu lugar por ocasião da descoberta da América... Território nas fronteiras do mundo conhecido, a América seria, diante dos olhares de seus descobridores, exploradores e colonizadores, aquele espaço onde poderia ser possível recomeçar, conferindo ao homem o poder divino da criação.

O que legitima entender desta forma as fronteiras culturais é a possibilidade, sempre presente no conceito, de pensar um novo, de pensar além, de estabelecer um pensamento "sem fronteiras".

A leitura do texto de Jacques Leenhardt nos leva, portanto, para este caminho nos rumos da utopia: redirecionar a visão sobre a realidade, reler tudo o que já foi escrito, dito, exibido, pela história, pela literatura, pela arte, pelo folclore.

As perguntas se sucedem, diante de um texto e de um tema tão instigante: é possível, pois, encontrar neste contexto das margens uma universalidade de experiências e valores intercambiáveis?

Mais ainda do que isso, poderíamos dizer que tais reflexões se impõem quando limites e impasses se colocam nesse nosso tempo globalizado, deste trânsito de fronteiras do milênio, forçando a pergunta: o que temos a ensinar ao mundo? A vitalidade cultural estaria em nós, a partir de nossa situação de fronteira e de nossa diferença?

Tais indagações nos fazem pensar em Cyro Martins, com o seu olhar arguto e datado, que questionou, no seu tempo, a postura que construiu o mito do gaúcho e da fronteira no momento em que tal gaúcho não mais existia – na verdade, desconstruiu o que nunca existira de fato... – e numa época em que as fronteiras não eram mais responsáveis pela defesa da terra. Neste nosso momento presente, nesta nossa contemporaneidade, o que estaria guiando as nossas perguntas e inquietações seria a globalização, que ameaça destruir fronteiras e homogeneizar culturalmente o mundo?

2
MULTICULTURALISMO, IDENTIDADE
NACIONAL, INTEGRAÇÃO CULTURAL

MULTICULTURALISMO E IDENTIDADE NACIONAL

LIGIA CHIAPPINI

1. O QUÊ, ONDE E POR QUÊ MULTICULTURALISMO

O multiculturalismo pode ser visto como um sintoma de transformações sociais básicas, ocorridas na segunda metade do século XX, do mundo todo pós-Segunda Guerra Mundial. Pode ser visto também como uma ideologia, a do politicamente correto, ou como aspiração, desejo coletivo de uma sociedade mais justa e igualitária no respeito às diferenças. Conseqüência de múltiplas misturas raciais e culturais, provocadas pelo incremento das migrações em escala planetária, pelo desenvolvimento dos estudos antropológicos, do próprio direito e da lingüística, além das outras ciências sociais e humanas, o multiculturalismo acaba sendo, antes de mais nada, um questionamento de fronteiras de todo o tipo, principalmente da monoculturalidade e, com esta, de um conceito de nação nela baseado. Visto como militância, o multiculturalismo implica reivindicações e conquistas por parte das chamadas minorias. Reivindicações e conquistas muito concretas: legais, políticas, sociais e econômicas[1].

---

1. Os princípios de uma epistemologia multicultural, segundo Andrea Semprini (*Multiculturalismo*, trad. de Laureano Pelegrin, Bauru, EDUSC, 1999), seriam: 1. A realidade como construção (eu diria é e não é); 2. As interpretações são subjetivas (eu diria sim e não); os valores são relativos (eu diria mas podem ser também objetivos, o que não quer dizer absolutos); o conhecimento é um fato político (eu diria,como tudo na Polis). Do lado monocultural: 1. A realidade existe independentemente das representações huma-

Para a maior parte dos governos, grupos ou indivíduos que não conseguem administrar a diferença, aceitá-la como constitutiva da nacionalidade, ela tem de ser contida ao espaço privado, a guetos, com maior ou menor repressão, porque é considerada um risco à identidade e unidade nacionais. Mas não há como negar que, cada vez mais, as identidades são plurais e as nações sempre se compuseram na diferença, mais ou menos escamoteada por uma homogeneização forçada, em grande parte artificial.

O multiculturalismo é hoje um fenômeno mundial[2]. Costuma, porém, ser considerado um fenômeno inicialmente típico dos Estados Unidos, porque este país tem especificidades que são favoráveis à sua eclosão. Essa especificidade é "histórica, demográfica e institucional". Mas outros países que não necessariamente têm as mesmas condições[3], também apresentam o fenômeno. Entre esses, o Canadá, Austrália, México e Brasil[4], especialmente pela presença de "minorias nacionais autóctones" por longo tempo discriminadas. Canadá e Austrália têm sido apontados como exemplares, devido a algumas conquistas fundamentais e relativamente recentes[5]. Mesmo na Europa, nos lembra Semprini, há minorias que hoje reivindicam seu reco-

---

nas (eu diria que isso não necessariamente contradiz o 1. do multiculturalismo); a realidade existe independentemente da linguagem (idem); a verdade é uma questão de precisão de representação (depende de como se entende precisão e representação); o conhecimento é objetivo (o que tampouco nega que é político). O autor nos fala em aporias conceituais mas, na verdade, o que aponta é muito mais um pensamento dicotômico: essencialismo *versus* construtivismo, universalismo *versus* relativismo, igualdade *versus* diferença, reconhecimento subjetivo *versus* mérito objetivo. Por outro lado, a aceitação do multiculturalismo é atribuída aí à esquerda da sociedade norte-americana hoje. Ora, isso não é automaticamente transferível para o nosso contexto. É preciso lembrar que, tal como sucedeu com outras correntes no passado, entre as quais o próprio estruturalismo, na América Latina ou em outras "filiais", mesmo as desenvolvidas como a Alemanha, ele pode ter um caráter exatamente contrário, de conservadorismo sob capa de contestação.
2. Estima-se que apenas 10 a 15% das nações no mundo sejam etnicamente homogêneas.
3. Segundo Andrea Semprini, *op. cit.*, p. 149, as condições para essa eclosão seriam: a existência de instituições democráticas, de uma economia pós-industrial em via de globalização e uma população heterogênea.
4. Sobre o Multiculturalismo no Brasil, veja-se a tese de Denise Maria Cogo, *Multiculturalismo, Comunicação e Educação, Possibilidades da Comunicação Intercultural em Espaços Educativos*, São Paulo, ECA/USP, 2000. Vejam-se também: *Comunicação &Educação*, número 13 (sobre Multiculturalismo, comunicação no Mercosul e Telenovela: arte do cotidiano) São Paulo, Moderna, set.-dez. 1998 e *Revista Usp*, 42, São Paulo, jun./jul.-ago. 1999. (Número sobre Pós-Modernidade e Multiculturalismo).
5. Sobre a Austrália, leia-se: Foster, Lois and Stockley, *The Changing Australian Paradigm*, Multilingual Matters Ltd. Clevedon, 1984. Sobre o Canadá, leia-se: Fleras, A. e Elliott, J. L., *Multiculturalism in Canada*, Nelson Canada, 1992.

nhecimento e às vezes, como no caso dos bascos, na Espanha, de forma violenta. Conflitos e contradições também se encontram na França e na Alemanha[6]. Nesta, hoje em dia o tema volta polemicamente nas discussões em torno do que o partido democrata cristão vem chamando de "Leitkultur". Trata-se da cultura de referência alemã à qual os imigrantes deveriam adaptar-se para viver na Alemanha, como defendeu, levantando polêmica, em outubro de 2000, Friedrich Merz, presidente do CDU-CSU[7].

Os estudos sobre a situação nos Estados Unidos mostram um descompasso entre os discursos e as práticas, o risco de se utilizarem as bandeiras multiculturalistas como forma de segregação em guetos dos incômodos diferentes e reivindicantes. O multiculturalismo, assim, vira paliativo. Isso é compreensível sobretudo no quadro histórico em que se deu, desde o século XIX, o tratamento da imigração nesse país, através do chamado *melting pot* de alguns e desmantelamento das identidades de outros, considerados inassimiláveis. Essa situação se arrasta até o presente mesmo que disfarçada.

Deve-se reconhecer, porém, que a chamada Ação Afirmativa, defendida por uns e atacada por outros, parece ter conseguido, apesar de todos os seus limites, algumas conquistas que, hoje, ameaçam se perder, conforme nos explica Angela Gillian em "Um Ataque Contra a Ação Afirmativa"[8].

No caso dos índios que resistiram ao grande massacre, a defesa dos princípios e ações multiculturais tem levado a uma retomada da visibilidade da herança indígena, provocando uma revisão crítica do passado, tentativas de reparação e, da parte de muitos cidadãos, a busca e reconhecimento de suas origens direta ou indiretamente ligadas a essa herança étnica e cultural. Mas o sonho americano da democracia, com igualdade de oportunidades e de direitos, desmentia-se e volta e meia torna a desmentir-se no *apartheid* dos negros e dos latino-americanos. Um caso recente mostrou como é difícil a um jovem brasileiro integrar-se na sociedade norte-americana, mesmo

6. Semprini nos lembra que, na França, o caso do véu islâmico fala por si só. Na Alemanha, a discussão interminável sobre a integração dos Turcos e o direito à dupla nacionalidade volta sempre, mesmo que, hoje, disfarçada no que se está chamando de *Leitkultur*, traduzido por uns como cultura de referência e por outros, mais radicalmente, como culture dominante.
7. Algumas repercussões dessa polêmica podem ser acompanhadas através da imprensa em várias línguas. Cite-se como exemplos os seguintes artigos: "Was soll das Gerede um die Leitkultur?" *Der Tagesspiegel*, 10.11.00, p. 2; "Ja, a little proud", *The economist*, nov. 4.11.00, pp. 42-43.; "La nécessité d'accueillir de nouveaux immigrants relance en Allemagne la question de l'intégration", *Le Monde*, 9.11.00, p. 6.
8. "O Ataque Contra a Ação Afirmativa nos Estados Unidos – Um Ensaio Para o Brasil", *Multiculturalismo e Racismo: Uma Comparação Brasil-Estados Unidos*, org. Jessé Souza, Brasília, Paralelo 15, 1997.

que para lá tenha sido levado bebê por pais adotivos que são cidadãos do país. O jovem João Herbert, hoje com 22 anos, foi deportado por ter-se envolvido com drogas, como ocorre com muitos jovens em todo o mundo nessa idade. De volta ao Brasil, sem saber português e sem conhecer ninguém aqui, Herbert passa a identificar-se como brasileiro, já que, excluído do paraíso que, para ele, se tranformou subitamente em inferno, adota o critério: "a gente é o que nasce". Cuidadoso na crítica ao sistema norte-americano, não deixa de acusar: "Eles tratam os latino-americanos de forma diferente"[9].

Aliás, sobre a diáspora brasileira e as deportações, há matéria interessante na revista *Época* de 13.11.2000, que evidencia quão fechadas para as pessoas são as fronteiras abertas para as mercadorias, contradição para a qual um crítico agudo como Chomsky não cessa de apontar[10].

Andrea Semprini nos explica que "se as causas das controvérsias multiculturais vão longe na história dos Estados Unidos, somente nos últimos dez ou quinze anos esta problemática tem-se tornado objeto de vivo debate social e político". E ele coloca a questão que se põe para todos nós: "Por que agora? Por que o multiculturalismo, de repente, tornou-se assunto da moda e objeto de polêmicas tão violentas?"[11]

Sua resposta passa por uma análise das transformações por que passou e passa a sociedade norte-americana, sobretudo a partir dos anos de 1960, quando se processa o movimento pelos direitos civis, contra a segregação racial. Como em muitos outros lugares do mundo, são dos anos de 1960 que sopram os ventos da abertura multicultural, do reconhecimento dos direitos das chamadas minorias e da luta pelos seus direitos.

Mas entre a integração formal dos negros, latino-americanos e índios (mas também mulheres, homossexuais e outros grupos sistematicamente discriminados) na sociedade do bem-estar e da democracia e a integração real, muitos senões atrapalharam e continuam atrapalhando, pois a população branca, em grande parte conservadora de uma cultura de longa data racista e segregacionista, não aceita isso com tanta facilidade. Por ou-

9. "Herbert Viveu o 'Sonho Americano'. Agora, Vai para Albergue no Brás", *Jornal da Tarde*, São Paulo,16.11.00 e "Brasileiro Deportado Recebe Duas Propostas de Trabalho em SP", *Folha de São Paulo*, 20.11.00.
10. A matéria da revista *Época* se chama "Sagas Inglórias". Segundo ela, o número de brasileiros deportados bate o record no ano 2000, com 1.359 pessoas contra 177 no ano de 1999. Todos sentindo-se roubados de sua identidade, como seres de um lugar onde é cada vez mais difícil ser. A referência a Noam Chomsky é do livro *A Minoria Próspera e a Multidão Inquieta*, Brasília, Editora da UNB, 1997.
11. Noan Chomsky, *op. cit.*, p. 31.

tro lado, o alargamento da base social com a assimilação mesmo que mais teórica do que prática, mas facultada legalmente, dos antes inassimiláveis, provoca uma reconfiguração do quadro econômico e social do país. Parte da classe média sai do paraíso e parte menor reforça sua posição nele pela concentração da renda. Aumentam os níveis de pobreza e se repete um outro tipo de *apartheid*: pelo menos 20% da população fica à margem do sonho americano, inacessível para eles.

Em conseqüência, os conflitos das minorias não se dão apenas com a maioria, mas entre elas próprias, transformadas umas para as outras em bode expiatório da sua exclusão social. Esse é apenas um dos desafios que o mundo global e multicultural enfrenta hoje com maior ou menor condições de manter a paz entre os diferentes que tentam conviver num mesmo território.

Os teóricos do Multiculturalismo costumam opô-lo à Modernidade, a cujo discurso homogeneizador se contrapõe o pluralismo, o hibridismo, a interculturalidade e os discursos e valores de fronteira. Faz parte dessa crítica à Modernidade, a crítica à noção homogeneizadora de Nação e de identidade nacional. Em troca, fala-se da nação como um constructo, como uma invenção com base em mitos, cuja narrativa silencia fraturas e contradições.

Mas há quem considere que, na América Latina, nem as nações são homogêneas nem a modernidade é linear, mas palco de múltiplas temporalidades que nunca deu para disfarçar de todo. E as reflexões menos simplificadoras sustentam que a identidade, uma vez inventada e incutida por gerações e gerações, tem uma positividade para o bem e para o mal, servindo tanto para justificar a violência contra outras nações como para defender as mais fracas, econômica, política e militarmente, contra as mais poderosas. Ou seja, essas reflexões, com as quais me identifico, reconhecem que as identidades são históricas e relacionais, mas ainda identidades. Elas também reconsideram como fator enriquecedor o múltiplo e cada vez mais múltiplo pertencimento dos indivíduos, suas ambivalências, as identidades ambíguas que se combinam: continental, nacional, regional, local, de idade, de gênero, étnica, profissional e de classe. A diversidade cultural e étnica é vista como desafio para a identidade da Nação, mas também como fator de enriquecimento e abertura de novas e múltiplas possibilidades.

Um pensamento dicotômico, muito presente em nossos dias e contraditório com toda a vontade de liberdade e relativismo, opõe a classe social sistematicamente à etnia e à cultura, mas há também quem volte a considerá-la com o devido peso. Refiro-me àqueles estudiosos que não querem esquecer o grande *apartheid* do Globo que nesta América do Sul se faz triste realidade cotidiana: entre quem tem para viver e até para esbanjar e quem mal tem para sobreviver. Quem não esquece o papel da classe tampouco esquece que a queda do muro de Berlim não significou a queda de todas as barreiras, que permitisse aos cidadãos do mundo ir e vir livremente. Que as alianças econômicas dos grandes têm como contraponto paralelamente as barreiras à imigração. A globalização resolveu e resolve sempre quem interessa importar e quem é preciso deportar.

Para uma estudiosa de literatura como eu, interessa pensar um pouco mais o problema do multiculturalismo na educação e nos estudos da linguagem[12]. Da crítica e produção de manuais escolares, com atenção ao modo como são aí representadas as chamadas minorias, negros, índios, mulheres, homossexuais, entre outras, às novas disciplinas e/ou áreas de pesquisa introduzidas nos cursos de Humanidades nas Universidades do mundo inteiro: sobre literatura e cultura negra, sobre mitos e narrativas indígenas, sobre mulheres ou, mais recentemente, sobre gêneros, entre outros.

Um aspecto que me parece importantíssimo é o da patrulhagem ideológica na língua, na literatura, no cinema e em outras manifestações culturais que, em nome de uma ética igualitária, de respeito ao outro e à sua auto-estima, na verdade o encaram de modo condescendente, infantilizando-o, inibindo sua capacidade de luta e defesa pelo que realmente interessa. Nesse mundo da ética do politicamente correto, faz-se o silêncio sobre certos valores básicos para a convivência plena do indivíduo consigo mesmo e com os outros, com a natureza e com a sociedade, entre eles o direito a e o gosto pela beleza das coisas bonitas que se fazem sem pressa, devagar, como querem os índios de Darcy Ribeiro.

A busca de normas e códigos perfeitos, da linguagem ao comportamento, sufoca toda espontaneidade, das relações amorosas à arte. O recurso aos tribunais é usado para tudo. Banalizam-se as relações humanas; banaliza-se a Justiça. Casos como o de um menino suíço acusado de abuso sexual nos Estados Unidos[13], entre outros tantos, mostram a "penetração do discurso jurídico na esfera privada", que concorre para o duplo distanciamento do indivíduo, em relação a si mesmo e em relação aos outros. Essa sociedade, ao mesmo tempo puritana e hipócrita, ameaça tornar cada homem e cada mulher um monstruoso super-ego. Como estudiosa da literatura e aprecia-

---

12. Caberia aqui todo um estudo sobre o movimento do politicamente correto em relação ao seu esforço de "purificação da língua" que, muitas vezes, chega às raias do ridículo, reforçando a tendência de os indivíduos se contentarem apenas com a reformulação do discurso em lugar da realidade.
13. No ano 2000, a mídia mundial ocupou-se desse caso por vários meses, pois o menino chegou a ser preso e só depois de muitas idas e vindas a família conseguiu livrá-lo da justiça norte-americana.

dora das artes confesso que me preocupo, porque sem ego e sem id não há arte, nem literatura.

Não é ocasional se o debate multicultural tem lugar nos departamentos de literatura e estudos étnicos e não nos de sociologia ou filosofia nos Estados Unidos. Porque a literatura sempre deixou dialogar a contradição e tematizou os estereótipos. Mas se a policiarmos, engessaremos o que ela tem de criativo e que possibilitou isso. Fala-se de uma crise da modernidade, presa de suas próprias promessas que não consegue cumprir quando mais gente quer entrar no paraíso. Fala-se em mudança do paradigma político para o ético, em revigoramento de outros – do econômico, cultural, étnico, nacionalista, religioso – mas não se fala no paradigma estético. Por que razão o estético não é mais tema das Humanidades? Porque os ricos têm vergonha do belo? Porque os pobres o acham supérfluo? Porque ele tende a banalizar-se no *utile* e porque é este que vende? Mas isso nada tem de novo.

2. DOIS EXEMPLOS DESSA PROBLEMÁTICA NA LITERATURA

Antes de passar aos dois exemplos, é preciso dizer que a crítica literária está desaparecendo. O que existe hoje é uma leitura conteudística das obras à cata de estereótipos ou representações politicamente incorretas – da mulher, do índio, do negro, do homossexual – leitura essa em que se misturam categorias teóricas com bandeiras de luta. Nessa verdadeira "caça às bruxas", muitas vezes o que se faz é acusar autores por conta de afirmações de personagens ou recusar à arte a possibilidade de representar e dramatizar as contradições sociais, as feiuras desta vida, ao lado de suas belezas, as fraquezas humanas, ao lado das suas fortalezas, como toda a grande arte até aqui fez.

No caso da literatura, sobretudo de ficção, porque poesia parece demasiadamente supérflua para essas leituras movidas pela urgência denunciante, elimina-se a releitura, aquela de entrega ao texto para compreender antes de julgar e interpretar, lendo um texto literário como quem lê um artigo de jornal e esquecendo as lições mais elementares sobre as especificidades de estratégias discursivas conforme os tipos textuais. A falta desse vagar no ler e reler faz com que apareçam as confusões entre os níveis de um texto, provocando também a cegueira para estratégias muito comuns como é o caso da ironia. Desse modo, se o autor ironiza um personagem racista ou machista, ele é tomado por racista ou machista e assim por diante.

Isso é preocupante, sobretudo quando o paradigma comunicacional é o que prevalece, estando "para a semioesfera do espaço multicultural como o conhecimento e a educação estavam para o espaço político da modernidade", como diz Andrea Semprini[14]. Aí é bom lembrar Pierre Bourdieu, chamando os senhores da Mídia à responsabilidade para que superassem a banalização do conhecimento e da arte e trabalhassem no sentido de incrementá-los para todas as minorias e maiorias, em vez de nivelá-las por baixo como acontece hoje[15].

2.1. O Caso da Chamada "Literatura negra ou Afro-brasileira"

A literatura das chamadas minorias tem sido objeto de teses e dissertações pelo mundo afora. No caso da literatura negra, podemos exemplificar com o trabalho de Patrícia Weis Bomfim, recentemente defendido como doutorado no Lateinamerika Institut da Freie Universität-Berlin, e intitulado "Representação da Cultura Negra e Afro-brasileira em Textos Brasileiros Contemporâneos"[16].

Essa tese analisa a obra de cinco escritores que, segundo a autora, seriam representativos da "literatura negra": Cuti (Luiz Silva), Geni Guimarães, Lepê Correia, Paulo Lins, Marilene Felinto. Antes, porém, de se deter em cada um deles e nos seus livros de ficção ou poesia, há três excelentes capítulos introdutórios, de caráter histórico e teórico. Patrícia Weiss recusa-se a dar respostas *a priori* à principal questão teórica da tese – o que é literatura negra? – , optando pelo método imanente, que parte do concreto para o abstrato, do particular para o geral. E, a partir dos casos estudados, redefine a cada passo as categorias com que opera, respeitando a complexidade destas e das obras analisadas. A tentativa é de uma aproximação crítica do próprio conceito de literatura negra.

O curioso e faca de dois gumes no trabalho é a escolha do *corpus*. Fugindo à facilidade que seria escolher um *corpus* mais homogêneo, constituído, por exemplo, exclusivamente por autores que militam no movimento negro, a estudiosa prefere complicar, no bom sentido, analisando, ao lado desses, autores que não apenas estão ausentes desse movimento como até mesmo fazem questão de distanciar dele a própria imagem e a própria obra, como é o caso de Marilene Felinto. A opção é por um *corpus* amplo que dê conta da amplitude da literatura de escritores/as negros/as. Isso é explicitamente sustentado nessa tese desde o início. O leitor ou a leitora se pergunta,

---

14. Andrea Semprini, *op. cit.*, p. 169.
15. Palestra de Pierre Bourdieu aos podererosos da Mídia internacional, reunidos em New York, no ano 2000. Texto transcrito no jornal *Le Monde*.
16. Orientação do Prof. Dr. Dietrich Briesemeiter e da Profa. Dra. Ligia Chiappini. O trabalho é pioneiro, daí suas fortalezas e suas fraquezas, que resumo a seguir.

porém, se não é amplo demais e se não há uma tendência a forçar a obra analisada para adequar-se à categoria investigada.

Evidenciando bom senso e finura teórica, a autora sustenta que nem todo o autor com pele escura é autor representante da literatura negra, mas, por outro lado, discorda da estudiosa Zilah Bernd para quem, em sentido lato, pode-se considerar literatura negra aquela que é feita por qualquer um, desde que seja reveladora de dimensões peculiares aos negros.

Para Patrícia Weis, ao contrário, branco não faz literatura negra e a razão disso é fundamentalmente a falta de experiência da negritude, no que concorda com outra estudiosa: Luiza Lobo. Contestando de antemão uma provável questão de seus leitores, ela que, no caso da crítica, essa barreira não existe, chegando a equiparar o estudo da literatura negra ao de qualquer outra culturalmente distante do analista. E defende a universalidade da arte para além de qualquer particularidade. A pergunta que se coloca é, então, se a experiência da negritude também não seria necessária para a crítica? A resposta antecipada, na verdade, responde apenas parcialmente, ou melhor, escapa pela tangente, pois o argumento deveria dar conta da especificidade da experiência do criador e do crítico. Seria a literatura mais visceral que a crítica, na medida em que esta implica maior distanciamento? De qualquer modo, seria desejável, neste ponto, o desenvolvimento de uma reflexão mais aprofundada, ultrapassando o álibi, misto de lugar comum acima referido. Por outro lado, a autora parece aceitar sem muita crítica a associação feita por alguns dos autores analisados entre consciência negra e literatura negra, esquecendo-se de considerar que a literatura não é só consciência, mas nela a intuição e a sensibilidade desempenham um papel fundamental.

Na análise das obras inventariam-se temas, formas, intenções e funções, com atenção às dimensões mais ou menos panfletárias dos textos, ao público a que se dirigem, às relações entre o regional e o universal que instauram, às semelhanças com a problemática, o imaginário e os ideais dos negros de todo o mundo, sem descuidar das suas determinações locais e históricas. Os textos se apresentam, assim, como contribuições ricas para a construção de um conceito híbrido de identidade que leve em conta as diferenças, em vários níveis.

A autora revela uma boa capacidade analítica, respeitando a especificidade dos textos e gêneros, utilizando-se da biografia e dos dados contextuais sem esquematismos ou simplificações e reconhecendo dificuldades e limites de sua interpretação. Embora empática com seu objeto, não foge à valoração, estabelecendo distinções e fazendo restrições quando estas lhe parecem necessárias, como é o caso do balanço final que faz da obra de Cuti, marcada talvez demasiadamente pelo ressentimento.

Um capítulo mais fraco da análise é o dedicado ao livro de Paulo Lins, *Cidade de Deus*. Os argumentos para introduzir esse texto na categoria de literatura negra parecem ainda insuficientes. O romance de Lins é tão complexo e denso que não se deixa enquadrar nela e, no limite, as conclusões dessa análise nos levam a perguntar se todo o romance que seja sensível aos problemas, à realidade e à sensibilidade dos pobres, já que estes são maioria no Brasil, mas também ao processo de desenvolvimento do crime ligado à intensificação do tráfico de drogas nas favelas brasileiras, é romance representativo da literatura negra.

Já no caso de Marilene Felinto, *As Mulheres de Tijucupapo*, as conclusões ficam aquém da própria análise, mais atenta aos meandros da obra. As características das personagens são captadas em sua variedade, mas põe-se em evidência seus traços de negros, ignorando a mistura com o índio, também tematizada no texto. Num curto depoimento de Marilene Felinto, citado na tese, essa tematização da mistura também está presente, mas não parece relevante para Patricia Weis, porque, no limite, foge do esquema em que quer enquadrar a escritora e sua obra. Em vez de analisar o que significa essa ênfase na mistura, prefere polemizar com a escritora, apontando suas oscilações em reconhecer-se negra.

Essa é uma das questões mais interessantes desta tese e ela se coloca mais agudamente com a introdução dessa autora no *corpus* e com a posição desta no final, fechando o trabalho, o que implica, na verdade, abri-lo para novas investigações, pois, com a sua entrada, talvez mais do que com a de Paulo Lins, a própria categoria da literatura negra se problematiza ao máximo, bem como se levantam novos elementos para ampliar e aprofundar a discussão sobre raça e cultura negra que, por sua vez, traz à baila a problematização de conceitos como mestiçagem e hibridismo, entre outros.

Quanto ao aspecto propriamente teórico do debate, Andrea Semprini diz algo que tenho observado na Alemanha e que às vezes se repete nesta tese: a confusão entre teoria e militância, categorias teóricas e bandeiras de luta. Nas palavras de Semprini:

> Também o nível teórico deste debate é muito desigual e freqüentemente muito decepcionante. Em razão, sem dúvida, da atualidade da problemática e de seu caráter "militante", é particularmente difícil para os pesquisadores, mesmo na produção científica de qualidade, distinguir a dimensão propriamente teórica da questão multicultural de seus desafios sociais e políticos[17].

---

17. Andrea Semprini, *op. cit.*, p. 96.

Uma das principais perguntas que se coloca para esclarecer teoricamente o problema é: como nomear a mistura? Como não desconsiderá-la sem cair nas velhas ideologias da democracia racial ou do branqueamento? Como distinguir termos utilizados para combate, na militância do movimento negro, de termos que referem categorias teóricas de que se vale um trabalho acadêmico como este?

Finalmente, o que essa tese não enfrenta suficientemente bem é uma questão das mais difíceis e interessantes da qual ela trata apenas de modo tangencial: a questão do valor estético. Fala-se de critérios de beleza branca. E eles existem. Fala-se de uma concepção estética outra, como parte de um sistema funcional, no caso da poesia e da narrativa oral com que esses textos dialogam intensamente. Mas não se aprofunda a análise desses mesmos textos como mistura das duas concepções de beleza, funcional e gratuita, o que seria possível a partir da análise que se faz do diálogo entre oralidade e escrita na maior parte dos textos em pauta. Este seria o avanço maior, teórico e operacional (no sentido de trazer novas ferramentas analíticas, adequando-as ao *corpus* híbrido) para o qual o trabalho de Patricia Weis aponta mas que não chega a alcançar.

2.2. A Literatura Gauchesca

José Hernández e João Simões Lopes Neto

Embora muito diferente da chamada literatura negra, a literatura gauchesca levanta uma questão teórica semelhante, da relação entre oralidade e escrita e da relação dessa literatura com os cânones da chamada alta literatura. Tanto uma como a outra recorrem, muitas vezes, a formas e linguagem híbridas que contrariam cânones literários e lingüísticos, pela irrupção da narrativa ou da poesia oral, dos termos regionais, indigenismos ou africanismos, entre outros. No caso da gauchesca platina, analisada por Ángel Rama como gênero colindante, entre o culto e o popular, entre o oral e o escrito, também ocorre a irrupção das formas da poesia oral, da *payada* e do espanhol eivado de americanismos, muitas vezes, próximo do que hoje se chama portuñol.

A gauchesca, por isso mesmo, custou a ser reconhecida como arte literária. Os puristas da língua não admitiam o que viam como degradação do espanhol nos versos de um Estanislao del Campo[18] ou de um José Her-

---

18. Poeta argentino, 1834-1880, autor de *Fausto*, poema paródico tanto da Gauchesca Platina quanto da tradição dramática e operística européia. Sobre ele ver: Chiappini,

nández[19]. Nas primeiras décadas do século XX esse juízo começou a ser contestado e o trabalho de criação dessa espécie de novo gênero, enfrentando o "vivo e colorido dialeto gauchesco" (como diria um João Simões Lopes[20]) começa a ser valorizado por grandes personalidades, de um Unamuno a um Menendez y Pelayo, de um Leopoldo Lugones a um Jorge Luis Borges. Trata-se da difícil tarefa de, plageando Georges Sand, escrever como se tivesse um porteño à sua direita e um gaucho dos pampas à sua esquerda[21].

Valorizar a escrita híbrida de um Hernández, de um João Simões Lopes Neto, de um Cyro Martins[22] é subverter os critérios de valor dos cânones literários da chamada literatura culta. E não apenas tolerando um vocabulário regional, como querem alguns (mesmo assim, assinalando-o convenientemente com aspas ou itálicos), mas aceitando uma outra lógica que rege a pontuação e, sobretudo, a sintaxe.

São poucos ainda, porém, os que reconhecem, como Donaldo Schüler, a transgressão na sintaxe como sendo altamente positiva. Diz ele:

> As letras rio-grandenses passaram a se impor quando os nossos prosadores e poetas ousaram agredir o edifício verbal por inteiro, no vocabulário e na sintaxe. Isto aconteceu na prosa de Simões Lopes Neto... nos versos de Amaro Juvenal e Eduardo Guimarães[23].

Ao contrário de Donaldo Schüler, outros críticos aceitam apenas aquilo que pode ser considerado folclore, uma espécie de gueto à parte, sem

Ligia, "De Fausto a Fausto: O Gaúcho na Ópera como Signo de Modernidade", In: *Modernidad y Modernización, Cultura y Literatura en Latinoamerica*, compilación y organización de Luiza Lobo, Quito-Ecuador, Ediciones Abya-Yala, 2000, pp. 47-80.

19. Poeta gauchesco platino, autor do célebre poema, *El Gaucho Martín Fierro* e *La Vuelta de Martín Fierro* (respectivamente, 1872 e 1879).
20. Contista do Rio Grande do Sul, Brasil, 1865-1916, autor de *Contos Gauchescos*, 1912, *Lendas do Sul*, 1913 e *Casos do Romualdo*, 1914. Sobre ele e sua obra, ver Ligia Chiappini. *No Entretanto dos Tempos: Literatura e História em João Simões Lopes Neto*, São Paulo, Martins Fontes, 1988.
21. No prefácio a seu romance *François le Champi*, George Sand escreve que o desafio a enfrentar seria falar como se houvesse um parisiense à sua direita e um camponês à sua esquerda.
22. Cyro Martins, 1908-1995, escritor e médico psicanalista do Rio Grande do Sul, criador da chamada "trilogia do gaúcho a pé" e autor de vários livros de ficção e ensaio, escritos e publicados durante o longo período que vai de 1930 a 1995.
23. *A Poesia no Rio Grande do Sul*, Mercado Aberto, Porto Alegre, 1987, p. 55. Amaro Juvenal é pseudônimo de Ramiro Barcellos, autor do célebre poema-panfleto *Antonio Chimango*, escrito para atacar Borges de Medeiros, governador do Rio Grande do Sul. Eduardo Guimarães, poeta simbolista gaúcho.

relação com a literatura culta. É o caso de Silvio Júlio, que lê na obra de Simões Lopes Neto "indigência de profundidade filosófica, descaídas estilísticas, carga excessiva de termos passageiros e locais, que maculam aqui e ali a obra"[24], embora ressalve que isso não anula seu valor. Tudo o que hoje se valoriza no escritor gaúcho, como sendo achados técnicos, temáticos e estilísticos, é visto por ele como falha. Na verdade, o limite do crítico aí parece ser o enfoque de quem concebe a língua de forma compartimentada e estática, apegando-se ao que considera a integridade da norma sintática culta. Embora reconheça como uma "situação vantajosa a do Rio Grande do Sul, entre duas línguas e duas culturas", porque isso abriria mais amplas possibilidades de "assuntos, aspectos, atitudes, visões", podemos sentir aí a sua intolerância com a mexida que o poeta gaúcho faz na língua e que tem muitas semelhanças com a forma de trabalhá-la de poetas da gauchesca platina, como é o caso de José Hernández. Por isso, Silvio Julio não consegue perceber as diferenças do trabalho estilístico de Simões Lopes, colocando-o em pé de igualdade com Alcides Maya e Roque Callage, dois extremos entre os quais o autor se move com muito mais flexibilidade[25].

A incompreensão chega ao ponto de ele dizer que Simões Lopes deveria ter feito, em vez de literatura, um estudo especializado de prosódia, semântica, um léxico do folclore dos gaúchos. Vê defeitos no uso (que ele qualifica de abuso) dos regionalismos: "Meter tais farripas, fagulhas e cacos – nem sempre atraentes – numa página de imaginação, que precisa de fluência, é prejudicial e pedante"[26]. E Simões teria misturado tanto que "nem sabemos se aquilo ainda tem que ver com Camões e Bilac, Eça e Machado"[27]. Assim falando, explicita o seu cânon, o tradicional, lusitano, que não lhe permite ver nem valorizar quem o subverte antes mesmo do modernismo brasileiro, como é o caso de Simões.

Contraditório, porém, embora a linguagem de Blau Nunes[28], criada por Simões Lopes, fira os seus ouvidos, acostumados à língua de Camões,

24. *Literatura, Folclore e Lingüística na Área Gauchesca no Brasil*, Rio de Janeiro, A. Coelho Branco Filho (ed.), 1962, p. 170.
25. Trata-se de dois ficcionistas gaúchos que também escrevem na primeira década do século XX no Rio Grande do Sul e sobre os mesmos temas de Simões Lopes. Este, porém, estilisticamente, distingue-se de ambos, tanto pela fuga ao estilo parnasiano quanto por evitar o mimetismo regionalista, criando um estilo próprio, poético e verossímil.
26. *Idem*, p. 171.
27. *Idem*, p. 172.
28. Trata-se do peão de estância, o velho Blau Nunes, narrador e personagem dos *Contos Gauchescos* e das *Lendas do Sul*, principais obras de Simões Lopes.

Silvio Júlio valoriza o que vê como adequação das personagens simonianas ao mundo fronteiriço em que vivem, mundo de

> [...] homens da raia, cuja vida reflete coisas do Brasil e do Rio da Prata, antigas tradições da Espanha e de Portugal, uma rica e completa mescla dos mais diversos fatores que ali se somaram. Palavras, frases, ditos, anexins que brilham em todas as páginas do glorioso livro provam esses encontros de séculos, revelando ao mesmo tempo, as suas vantagens[29].

O que não o impede de afirmar que Simões Lopes teria uma "preocupação exagerada em converter a frase literária em fotografia exata, integral do linguajar plebeu" e, por isso, teria gerado "monstruosidades imperdoáveis".

Para Silvio Júlio, Simões Lopes usa a "língua apenas pragmaticamente – não procura efeitos emocionais que ajam sobre o sentido do belo. Quer comunicar-se e nada mais". Ora, nada mais distante disso do que a linguagem poética de Simões Lopes, recriando na letra e quase contra ela a impressão da voz do velho peão de estância, Blau Nunes a narrar suas histórias, pelas quais recorda "como quem estende ao sol roupas guardadas no fundo de uma arca"[30], o passado do Rio Grande. Curiosamente, Silvio Júlio era, em texto escrito em 1923[31], mais receptivo às operações subversivas de José Hernández com a língua espanhola do que, na década de 1960, foi em relação às do autor rio-grandense com a língua portuguesa. Talvez porque esta fosse a sua língua e subverter o português doesse mais aos seus ouvidos do que subverter o espanhol.

O importante a assinalar aqui é que a oscilação do juízo crítico em relação à obra de João Simões Lopes Neto também se encontra na crítica de *Martín Fierro*, de Hernández, debatendo-se contraditoriamente entre duas concepções de linguagem: uma, mais fechada, apegada à norma culta do português ou do espanhol castiços, outra, mais aberta, admitindo as "puras misturas"[32], operadas pelos dois escritores em pauta muitos anos antes de João Guimarães Rosa.

Assim como os contos de Simões Lopes se prestam a leituras que catam o politicamente incorreto pelo modo como tratam os gringos, como

---

29. *Idem*, p. 190.
30. *Contos Gauchescos*, p. 2
31. Silvio Júlio de Albuquerque. *Estudos Hispano-americanos*, Rio de Janeiro, Librería Española, 1924.
32. Título do livro de Sandra Guardini Vasconcelos sobre João Guimarães Rosa que segue essa mesma tradição de subverter a língua escrita para fazer falar o narrador-personagem popular, São Paulo, Hucitec/Fapesp, 1997.

nos mostra Pablo Rocca[33], os galegos, os forasteiros, uruguaios e, de certo modo, o próprio negro, *Martín Fierro* também, porque a visão que ele dá do índio é cruenta, a do negro, no mínimo, desrespeitosa, e a do gringo, como incapaz de trabalho, resistência e valentia, qualidades tão necessárias às lides do gaúcho soldado.

Muitas são as leituras de *Martín Fierro* que tocam nesse ponto, às vezes para acusar, às vezes para justificar autor e personagem. A identificação, aliás, dos preconceitos das personagens como sendo extensivos aos autores é uma falácia de muitos leitores que ignoram as tensões e contradições discursivas, próprias do tecido literário. Para entender e valorizar a obra, é necessário proceder a uma análise que vá da utilização da ironia aos usos do foco narrativo e aos mecanismos de distanciamento e aproximação do narrador.

Martim Fera

Atualizando a mistura peculiar à gauchesca e multiculturalizando, globalizando-a por baixo, há uma obra que anda meio esquecida, mas é exemplar dos nossos tempos globais e multiculturais: *Martim Fera*, de Donaldo Schüler, que realiza um cruzamento curioso entre a gauchesca, o cordel e a tradição épica ocidental.

O poema *Martim Fera*, de Donaldo Schüler, é uma paródia bem humorada mas séria de *Martín Fierro*[34], mas não só, também um jogo com os poemas da monarquia[35] e uma retomada da linha sufocada por esta, do Tatu e da Chimarrita[36], além de um diálogo com o Cordel nordestino.

O poema tem dez partes. Na primeira, apresenta-se o cantador que, por sua vez, apresenta seu próprio canto. Na segunda, conta a viagem, partida, exílio, errância e fome de gaúcho "livre". Na terceira, seu namoro com Zeferina. Na quarta, dá-se o casamento e o estabelecimento do casal nas terras do fazendeiro. Na quinta, este visita o seu rancho e lhe pede a escritura, em nome da lei e da letra: "sou da lei, eu sou doutor". Na sexta

---

33. "Gauchesca: Entre Sul-riograndenses e Castelhanos", palestra proferida no "Primeiro Encontro Fronteiras Culturais, Brasil, Uruguai, Argentina", promovido pelo Centro de Estudos de Literatura e Psicanálise Cyro Martins, 12-14 de dezembro de 2000 (cf. texto neste livro – N. da Org.).
34. Donaldo Schüler, *Martim Fera, História de Cordel*, Porto Alegre, Movimento, 1984.
35. Os chamados Cantos da Monarquia são poemas tradicionais do Rio Grande, em que se exalta a figura do gaúcho heróico.
36. O Tatu e a Chimarrita são poemas populares que, contrariamente aos Cantos da Monarquia, falam da condição do pobre no Rio Grande.

parte dá-se o êxodo. E a catástrofe amplia-se para as feridas dos pobres da América. Na sétima, o luto pela morte de Zeferina, com a utilização de recursos de vanguarda, que lembram João Cabral de "Morte e Vida Severina" e do "canto a palo seco"; educando pela pedra. E a ameaça: "Não deixaram plantar vida/ pois, então, semeio morte". Nasce aí o gaúcho mau.

Vem a seguir a descrição da vingança. Martim Fera foge para as trilhas do cangaço, e o parentesco da gauchesca com o cordel se explicita. Martim Fera cai no mundo e aponta a expansão da violência contra o pobre e da injustiça social em nível de todo o globo. Lutador contra a injustiça, ele agora luta não apenas no pago mas no mundo. Globalização pelo lado de baixo. Faz parte dessa globalização, a retomada de gregos, romanos, bretões; de Hércules, César, os Doze Pares de França, El Cid, Quixote, Fausto, Hamlet e Martín Fierro. Com este último, o encontro na adversidade:

> Encontrei o amigo Fierro
> Nos pampas da Argentina
> Eu trovei e sentei praça
> Fera e Fierro, coisa Fina
> Fomos presos e trancados
> eu e ele na latrina[37].

Heróis de distintas proveniências perfilam-se atrás dele os já citados e mais: Antonio Conselheiro, Lampeão, Fabiano. Na esteira desses heróis, Martim Fera vai, com a fúria de Aquiles, buscar Zeferina nos infernos de Virgílio. E dá-se a "despedida", onde o ocorrido se desmistifica no simplesmente parecido, como a rima o sublinha. O medo é recíproco: medo dele/ ele de tudo. Esfuma-se o herói e a história pela presença meramente literária:

> Não me tens em carne e osso
> só me tens escrito e lido[38]

> Eu morri antes do tempo
> já morreu quem nada espera[39]

---

37. Donaldo Schüler, *op. cit.*, p. 68
38. *Idem*, p. 75
39. *Idem*, p. 77

O poema custa a acabar, pois resta fazer um balanço do jogo que ganhou aquele que viveu. E, feito o balanço, é preciso arrematar (Parte X): "O que dizes e o que ouves/ tem princípio e fim aqui".

Martim Fera retoma em parte o nome e a sina de *Martín Fierro*, mas o que mais os aproxima é a força da palavra, da palavra arma, a mesma dos menestréis medievais, na boca dos "desdentados do nordeste" como assinala Ledo Ivo na contracapa do livro, aproximando o poema das cantigas de maravilha e mal-dizer e da sua contundência. O canto aqui é todo o tempo tematizado e, por meio dele, também a relação com o poema de Hernández e a tradição da poesia oral riograndense, oposta aos cantos da monarquia, e a relação com o cordel nordestino. O que se busca e, em grande parte, se consegue, é uma síntese interessante, que acaba tecendo parentescos mais vastos do poema de Hernández não apenas com o Rio Grande mas com o Brasil e com outras latitudes da poesia popular.

Na entrevista imaginária, publicada no mesmo ano do aparecimento de *Martim Fera*, Donaldo Schüler esclarece e oculta muito da significação do poema. Explicita-se aí que, escrito paralelamente à sua apresentação da poesia gaúcha, ele se propõe a reinventar a tradição do tatu e da chimarrita, abafadas pelo monarca das coxilhas. O canto sem monarquia mais *Martim Fierro*, mais *Chimango*, mais Cordel, essa seria a fórmula de *Martim Fera*, tentativa de estabelecer cruzamentos de amarração ibérica na América pelo lado de baixo. Artes de *Martín* Fierro; artes de *Martim Fera*.

Em ambos, por ausência, o mar; em ambos por sina, a margem. Em ambos unindo-se, como desde os gregos, universalidade e circunstancialidade. *Martim Fera*, "um clássico terceiromundista", sob o signo do entre: entre duas culturas, a culta e a popular, a escrita e a oral, semelhante e diferente do popular em que se inspira, porque é outro o suporte e outro o contexto. Outro o público: nós.

É para nós que *"Martín Fierro* deve se fazer gênero. O gênero inaugurado por Hernández produziu no princípio do século e do outro lado da fronteira *Antonio Chimango*. Era tempo de o gênero acontecer de novo"[40]. Para a recriação do gênero, era preciso reler o cancioneiro. "As quadrinhas que formavam O Tatu e Chimarrita não podiam ser consideradas poemas épicos populares? Eu os analisei assim no meu livro *A Poesia no Rio Grande do Sul*"[41].

---

40. "Entrevista Imaginária", *Letras de Hoje*, vol. 23, n. 3, PUC, Porto Alegre, pp. 111-112.
41. *Idem*, pp. 111-112

A opção pelo gênero é a opção por uma épica do povo, que deixasse de lado o que todos julgam grandes feitos, para narrar um feito bem maior: sobreviver. Artes do Tatu e da Chimarrita; artes de *Martín Fierro* e *Martim Fera*, representantes de todos os diferentes que estão em baixo ou à margem da sociedade do bem-estar, ainda aqui e agora, neste mundo talvez hoje mais aberto à multiculturalidade, mas ainda muito injusto e mal dividido.

INTEGRAÇÃO CULTURAL REGIONAL

ALDYR GARCIA SCHLEE

Sou admirador de primeira fila de Ligia Chiappini. Ligia é, confessadamente, um ser cultural e lingüisticamente híbrido, *doble* chapa da fronteira aberta de Santana e Rivera – nascida como uruguaia de pais brasileiros. Aprendi com Ligia a concordar com ela, admirando sua lucidez, sua seriedade e sua coragem intelectual – especialmente na abordagem crítica de nosso regionalismo, na revisão de nossa literatura regional e na releitura de nosso João Simões Lopes Neto.

Ligia fez uma abordagem de seu tema a partir da consideração do multiculturalismo, tanto como ideologia quanto como resultado de conquistas legais, sociais, políticas e educacionais, numa sociedade cujos segmentos lutam para serem reconhecidos em diversos níveis da cidadania. Encarou as perplexidades que certos estudos sociais, lingüísticos, estéticos, literários e culturais estão gerando, atualmente, em diferentes regiões do mundo, especialmente na chamada América Latina, remetendo-nos à questão das identidades regionais e nacionais e abrindo espaço para a conceituação de *identidades plurais* e para a abertura de um diálogo cultural que ajude a impulsionar o que se poderia chamar de *globalização por baixo*.

Detenho-me na questão geral da integração cultural regional, que está contida nos temas do multiculturalismo e da identidade nacional.

Temos reconhecido que, em muitos sentidos, as sociedades latino-americanas desta virada de século são mais diferentes entre si do que foram no século XIX, quando se deu aqui o processo emancipacionista e surgiram os princípios bolivarinos do americanismo. Mas, a verdade é que persistem hoje fortes elementos integradores, os quais seguem sendo ainda bases sólidas para recuperar e dotar de novos conteúdos e alcances os ideais de Simón Bolivar.

Esses elementos integradores são, a meu ver, localizáveis em uma vertente originária, proveniente da dominação colonial; e uma outra, mais recente, gerada pela comum situação de dependência que, entre outras coisas, tende a unificar esse campo fundamental das mediações que é a cultura. Temos entendido que a dimensão cultural talvez seja o espaço crucial da integração. O que não quer dizer que estejamos postulando a existência de identidades culturais que viabilizem o projeto integrador. Pelo contrário: particularmente creio que, num quadro de integração cultural, apesar da ocorrência de elementos comuns, inclusive unificadores, em geral as diferenças são mais fortes, não sei se mais ou menos ou tanto quanto as similitudes e coincidências. Há, na verdade, uma tensão entre umas e outras tendências que, entre possibilidades unificadoras ou fracionadoras, definem movimentos de longa e até muito longa duração.

No caso específico de nossas fronteiras culturais, o ponto de partida é reconhecer que temos identidades coletivas complexas, conflitivas, diferentes – pois a busca de nossa identidade parte do reconhecimento de nosso pluralismo.

Outro ponto é admitir que somos culturalmente sincréticos, o que equivale a dizer que hoje já não somos nem uns – os originários; nem os outros – os conquistadores. Mas que somos uns/outros, nós, *nosotros*, nós outros, marcados por nossa diferença, na qual se radica nossa especificidade.

Nós, na verdade, nos vemos muitos e sem cara; e nos perguntamos: quem somos?

Para que sejamos nós, *nosotros*, nós outros, é preciso responder ainda a outras perguntas, além de quem somos. É preciso saber – principalmente a partir de por que somos, afinal para que somos e, enfim, para quem somos, senão para *nosotros mismos*, para nós mesmos.

A construção de nossa identidade está, pois, intimamente relacionada com a possibilidade de integração. Ela nos remete a uma complexa relação entre classes, etnias e nações, um terreno mal explorado, de necessária e urgente elucidação, não só como demanda teórica como empírica; não só como tarefa intelectual como política.

É possível que o mecanismo de integração trace uma perspectiva, abra um caminho para tal objetivo – seja através do tal Mercado Comum do Cone Sul ou de outro instrumento. Entretanto, é preciso ter certa cautela: não podemos desconsiderar a questão política, o que ocorre no plano mundial e, particularmente, o sempre crescente intervencionismo norte-americano na América do Sul. E temos também o permanente desafio de nossos graves problemas sociais (como diz o Prof. Flávio Aguiar: "ou resolvemos nossa forma peculiar de *apartheid* ou permaneceremos na história da civilização como a excrescência de um navio negreiro").

É preciso cuidar que as propostas integracionistas, mesmo as culturais, não se diluam, mais uma vez, num projeto orientado para o fortalecimento da hegemonia norte-americana, muito mais na linha da velha política do pan-americanismo do que da chamada União Bolivarina.

É preciso, ainda, que a perspectiva de integração – incluindo ou não áreas preferenciais, uniões aduaneiras, zonas de livre comércio ou mercado comum – chegando ou não ao grau de comunidade econômica, se traduza na afirmação da democracia, não só na sua variante meramente política, mas também – e especialmente, social. Assim entendida, a democracia se torna o espaço do reconhecimento das diferenças, da aceitação do outro e da alteralidade, pela construção do nós como efetivo resultado do eu e do tu; enfim, pela afirmação do nós, *nosotros*, nós outros.

Aqui sinto-me já quase falando só do Brasil, pensando na safadeza das medidas provisórias, nas aviltantes cartas de intenções do FMI... Mas não é do Brasil que devo falar, até porque o Brasil são vários brasis nos desafiando e desfiando a questão da integração nacional.

Situo-me, então, no Rio Grande pampeano e no Uruguai, focos deste encontro. Encontro que se justifica pelo reconhecimento de que, entre o Uruguai (e parte da Argentina) e parte do Rio Grande do Sul estabeleceu-se uma cultura comum do homem do pampa, a chamada cultura gaúcha, com sua respectiva literatura, por cima das fronteiras nacionais e das barreiras lingüísticas. É a *comarca pampeana*, lembrada pelo Prof. Flávio Aguiar, na expressão de Ángel Rama. Essa *comarca pampeana* está a exigir decisivos esforços nacionais e amplas possibilidades de cooperação internacional de caráter integracionista – mas corre o risco de sucumbir ao integracionismo de terra arrasada, uniformizante e pasteurizante, sob o domínio da indústria cultural primeiro-mundista.

Sei que existe um protocolo de integração cultural, assinado pelo Brasil e pelos outros países do Cone Sul, do qual se terá falado aqui. Esse documento é repleto de invocações integracionistas que mal conseguem disfarçar o forte conteúdo de retórica política destinado a referir-se à questão sem assumi-la seriamente. É algo que, salvo realizações pontuais, fica nas intenções, porque a dimensão político-cultural da integração regional – que corresponderia às idéias originárias do americanismo – foi e está submetida a uma concepção instrumental, voltada exclusivamente para a chamada integração econômica, que se daria por meio do Mercosul.

Quanto ao Mercosul, minha tendência é só enxergá-lo como o grande exercício de ficção que é. Nada melhor para nós, escritores, do que um bom tema de ficção. Por isso mesmo, penso que, quando nos reunimos aqui para tratar de um assunto tão importante e que nos interessa tão diretamente, como o das fronteiras culturais, penso que corremos o risco de ter o Mercosul quase tornado realidade em nossa imaginação; e sugiro – diante das barreiras oficiais que emperram o processo integracionista – que devolvamos a ficção do Mercosul aos burocratas e técnicos que não têm imaginação para torná-lo realidade.

A AMÉRICA LATINA NÃO EXISTE

FLÁVIO WOLF DE AGUIAR

Então é necessário inventá-la. Antes de prosseguir, qualifiquemos estas frases. Quando digo que a América Latina não existe, quero dizer que ela é, na verdade, um projeto, um por-fazer. Essa América Latina por fazer é, antes de tudo, um projeto cultural, e seu embrião é uma possível rede de trabalho intelectual que distinga raízes comuns e que estabeleça pontes de relação entre seus e com outros povos. Não desprezo o campo econômico: é necessário consolidar e ampliar o Mercosul e evitar a dolarização do continente. Também não desprezo a questão política: recém saídos de um período marcado por ditaduras cruéis e brutais, os países do nosso continente vêem-se à beira de um confronto de dimensões internacionais imprevisíveis, a partir da intervenção do governo norte-americano na América do Sul e das crises na Bolívia e na Colômbia. E há a questão social: ou resolvemos nossa forma peculiar de *apartheid*, ou permaneceremos, na história da civilização, como a excrescência de um navio negreiro.

Tudo isso é relevante, mas não é suficiente. A questão cultural é a decisiva. Sem sua consideração, não haverá aquele traço íntimo comum que permitirá a construção da verdadeira solidariedade na autodeterminação. Sem isso, a solução para aqueles graves problemas permanecerá emperrada. Não há solução individual para os países da região. Falo de raízes. Quando se fala nisto, o pensamento costuma voltar-se para o passado. Pensamos em culturas invadidas, destruídas, transplantadas, modificadas. Pensamos no impulso dos Estados ibéricos, na tradição católica, na mestiçagem mais ou menos forçada, na formação de nossas classes dirigentes crioulas... Tudo isso também é importante. Mas raiz é mais do que isso. Se raiz é uma coisa que fixa, ela fixa porque inaugura e desenvolve um processo de captação de energias, e de transformação. E nossos processos de captação de energias e de transformação é que são comuns, face à extraordinária e valiosa diversidade de nossos povos.

Sigo a lição do crítico uruguaio Ángel Rama, exposta em seus vários livros e em sua vida de intelectual empenhado, tragicamente interrompida num desastre de avião, na Espanha, em 1983. Constituídas as nações emergentes da desorganização dos impérios coloniais, a partir de meados do século XIX o bloco de países definidos passou a enfrentar, sob a égide dos imperialismos, sucessivos processos de modernização. Reformas urbanas rompendo as linhas e traçados do tempo colonial; integração forçada, muitas vezes de modo violento, das áreas de cultura rústica à economia de mercado; projetos de reforma do Estado, a partir de camadas médias disputando espaço com as velhas oligarquias e as novas burguesias; acaudilhamento e subordinação dos novos trabalhadores – oriundos das populações nativas, dos negros descendentes de escravos e de imigrantes pobres ou empobrecidos – por projetos populistas e/ou autoritários. Eis aí algumas formas de modernização que periodicamente se abateram sobre os territórios nacionais, em ondas sucessivas sobretudo a partir de 1870, mais ou menos, criando um jogo peculiar entre inclusão – nos planos da modernidade – e exclusão – para fora dos novos mundos rutilantes das promessas de ocasião – das populações.

No plano cultural, esses movimentos criaram uma verdadeira fissura pela modernização: esta é uma palavra mágica, de grande apelo tanto à esquerda quanto à direita. Ainda hoje, quando tantos arautos dos novos tempos, em outras terras, apregoam o fim da história, mesmo nossas classes dominantes não se conformam, ou pelo menos a retórica de seus dirigentes não se conforma. Nossa história ainda não terminou, condenados que estamos a este labor digno de Sísifo, de perseguirmos nossa própria modernidade, hoje apresentada sob esta expressão vaga e fantástica, "vamos para o primeiro mundo", seja lá onde fique isso, seja lá o que isso queira dizer.

A quimera da modernidade inalcançável gerou um mundo de sombras: tudo aquilo que ficou para trás, esquecido ou cicatrizado, e que permite, em nossas culturas, repensar o passado, reabrir continuamente as possibilidades de pensar os futuros que não existiram. São traços peculiarmente marcantes, insisto, de nossas culturas, embora não exclusivos. Podemos traçar o destino e o território dessas sombras atraentes e sedutoras de diferentes maneiras. Seguindo e ampliando o pensamento de Rama, nossas fronteiras nacionais se construíram muitas vezes por linhas traçadas em mapas, sobre mesas européias; algumas seguiram depois os caprichos de grandes negociações na América do Norte ou ainda na velha Europa, como no caso do Panamá, ou da construção mais recente de paraísos fiscais. Veja-se a questão do Prata, dominante na diplomacia sul-americana durante todo o século XIX, com o envolvimento das potências de então, como França, Inglaterra, Espanha e já os Estados Unidos, embora naquela altura em posição lateral.

Os traçados de fronteira nem sempre seguiram as demarcações naturais, ou as tradições culturais. Nações potenciais foram separadas, outras potencialmente diversas amalgamadas, tudo isso com resultados surpreendentes, ora positivos, ora negativos, ora ambas as coisas ao mesmo tempo. Se a Corte Portuguesa, fugindo das tropas de Napoleão, não tivesse vindo para o Brasil, quantos Brasis teríamos hoje? Tudo isso criou um mundo semovente e virtual de comarcas culturais (a expressão é de Rama) que não coincide necessariamente com os sistemas nacionais, instituindo áreas limítrofes de contrabando.

Se é verdade que nossa vida cultural e política construiu-se intensamente em torno da afirmação das diferenças – pensemos no caso do extremo sul brasileiro, e nas proverbiais rivalidades entre platinos, orientais e rio-grandenses – também é verdade que há nas regiões de fronteira autênticas culturas de contrabando. E elas não param de nascer e de se reorganizar dentro desses territórios virtuais das nossas comarcas de passagem. O estudo das comarcas faz parte necessária desse projeto de América Latina por fazer.

Alguns exemplos: a comarca pampeana, compreendendo partes de Argentina, Uruguai e Brasil; a comarca guarani, que põe o Paraguai no centro de um país virtual que se distende pelo Brasil e pela Argentina; as diferentes comarcas andinas; a do Chaco e do Pantanal; a comarca amazônica; a do Nordeste brasileiro, agora em contato mais intenso com o Caribe; o encoberto mundo das Guianas; o próprio Caribe, miríade de línguas e culturas diversificadas, mas que se pode abranger num único olhar, como fez Alejo Carpentier no clássico *O Século das Luzes*. A América Central, será uma comarca? E o México e o sul dos Estados Unidos? Não me refiro apenas aos imortais faroestes, como *Vera Cruz*, de Robert Aldrich, ou ao filme *A Marca da Maldade*, de Orson Welles, mas a atual realidade de uma cortina de ferro na fronteira entre os dois países, pretendendo deter a imigração clandestina e forçada. E temos de falar de uma comarca muito ampla, mais virtual do que as antecedentes, sem território, que é a comarca atlântica, que pelo passado de migração e escravismo e pelo presente de políticas possíveis nos une a outros continentes.

E há ainda as diásporas, nos outros continentes e na América do Norte, herdeiras dos despotismos ditatoriais e das insolvências econômicas. E há todos os projetos utópicos por levantar, aqueles que não se construíram, e que chamo, em outro texto, *Os Países que não Existem*. Estaremos assim mudando o passado, discernindo energias insuspeitas no presente, vislumbrando futuros imprevisíveis.

Em todo caso, eis aí uma América Latina muito concreta por construir, se me é permitido usar essa expressão aparentemente paradoxal. Com ela quero dizer que há trabalho a empreender, trabalho de campo, de gabinete, de escritores e universitários, como contribuição para o auto-conhecimento, base da solidariedade, entre os povos latino-americanos. Isto não é apenas uma declaração de princípios, ou uma frase retórica. Isso implica projetos de pesquisa, viagens, escritos, convencer agências de fomento, editoras, provedores, capitais e trabalhos, isso exige captação de recursos, requer a união de visionários e administradores, de tino e tirocínio, e outros *quetais*. Ouso até dizer: pode ser que dê certo. Pode ser que dê frutos. Então iremos deitar sementes – e novas raízes – alhures. Pode ser até que o mundo melhore um pouco.

Referências Bibliográficas

AGUIAR, Flávio e VASCONCELOS, Sandra (orgs.). *Ángel Rama: Literatura e Cultura na América Latina*. São Paulo, Edusp, 2001.
RAMA, Ángel. *Transculturación Narrativa en America Latina*. Montevideo, Fundación Ángel Rama, 1986.

Parte II
APROXIMAÇÕES

1
GAUCHESCA: ENTRE SUL-RIO-GRANDENSES
E CASTELHANOS

ENCRUZILHADAS E FRONTEIRAS DA GAUCHESCA
(Do Rio da Prata ao Rio Grande do Sul)

PABLO ROCCA

Em 1927, Iuri Tiniánov colocava uma pergunta-chave, sobre a qual a teoria literária havia se dedicado durante todo o século:

Em que consiste a correlação da literatura com as séries vizinhas? Quais são essas séries vizinhas? Sempre uma resposta: a vida social. Mas para resolver a questão da correlacão das séries literárias com a vida social, devemos fazer outra pergunta: como e em que a vida social entra em correlação com a literatura? (Tiniánov, 1971, p. 40).

A solução que apresentava Tiniánov era muto clara: é pelo "aspecto verbal" que a literatura entra em correlação com a série social. Se o grande formalista houvesse conhecido a gauchesca rioplatense e gaúcha, é claro que teria vacilado.

A língua, no caso da gauchesca, separa e une. Em primeiro lugar, este corte discursivo no cânone latino-americano conseguiu remover as bases da língua e da literatura, porque se comporta como uma "linguagem técnica", "isto é, usada apenas nos casos para os quais foi criada". Se a linguagem dos gaúchos no século XIX, do qual obviamente não restam constantes orais, foi um fenômeno vivo e renovável, a linguagem da gauchesca é "atópica, ou seja, não registra fielmente a fala, nem o presente, nem o passado, de nenhuma determinada região". Porque, "em quase todos os autores, os gauchismos são precisamente isto: modelos preestablecidos, formas esteriotipadas que, segundo se supõe, caracterizam a linguagem gaúcha em forma atópica, sem distinções de lugar" (Rona, 1962, pp. 113-115). A gauchesca é, como poucas na América Latina, uma literatura com uma notável capacidade de persistência e de vinculação entre um e outro dos elos que integram sua corrente. Nesse sentido, se houvesse conhecido nossa poesia gauchesca Tiniánov ficaria satisfeito. Porque o teórico russo também propôs que a literatura deve ser entendida como um "sistema", conceito que, para o caso da gauchesca, funciona sem a menor fissura. De fato, esta noção foi retomada e ampliada por Ángel Rama:

> Diferente dos estilos cultos que se substituem no mesmo período, (a gauchesca) atinge uma vida bem mais extensa graças à sua rígida codificação: mostra um repertório preciso e não muito amplo de temas, maneja um mesmo reduzido capital de proposições estéticas, dispõe de um conjunto de formas artísticas cujo rigoroso cânone não foi conhecido por outros movimentos literários da América Latina (Rama, 1977, p. XLIII).

A língua da gauchesca separa e une, em segundo lugar, considerando-se que, nascida e criada com cuidado no Uruguay e na Argentina, introduziu-se e multiplicou-se bem mais que no Rio da Prata, no Rio Grande do Sul desde fins do século XIX até inícios da anterior centúria. O problema se complica com esta comparência de duas línguas (o castelhano, o português) que, além de sua origem comum, estruturam-se com códigos e formas próprias. Manoelito de Ornellas já demonstrou, através do estudo comparativo do "poemeto campestre" "Antônio Chimango", de Amaro Juvenal e do poema "Santos Vega", de Hilario Ascasubi, que são numerosas as concordâncias processuais e lexicais dos diferentes textos, pelo qual se pode verificar a solidez dessa comunidade. De tal modo que, mantendo-se à margem de duas línguas e de três Estados nacionais, a gauchesca conseguiu criar um espaço "intersticial". Isto é: conseguiu mostrar que os limites nacionais – e até os limites lingüísticos – têm uma alta densidade arbitrária, artificial. A gauchesca transformou a férrea fronteira em um espaço poroso, construiu pontes e moveu barreiras contra a vontade do discurso do poder estatal. Tudo isto porque essa "linguagem técnica" se nutriu de uma série muito ampla e, ao mesmo tempo, fechada, de recorrências, de tópicos e até de vocábulos comuns. Daí que se pode afirmar, como fez Manoelito de Ornellas, que existiu uma "interpenetração social, facilitada pelo Pampa, como território comum a três países" (de Ornellas, 1999, p. 208).

No entanto, a língua não explica tudo, já que, nesse gênero que funciona como um circuito fechado, seus componentes fundamentais radicam nos próprios elementos constitutivos da "vida social", que singularizam a região não só na América mas no planeta. Ou, melhor dito, na gauchesca se sobressai o interesse por idealizar (mais que por reproduzir) esse mundo, que a combinação dos signos trata de fazer objetivo visível e ainda principal: os heroísmos ou as misérias do gaúcho, seus costumes, a representação da mulher, a relação entre o homem e o cavalo, os motivos da indepedência, da guerra, da identidade crioula em oposição ao ser gringo etc.

Muito se tem perguntado sobre a origem do termo "gaúcho", muito se tem escrito sobre as peculiaridades deste tipo humano escorregadio e definitivamente morto por obra da modernização capitalista, que avançou sobre nossa região até a segunda metade do século XIX. "Não há de ser por um simples capricho de letrados ou transfiguração literária, que a palavra gaúcho perdeu o primitivo sentido (negativo, de ladrão), para revestir-se de outro, francamente encomiástico", indicou Augusto Meyer (1960, p. 32). Não foi um simples capricho, mas nessa beatificação ou, pelo menos, nessa valorização de gaúcho como tipo humano regional ou inclusive nacional, no interior da Argentina e do Uruguai e na "personalidade" do Rio Grande do Sul, a literatura gauchesca desempenhou um papel decisivo.

Há duas tradições hermenêuticas em debate sobre a gênese e o desenvolvimento da gauchesca:

1) A que indica que o letrado urbano se deixa seduzir pela fala crioula.

2) A que postula "a origem da 'poesia gauchesca' num desenvolvimento natural da poesia 'payadoresca', que depois de se formar de uma simbiose do cancioneiro tradicional hispano-português e das canções indígenas, vem desaguar na poesia 'gauchesca' à procura da tomada de consciência nacional" (Praderio, 1986, p. LXXII).

A primeira posição necessita de um ajuste: mais que a atração por uma fala campeira, o escritor da cidade pôde sentir o desafio de explorar as possibilidades criativas de um campo lingüístico que se desvia da norma castelhana. Ainda que a segunda posição pareça essencialista e bastante descartável é preciso reconhecer, não obstante, que a influência da oralidade condicionou muito mais a poesia sul-rio-grandense que a rioplatense, esta última notoriamente pautada pela escritura que interpenetrou nos textos.

Seja como for, é importante definir em que campo se coloca a noção de gauchesca que se maneja neste artigo. A grande diferença, no Rio da Prata entre "poesia gaúcha" e "poesia gauchesca", que poderia se transferir ao território sul-rio-grandense (onde a crítica costuma distinguir entre "poesia oral" e "poesia gauchesca"), carece no caso rioplatense de cancioneiros e de outros repertórios populares, se se pensa no século XIX ou na maior parte do mesmo. Não acontece com o Rio Grande do Sul, onde muito cedo se recolheu farto material. Apesar do rastreamento, Guilhermino Cesar apresenta a dupla influência: do centro e norte do Brasil, por um lado, e do Prata, por outro (César, 1994, p. 83). O próprio J. Simões Lopes Neto calculava que somente cem entre setecentas composições recolhidas no sul do Brasil podiam ser consideradas "retemperadas pelo timbre gaúcho" (César, 1956, p. 44). Em conseqüência, poderia se pensar, com Jorge Luis Borges, que

> Derivar a literatura gauchesca de sua materia, o gaúcho é uma confusão que desfigura a conhecida verdade. Não menos necessário para a formação desse gênero que o pampa e que as coxilhas foi o caráter urbano de Buenos Aires e de Montevidéu. (Borges, 1950, p. 5.)

Por isso, com sua visão "portenhocêntrica", Borges esquece que também o Rio Grande do Sul tem uma tradição literária gaúcha. À margem desta omissão – que muito diz para a própria literatura borgiana – há que coincidir que a gauchesca é um produto urbano como apropriação de um tipo popular e das hipotéticas configurações de sua fala às que, criativamente, transmuda.

Para não se afastar do paradigma gauchesco rio-grandense, "Antônio Chimango", basta pensar, como quer Maria Helena Martins, que neste texto "o poeta colhe elementos do 'cancioneiro guasca' transfigurando-os numa expressão elaborada" (Martins, 1980). O texto gauchesco, em síntese, parte presumivelmente de sua fonte gaúcha, de onde se deriva um conjunto de temas, principalmente uma personagem, toma dela a representação oral, mas transfigura com elementos políticos e ideológicos esses materiais. "A vida social", da que falava Tiniánov, encharca o texto também de "vida ideológica". Contudo, é mais improvável que se possa realizar a transferência mecânica da fala do gaúcho à poesia gauchesca. Em geral – observa Borges e se pode verificar com facilidade em qualquer cancioneiro –, o poeta autenticamente popular esforça-se para aproximar-se ao cânone e por internar-se nos universais, muito longe da "cor local". Deveria se distinguir, por último, poetas de assunto gaúcho, que contam e cantam numa língua normativa, alheia às torsões introduzidas pelos gauchescos, se acaso adornada por algum termo crioulo (os casos, no Rio Grande do Sul, de Múcio Teixeira, de Bernardo Taveira Junior e de Lobo da Costa).

A invenção letrada, que é a gauchesca, mantém-se fiel a um modelo: o que emprega uma voz que é própria – enquanto é uma invenção –, mas que faz "como se" a tomasse emprestada do povo e faz "como se" a devolvesse ao povo, muitas vezes situando o discurso na boca de uma personagem que é um gaúcho de papel.

Combate e Absorção da Gauchesca

A fala da gauchesca tem uma relevância tal que separou este gênero drasticamente das práticas literárias "cultas" ou "castiças", fator que gerou um conflito teórico decisivo já no século XIX. Convém revisar o problema para cotejar o devir do gênero com sua recepção crítica antecipada.

Para quase todos os críticos decimonônicos (exceção feita do argentino Juan María Gutiérrez), as literaturas indígenas e a poesia gauchesca não tiveram maior interesse e até foram reduzidas a um canto, a uma espécie de subliteratura. Para José Enrique Rodó (1871-1917), Bartolomé Hidalgo é um poeta popular e democrático, mas reproduz ou "cria" a rude linguagem dos gaúchos e, portanto, inapropriada para as grandes criações poéticas (Rodó, 1967, pp. 825-826). A "rudeza" desses versos do precursor foi superada pelo poema de Esteban Echeverría, *La Cautiva,* no que Rodó valorizou "a obra de nacionalizar o espírito da poesia em que floresce a cultura urbana e enobrecer a forma do verso inspirado no sentir agreste do povo" (Rodó, 1967, p. 715). Justamente por isso, porque Echeverría fala da vida rude dessas terras e escreve e poetiza num castelhano estandartizado, sem condescendência com a linguagem tosca dos habitantes do país, apenas com algum vocábulo que oferece a sensação de atmosfera. Ao contrário, Hidalgo se mexe na esfera "bárbara" dos costumes e da linguagem, e "só muito superficialmente refletia o sentimento popular". Rodó entendia por "povo", é claro, uma homogênea abstração composta de cidadãos brancos, republicanos e de fala castiça.

Os ecos de *Facundo, Civilización o Barbarie* (1845), de Domingo F. Sarmiento são os que ressoam nas concepções sobre a literatura e sobre o habitante da campanha, deste discípulo da tradição intelectual portuária e romântica. Em 1898, numa das muitas oportunidades em que se refere a esse livro e seu autor, Rodó escreve que "o Facundo [...] é o mais poderoso esforço aplicado a desentranhar a filosofia de nossa história e a mais original criação de nossa arte" (Rodó, 1967, p. 992). Há um matiz de diferença, porque Rodó não sataniza o gaúcho, o vê como um objeto estético, visto que em sua época já estava morto. Consegue, para corroborar esta afirmação, revisar suas notas:

> O gaúcho é, para qualquer artista observador, uma realidade que ostenta à flor da pele – quase sem corte prosaico – sua parte natural de poesia. Hegel haveria reconhecido nele a realização plena daquele caráter de libérrima personalidade, de fúria altiva e triunfante; que ele considerava como o mais favorável atributo do personagem que há de ser objeto de adaptação estética.

E conclui que o gaúcho, já proscrito da terra, "a arte da América, deve recolhê-lo carinhosamente em seu colo" (Rodó, 1967, p. 990). Dito de outro modo: só morto o gaúcho se pode começar uma literatura sobre ele. Na realidade, Rodó não fazia senão dizer quase o mesmo que Sarmiento havia dito no Facundo, quando advertia que o argentino do pampa em contato com o horizonte infinito atinge a experiência poética, e os costumes do meio pampeano, com o tempo, "um dia embelezarão e darão matiz original ao drama e ao romance nacional" (Sarmiento, 1977, p. 47). Enquanto existiu e mostrou as contradições do capitalismo periférico e as insuficiências de um conglomerado de países que havia contribuído a liberar, enquanto passeou sua figura e sua rústica linguagem – o que, segundo Rodó, Hidalgo intepretou como no espelho –, então não havia possibilidade para as superiores e ideais categorias da arte. Em um livro fundamental, Beatriz González Stephan demonstrou a influência do pensamento hegeliano na América Latina, indicando que a idéia da "imaturidade" da América e de seus povoadores autóctones implica que o contato com a natureza em que estes últimos viveram os distancie da libertade. Isso, evidentemente, pesa sobre a dicotomia "civilização e barbárie", que argumentou Sarmiento. Outros, pensaram "o continente americano como o corpo e a Europa como o espírito. Todos estes esquemas estão articulados sobre uma base hegeliana" (González Stephan, 1987, p. 90).

Não apenas Sarmiento se vincula – ou cria ele mesmo – algum destes esquemas. Também Rodó se anexa a eles, por meio de Hegel e de Sarmiento, em relação ao gaúcho, à gauchesca e às origens "necessárias" de uma literatura nacional. Estes elementos foram imprescindíveis à construção de um projeto liberal conservador, que regeu garboso durante grande parte do século XX. Com isso se supunha uma política da língua que não só condenava, mas que – como contrapartida – defendia o castelhano normativo. Por esse motivo, com certa amargura, Rodó reprova a Juan Zorrilla de San Martín que deixou passar a oportunidade para destronar a gauchesca quando em 1888 publicou *Tabaré*. Segundo Rodó, "ao escrever *Tabaré* seguiu um caminho perdido: devia haver feito a epopéia dos gaúchos em vez de fazer a dos índios, que pouco influenciaram na formação de nossa nacionalidade" (Rocca, 2001, p. 135).

Nessa linha, o crítico uruguaio é coerente, em certa medida, com as idéias da elite ilustrada de Buenos Aires e Montevidéu desde a promoção de Maio à primeira geração romântica (1810-1850). Muitos desses desprezaram a gauchesca como forma literária válida "importante". Mas ao mesmo tempo apreciaram sua evidente capacidade de penetração entre os amplos setores populares iletrados, e por isso, em várias ocasiões, usaram-na como um veículo muito apropriado para a difusão das idéias republicanas, a abominação do caudilhismo e as práticas que consideravam "bárbaras". Por isso algumas composições "gaucho-patrióticas" de Bartolomé Hidalgo são admitidas nas primeiras compilações poéticas, tanto as que se fizeram em Buenos Aires (*La Lira Argentina*, 1824 e *Colección de Poesías Patrióticas*, 1827) como a que se promoveu em Montevidéu (*El Parnaso Oriental*, 1835-1838), embora nessas vastas reuniões de poemas de todo tipo, a lembrança da revolução emancipatória extraviou-se em favor da época da constituição do novo Estado (Rocca, 2000). Uma amostra nada original mas extraordinária desta tendência apresenta o "Cielito del Blandengue Retirado", de autor anônimo, editado na Banda Oriental entre 1821 e 1823, em folha solta, na que o relator adota uma voz anarquizante, pela que se recusa qualquer tipo de poder e, em especial, se ataca com veemência aos caudilhos rurais, os quais parecem os verdadeiros destinatários desta desordenada composição de tonalidade popular:

> No me vengan con embrollos
> de Patria ni montonera
> que para matarse al ñudo
> le sobra tiempo a cualquiera

> Cielito, cielo que sí
> cielito de Canelones
> que patria ni que carancho
> han de querer los ladrones

> [...]
> Sarratea me hizo cabo,
> con Artigas jui sargento,
> el uno me dio cien palos,
> y el otro me arrimó ciento.

> Cielito, cielo que sí,
> cielito del corazón
> para no pagarme sueldo
> era güena la ración

> [...]
> Cuatro bacas hei juntado
> a juerza de trabajar,
> y agora que están gordas
> ya me las quieren robar.

Cielito, cielo que sí,
oye cielo mis razones
para amolar á los sonsos
son estas regoluciones

Yo conozco á los Puebleros
que mueven todo el enriedo,
son unos hijos de puta,
ladrones que meten miedo.
(Rivera, 1968, pp. 92-93)[1].

A rigor, o primeiro a examinar (e justificar) as magníficas potencialidades divulgadoras da gauchesca para a causa liberal portuária foi o próprio Domingo F. Sarmiento, o grande estigmatizador do pampa e seu habitante. Uma das primeiras notas de seu diário de viagem, publicado no Chile pouco depois da publicação de *Facundo,* realizada quando chega ao porto de Montevidéu, diz o seguinte:

> O canto do poeta argentino se eleva rude e barbaresco desde as filas do soldado, até depurar-se e tomar formas mais cultas na boca dos coronéis, ministros e generais. A poesia serviu não poucas vezes para despertar inteligências dormidas, lançando-as na vida pública.

E a continuação enumera os poetas cultos das cidades rio-platenses, todos eles vinculados – *ad usum* do século XIX – com a função pública. Mas nenhum comentário faz de suas composições e, em troca, realiza um desvio surpreendente à gauchesca, mudando a perspectiva do *Facundo,* ligando, então, poesia gauchesca com poesia nacional "civilizada":

> Ascazubi (*sic*) o primeiro bardo plebeu, feito ao fogo das batallas [...] explora com felicidade, às vezes, aquele gênero popular que traduz em acentos comedidos as

---

1. Não me venham com embrulhos/ de Pátria nem guerrilheiro/ pois para desatar o nó/ sobra tempo a qualquer um/ Cielito, céu verdadeiro/ cielito de Canelones / que pátria nem que carancho/ Hão de querer os ladrões./ [...] / Sarratea me fez cabo, /com Artigas fui sargento, / um me bateu cem vezes, / e o outro me acrescentou um cento.// Cielito, céu verdadeiro, /cielito do coração /para não me pagar salário / Era boa a ração.// [...] / / Quatro vacas consegui / a força de trabalhar, /e agora que estão gordas / Todas me querem roubar.// Cielito, céu verdadeiro, / ouve céu minhas razões / para aborrecer aos velhacos / são estas revoluções. // Eu conheço aos Citadinos / que fazem todo o enredo, / são uns filhos da puta, / ladrões que nos metem medo.

preocupações das massas [...] Como falar de Ascazubi, sem saudar à memória do montevideano criador do gênero –gauchipolítico, que por haver escrito um livro em vez de algumas páginas como o fez, havia deixado um monumento da literatura semi-bárbara do pampa? Em mim se agitam as fibras quando leio as imortais práticas de Chano, o cantor, que andam por aqui na boca de todos. [...] aqui está os começo daquela literatura fantástica, homérica, da vida bárbara do gaúcho [...] (Sarmiento, 1993, pp. 50-51).

Por um lado, os praticantes dessa poesia que exalta os universais (a libertade, a pátria, a honra, o amor etc.) consideram que o discurso da gauchesca é uma forma bastarda e mumificada, sujeita a um feixe de assuntos menores, intranscendentes. Isso pode ser visto na paródia que aparece no periódico montevideano *El Iniciador*, uma *copla* atribuída a Juan María Gutiérrez na qual se diverte com *leit-motivs* da gauchesca, principalmente com a exaltação do "pingo". Chama-se "Um Canto Triste do Gaúcho" e chega a citar o primeiro dos oito quartetos octossílabos para advertir a dupla paródia, da função e da forma:

> Mi caballo era mi vida,
> Mi bien, mi único tesoro
> Si hai quien devuelva mi Moro,
> Yo le daré mi querida,
> que es hermosa como el oro.
>
> (Z., 1941, p. 146)[2]

O êxito da zombaria pode ser medido, pelo que detectamos, pois o texto volta a aparecer, outra vez anônimo, na *Revista del Plata* de Montevidéu, publicação onde transitaram decisivamente os argentinos, como no *El Iniciador* e tantas outras revistas da época do exílio anti-rosista em Montevidéu. E a paródia adquire maior contundência se se leva em conta que ainda a gauchesca, em junho de 1838, quando apareceu pela primeira vez, estava muito longe de se transformar num conglomerado extenso e coerente.

Em 1821 os interlocutores do "Diálogo Patriótico Interessante" se lamentam pelo estado geral da campanha, em que ficou depois de incessantes e infrutuosas lutas. É um discurso, o dos dois gaúchos, angustiado, mas ao mesmo tempo tranqüilizador das paixões bravias e, acima de tudo, civilizador:

---

2. Meu cavalo era minha vida, /Meu bem, meu único tesouro,/ Se há quem devolva meu Mouro,/ Eu lhe darei minha querida,/ que é formosa como o ouro.

> Guerra eterna a la discorida,
> Y entonces sí creo yo
> Que seremos hombres libres
> Y gozaremos el don
> Más precioso de la tierra:
> Americanos, unión
>
> (Hidalgo, 1986, p. 126)[3]

A Sarmiento interessa um aspecto que é uma de suas principais obsessões: melhorar essas terras melhorando o sangue, trazer imigrantes europeus para sanar as carências irremediáveis do patrício, preguiçoso, violento, semi-animal. Por isso põe ênfase nos versos em que se fala das separações e das lutas que não levaram a nada:

> En diez años que llevamos
> De nuestra revolución
> Por sacudir las cadenas
> De Fernando el balandrón
> ¿Qué ventaja hemos sacado?
> Las diré con su perdón.
> Robarnos unos a otros,
> Aumentar la desunión,
> Querer todos gobernar,
> Y de facción en facción
> Andar sin saber que andamos:
> Resultado en conclusión
> Que hasta el nombre de paisano
> Parece de mal sabor
>
> (Hidalgo, 1986, p. 52)[4]

Depois de citar esses versos, Sarmiento assinala: "E não é que ao bom sentido de gaúcho se esconda a causa do mal, que é o espírito de na-

---

3. Guerra eterna à discordia./ E então sim creio/ Que seremos homens livres/ E gozaremos o dom/ Mais precioso da terra:/ Americanos, união
4. Em dez anos que levamos/ De nossa revolução/ Por sacudir as correntes/ De Fernando o fanfarrão/ Que vantagem tiramos?/ Direi com sua permissão./ Roubar-nos uns aos outros,/ Aumentar a desunião,/ Querer todos governar,/ E de facção em facção/ Andar sem saber que andamos:/ Resultado em conclusão/ Que até o nome de patrício/ Parece de mal sabor.

cionalidade, o espírito castelhano de ódio e aversão contra o estrangeiro." (Sarmiento, 1993, p. 52.) (Grifos de P.R.)

Num setor importante da gauchesca esse "ódio ao estrangeiro", primeiro imperial e depois imigrante, se reformulará como o ódio ao inimigo político local. Ainda à custa de múltiplos antecedentes menores (Ayestarán, 1949; Rivera, 1968), Hilario Ascasubi fortaleceu essa linha em suas furiosas composições contra Juan Manuel de Rosas (desde as primeiras versões de *Paulino Lucero,* publicadas em Montevidéu em 1838), e será nesta vertente que, sobretudo, os letrados urbanos admitirão a inserção do gênero como uma eficaz arma de combate, de mais fácil ou melhor penetração nos ouvidos populares. Este é o caso interessante da composição anônima com título de "Recuerdos gaucho-políticos tenidos por los paisanos Ramón Contreras e Fernando Chano, en las trincheras de Montevideo, el 25 de mayo de 1844". Trata-se de um exemplo singular: o autor apropria-se dos personagens de Hidalgo (apenas trocando-lhe o nome de batismo: Fernando em lugar de Jacinto) e, com idêntica estrutura e dicção apropria-se do subgênero inventado por Hidalgo (o diálogo patriótico). Então, suas personagens apelam a todos os lugares-comuns da gauchesca (elogio do cavalo, sabor do mate, particularidades da vida cotidiana) e concluem fazendo uma exaltação da revolução de Maio de 1810, invocando as identidades argentino-uruguaias como uma vontade unificada contra os "tiranos", Rosas e Oribe: o primero governando a República Argentina; o segundo assediando com seu exército aliado àquela praça forte montevideana. Cruzando o Rio Grande do Sul, o mesmo processo acontece em *Antônio Chimango,* no qual a voz do narrador "gaúcho" Lautério é usada para satirizar ao Presidente do Estado, Borges de Medeiros. Nunca, então, mais precisa a definição de gauchesca proposta por Josefina Ludmer: "um uso letrado da cultura popular" (Ludmer, 1988, p.11).

Os Gaúchos e os Outros

Na realidade, Sarmiento tem razão quando opina que na gauchesca circula uma corrente de ódio ao estrangeiro. Poderia haver escolhido uma citação mais adequada, ou não quis forçar tanto o fragmento escolhido. O desdém pelo espanhol, mais precisamente o galego, encontra-se na pré-história mesma da poesia rioplatense. Aparece já nos primeiros textos descobertos, que foram anônimos – segundo demonstrara de modo irrefutável Antonio Praderio – e que são citados atribuídos a Bartolomé Hidalgo por quase todos os críticos, em geral, rioplatenses, brasileiros ou de outros lugares. Quatro *cielitos* e uma canção satírica registra Francisco Acuña de

Figueroa no *Diario Histórico del Sitio...*, escrito entre 1812 e 1814, embora publicado em 1890 com "oportunas" correções. Essas composições presumivelmente foram recolhidas pelo autor ou foram-lhe comunicadas enquanto permaneceu o assédio do exército patriota à praça forte montevideana. Em todas se agride o galego associando-o ao ocupante imperial da praça montevideana[5]. Dois exemplos bastam, o primeiro, o quarteto inicial de um dos mais conhecidos, de falsa autoria de Hidalgo:

> Vigodet en su corral
> Se encerró con sus gallegos,
> Y temiendo que lo apialen,
> Se anda haciendo el chancho rengo.
>
> (Acuña de Figueroa, 1978, II, p. 35)[6]

O segundo exemplo também foi registrado por Acuña de Figueroa, mas nunca foi atribuído a Hidalgo. É o único texto, no entanto, no qual se nomeia expressamente o caudilho José Artigas, chefe dos orientais contra o dominador espanhol:

> No hay miedo, pues los macetas
> No han de atropellar el cerco;
> Que Artigas anda a las yeguas,
> Y dejó a los potros dentro.
> Cielito de los reyunos,
> ¡Ay! cielo de los porteños,
> Que al decir: ¡Viva la patria!
> Se ca[gan] en los gallegos.
>
> (Acuña de Figueroa, 1978, II, p. 231.)[7]

Permita-se uma derivação. A exclusão desta copla do cânone é evidente: por primeira vez a gauchesca (ou a poesia gaúcha?) menciona Arti-

---

5. Carlos Zubillaga explicou que este recurso desprestigioso do inimigo (sempre o oriundo de Galizia e não de qualquer outra região da Espanha), procede de "os patrões culturais impostos hegemonicamente por Castela" (Zubillaga, 1974, p. 49).
6. Vigodet em seu curral/ Se encerrou com seus galegos,/ E temendo que o derrubem, /Se faz de porco rengo.
7. Não há medo, pois os macetas/ Não haverão de derrubar o cerco;/ Que Artigas anda às éguas, / E deixou os potros dentro. / Cielito dos reiúnos, / Ai! Céu dos portenhos, / Que ao dizer: Viva a pátria! / Se ca(gan) nos galegos.

gas, mas em lugar de pintá-lo com tons respeitosos e bronzeados, o representa de modo nada prudente ou "estilizado" como uma espécie de super-herói viril, que pode se dedicar à livre sexualidade ("anda às éguas"), sem se preocupar com uma luta cujos contendores são meramente covardes. No apogeu da gauchesca, meio século despois, o "estrángis" volta a ser desqualificado, agora com este vocábulo genérico. Por isso, nesta altura, nos poemas mais relevantes (*Los Tres Gauchos Orientales*, de Antonio D. Lussich e *El Gaucho Martín Fierro*, de José Hernández, ambos de 1872) as diatribes ferozes caem sobre uma classe de "estrángis", o "gringo ou nação", o italiano e, em particular, sobre o napolitano. Visto que, como sublinha Lauro Ayestarán, uma dinâmica "razão da dialética política preside esta literatura" (Ayestarán, 1965, p. XI), o depreciado estrangeiro já não é o inimigo imperial, senão o agente da dissolução dos valores do país crioulo, em momentos em que a povoação de Montevidéu e de Buenos Aires se divide quase na metade, entre os nascidos no país e os imigrantes. Entre estes últimos predominam os italianos, que na época representam 20% aproximado dos habitantes de cada uma das cidades portuárias.

A reação antigringa ampara-se na atávica hostilidade do aldeano diante do diferente, articula-se no constructo da pátria e, daí, retorna aos setores populares que até 1910 estão arranhando importantes índices da alfabetização. Em Lussich a rejeição é estimulada como interpretação do fenômeno e como potenciação de um quadro ideológico. Adquire, além disso, outras proporções, considerando que os três intervenientes do diálogo poético são dedicados ao Partido Nacional, coletividade que o autor quer mostrar como a que preserva o mais autenticamente "nosso". Ao contrário, para Lussich uma prova de que o adversário e governamental Partido Colorado põe em perigo ou solapa a independência do país, consiste em servir-se de soldados estrangeiros que falam uma língua incompreensível ou ridícula para os ouvidos do crioulo. Comentando a vitória das forças do general Timoteo Aparicio na batalha de Paso de Severino, em setembro de 1870, o gaúcho Mauricio Baliente lembra com emoção os estragos nas forças inimigas, entre as quais se haviam alistado muitos italianos[8]:

---

8. Desde os tempos do governo do general Venancio Flores os italianos gozaram de certa proteção oficial. Durante a "Revolución de las Lanzas" (1870-1872), o exército oficial estava cheio de italianos. Fato explicável, diz Luce Fabbri, "pois [o presidente] Lorenzo Batlle era homem da Defesa, conhecia pessoalmente a Garibaldi e provavelmente utilizou os restos da Legião italiana, que, seu comandante de regresso a Itália, não havia dissolvido em seguida e sabemos que se havia reorganizado clandestinamente sob o governo de Berro em apoio a Flores". A esse respeito há um episódio que registra Car-

Dispués vino Ceverino:
Allí rayamos los pingos;
¡Qué día de matar gringos!
Si era lansiar a lo fino
        (Lussich, 1964, p. 19)[9]

Esta tradição "blanca" que abomina o italiano, em quem se atribui o risco da descaracterização local, perpetua-se em alguns relatos de Javier de Viana, nos quais aparece – igual que em *Mijo el Dotor*, de Florencio Sánchez – a identificação do gringo com o povo, e dos dois com o fim da harmônica vida da fazenda patriarcal, vista como um arcádico resguardo de igualitarismo ou de comunicação entre iguais. Assim em *Los Tres Gauchos Orientales,* a rejeição ao gringo não está só em função das vicissitudes partidárias. Numa passagem posterior, o gaúcho Julián Giménez desqualifica a um patrício porque "montava como gringo" e depois lembra sem nenhuma consideração a um peão

Estrángis que yo tenía
Era labia tuito el día
En su idómia, aquel nación
            (Lussich, 1964, p. 32)[10]

Em *Martín Fierro*, publicado alguns meses depois do poema do uruguaio, abundam as diatribes aos italianos, especialmente ridicularizados e

---

los Machado em sua *Historia de los Orientales* (Montevideo, Banda Oriental, 1971): Um soldado oficial cercado pelas forças de Timoteo Aparicio, grita: "Nu mi mate, que soy maragato de San Cusé". San José era, e ainda é, um baluarte blanco.
Outro aspecto interessante tem que ver com a testemunha do periodismo italiano da época. Conforme o registro de Luce Fabbri: "a única publicação italiana que nos ficou desse período, La Stella d'Italia (um semanário que, por outra parte, editou apenas uns poucos números, em 1872), sustenta que os italianos, como, em geral, todos os estrangeiros, mantiveram-se à margem da contenda. [...] A contradição é somente aparente. Os italianos eram muitíssimos nessa época, provavelmente mais numerosos que os que figuram nas estatísticas. [..] No interior há cada vez mais napolitanos, que são vendedores ambulantes, peões, soldados... Fazem-se tropeiros e adotam logo os costumes e as características espirituais do gaúcho". A afirmação última, como se verá, não é compartida por este trabalho. ("El Aluvión Inmigratorio Italiano en Uruguay Hace un Siglo" (Fabbri-Cressatti, 1990, pp. 53-54).
9. Depois veio Ceverino:/ Ali indicamos os pingos;/ Que dia de matar gringos!/ Se era lançar ao fino.
10. Estrángis que eu tinha/ Era labia tuito o dia/ Em seu idioma, aquel nación.

assimilados a animais por suas posturas físicas, seus estranhos códigos alimentares e sua incomprensível língua:

> Allí un gringo con un órgano
> y una mona que bailaba,
> haciéndonos raír estaba
> cuando le tocó el arreo.
> ¡Tan grande el gringo y tan feo!
> ¡Lo viera cómo lloraba!
> (Hernández, 1977, p. 200)[11]

Isso chega aos extremos de escárnio e de crueldade com o napolitano que serve no exército, na fronteira, com os índios:

> Era un gringo tan bozal
> que nada se le entendía.
> ¡Quién sabe de ande sería!
> tal vez no juera cristiano;
> pues lo único que decía
> es que era pa-po-litano.
> Estaba de centinela
> y por causa del peludo
> verme más claro no pudo
> y ésa jue la culpa toda.
> El bruto se asustó al ñudo
> y fí el pavo de la boda.
> Cuando me vido acercar
> "quién vívore" – preguntó
> "Qué víboras" – dije yo –.
> "Ha-garto" – me pegó el grito;
> y yo dije despacito:
> "Más lagarto serás vos"[12].

11. Alí um gringo com um órgão/ e uma macaca que dançava,/ fazendo-nos rir estava/ Quando lhe tocou o arreio./ Tão grande o gringo e tão feio!/ Era de ver como chorava!
12. Era um gringo tão boçal/ que nada se lhe entendia./ Quem sabe de onde seria!/ talvez juera cristão:/ pois o único que dizia/ é que era pa-po-litano./ Estava de sentinela/ e por causa do peludo/ ver-me mais claro não pôde/ e essa jue a culpa toda./ O bruto se assustou do nó/ y fi o peru da boda./ Quando me viu chegar/ "quem vívore" – perguntou / "Que víboras" – disse eu –. / "Ha-garto" – me deu o grito;/ e eu disse devagar:/ "Mais lagarto serás tu".

Há muitos outros exemplos nesse magnífico poema de Hernández que, além de suas magnitudes, é um inevitável compêndio de preconceitos homofóbicos e racistas (não somente contra o gringo, também contra o negro e o índio), como mímese que pretende ser da mentalidade masculina do camponês decimonônico. Talvez havia sido este modelo o que levou Ramiro Barcellos a dizer a seu Lautério no *Antônio Chimango:*

> Se aparecia algum gringo
> Desses que vêm lá d'Oropa
> Que não é qualquer que topa
> E que entende o idioma
> Pra a Coronel era broma...
> O mesma que fazer tropa.
>
> (Juvenal, 2000, p. 83)

A sugestão do *Martín Fierro* parece clara. Não somente pela semelhança fonética com a que se chama a Europa ("Uropa", diz Hernández; "Oropa", Barcellos); não só pela presença do castelhanismo "broma" – como de outros tantos que se disseminam ao longo de toda a composição de Barcellos –, senão pelo comum desdém dos crioulos pelo estrangeiro. Para o caso do poema rio-grandense (e só olhando esse fragmento) há um militar de grau, o incômodo com o gringo, e esse mal-estar agrava-se diante do uso de um idioma diferente do nacional. Certamente, também no cancioneiro popular rio-grandense podem encontrar-se exemplos de resistência ao gringo, em particular ao italiano, como no quarteto de "Desafio (entre Malaquias e Agache em uma Festa de Casamento)", onde a mulher de Agache o humilha da pior maneira:

> A minha china é perversa,
> Deu-me um triste desengano;
> Foi encontrá-la nos braços
> De um mascate italiano...
>
> (Lopes Neto, 1954, p. 208).

No Uruguai, o desejo de expulsar o italiano pode ser encontrado até no poema de um estrangeiro, que abraçará a causa *blanca* e, paralelamente, a triunfante ideologia desse férreo nacionalismo. Trata-se do galego José Afonso y Trelles ("El Viejo Pancho"):

[...]
¡Si estos gringos! ¡Ni que hablar!
Pa vender, mezquinos de uña,
Pero clavan... la pezuña
cuando tocan a cobrar.
A poco de negociar
y cuando usté ni se sueña,
se le atracan a la dueña
del potrerito arrendao
y le pagan al contao
casa y campo y monte y leña.
[...]
En lo que no son mezquinos
se entiende, pa su provecho
es en trasegar p'al pecho
lo mejor que viene en vinos.
En eso sí, son ladinos
estos gringos apestaos;
ellos comerán guisaos,
si a mano viene, de garras;
pero ¡hijos de una! en sus farras
p'al vino son delicaos. [...]

(Alonso y Trelles, 1954, pp. 22-24)[13]

Depois de umas décadas nas quais *Martín Fierro* gozou tanto do prestígio do popular como de um moderado esquecimento por parte dos intelectuais de Buenos Aires e Montevidéu, já entrado o século XX, o poema de Hernández será redimido por uma interpretação nacionalista e conservadora. Para os porta-vozes dessa reivindicação que questiona até então a inamovível leitura sarmentiana, em particular para Lugones em suas conferências de 1916 e logo para Ricardo Rojas – como antes ao uruguaio Francisco Bauzá –, o gaúcho e o "deserto" deixam de ser fonte de barbárie

13. Se estes gringos! Nem que falar!/ Pa vender, mesquinhos de unha,/ Mas fincam... a pata/ quando tem que cobrar./ A pouco de negociar/ E quando você nem sonha,/ Atacam-se-lhe à dona/ do potreirinho arrendado/ e lhe pagam à vista/ casa e campo e mato e lenha./[...] / No que não são mesquinhos/ Entendem-se, para seu proveito/ e em trasfegar ao peito/ o melhor que vem em vinhos./ Nisso sim, são ladinos/ estes gringos apestados;/ eles comeram guisados,/ se a mão vem, agarram;/ mas os filhos de uma! em suas farras/ p'ao vinho são delicados. [...]

e passam a encarnar a identidade nacional profunda. Os imigrantes europeus, reclamados por Sarmiento no *Facundo* como a panacéia para a solução de todos os males, chegam em aluvião até 1920. Entre os laboriosos estrangeiros salientam-se os anarquistas, uma presença que na Argentina horroriza o poder, pela qual se vê ameaçada a essência própria da nacionalidade. Então, o gaúcho já pode se mitificar, visto que ficaram atrás os tempos em que servia de hoste ao caudilho e se transfigurou em peão de fazenda, assalariado rural, soldado de linha ou em mero desocupado que engrossa os cinturões de miséria nos centros urbanos mas que, ainda, não encontrou um canal de expressão de sua previsível rebeldia.

Nesse quadro e à margem ocidental do Prata, é provável interpretar que o se acrioular do galego Alonso y Trelles seja uma espécie de resgate, em diferente cenário, das fontes camponesas da poesia galega onde se iniciou. Mas a conduta literária e política passa, desse modo, por um filtro de forte homogeinização nacionalista, que se propicia desde livros e folhetos, desde publicações periódicas unidas de modo radical a essas opções estéticas e ideológicas, como as revistas *El Fogón y El Terruño*, que publicaram durante décadas exclusivamente literatura rural. De modo que se podia haver contiguidade das tradições também existe, paradoxalmente, um autodespojamento das particularidades da fala literária originária de uma pressão exercida por uma ideologia e, sobretudo, pela prática de uma técnica e por um repertório bastante cheio de problemas, entre os quais está o suspeito olhar sobre o estrangeiro. Algo semelhante pode ser dito, como é óbvio, em relação ao crescimento do "mito gaúcho" no Rio Grande do Sul, desenvolvido pela força da crescente diferença com o poder centralista do Rio.

De fato, a reprodução de uma técnica e de um código termina por cristalizar essa prática, transformando em escritores desse circuito fechado a quem pouco antes nem sequer podia sonhar com esse destino. É o caso de Alonso e Trelles e também, para trocar de nacionalidade de origem, do político primeiro anarquista e logo vinculado ao projeto social-democrata *avant la lettre* de José Battle y Ordóñez: Domingo Arena. Trata-se de um italiano, que chegou ao Uruguai por volta de 1875 ainda menino, que passou apenas alguns meses na fronteira com o Brasil, que defendeu o projeto urbano e modernizador do batllismo, mas, salvo a toda essa série, em sua breve obra literária dominaram as histórias de atmosfera rural.

A esse ponto havia chegado o triunfo do discurso criolista no Uruguai, um processo paralelo ao da Argentina, como comprovou Adolfo Prieto num de seus trabalhos fundamentais (Prieto, 1988). Haveria que esperar algumas décadas para que começasse a se desmontar este projeto a impulsos de uma estética cidadã e, em grande parte, vanguardista que, no Rio

Grande do Sul está chegando nestas últimas décadas. Mas esse é outro problema, outra encruzilhada, outra fronteira que neste momento é preferível não passar.

Tradução do original espanhol por Pedro Câncio

Referências Bibliográficas

Textos literários citados. Compilações gerais consultadas

ACUÑA DE FIGUEROA, Francisco. *Diario Histórico del Sitio de Montevideo en los Años 1812-13-14*. Montevideo, Biblioteca Artigas, Colección de Clásicos Uruguayos, vols. 157-158, 1978. Prólogo de Roger Bassagoda (1890).
ALONSO Y TRELLES, José. *Paja brava*. Montevideo, Biblioteca Artigas, Colección de Clásicos Uruguayos, vol. 13, 1954 (1916). ("¡Si estos gringos!", pp. 22-24).
ANÓNIMO. "Recuerdos Gauchipatrióticos Tenidos por los Paisanos Ramón Contreras y Fernando Chano, en las Trincheras de Montevideo el 25 de mayo de 1844", *Cantos a Mayo*. Montevideo, Ed. fac-similar, 1990, (1844).
AYESTARÁN, Lauro. "La Primitiva Poesía Gauchesca en el Uruguay (1812-1851). *Revista del INIAL*. Montevideo, Ano I, Tomo I, nº I, dez. 1949, pp. 201-436.
BERTUSSI, Lisana. *Literatura Gauchesca, do Cancionero Popular à Modernidade*. Caxias do Sul, Editora da Universidade de Caxias do Sul, 1997.
HERNÁNDEZ, José. *Martín Fierro*. In: *Poesia gauchesca*. Caracas, Biblioteca Ayacucho, 1977, pp. 191-383. Selección y cronología de Jorge B. Rivera. Prólogo de Ángel Rama (1872).
HIDALGO, Bartolomé. *Obra Completa*. Montevideo, Biblioteca Artigas, Colección de Clásicos Uruguayos, vol. 170, 1986. Prólogo de Antonio Praderio.
JUVENAL, Amaro. *Antônio Chimango e Outros Textos*. Porto Alegre, Artes e Ofícios, 2000. Ensaio e notas de Luís Augusto Fischer.
LOPES NETO, J. Simões. *Cancioneiro Guasca*. Porto Alegre, Globo, 1954.
LUSSICH, Antonio D. *Los Tres Gauchos Orientales*. Montevideo, Biblioteca Artigas, Colección de Clásicos Uruguayos, vol. 56, 1964. Prólogo de Eneida Sansone de Martínez.
RIVERA, Jorge B. *La Primitiva Literatura Gauchesca*. Buenos Aires, Jorge Álvarez, 1968.
SARMIENTO, Domingo F. *Facundo o Civilización y Barbarie*. Caracas, Biblioteca Ayacucho, 1977. Prólogo de Noé Jitrik. Cronología de N. Dottori y S. Zanetti [1845].
SARMIENTO, Domingo F. *Viajes por Europa, África y América 1845-1847 y Diario de Gastos*. Buenos Aires, Colección Archivos/Fondo de Cultura Económica de Argentina, 1993. (Edición crítica: Javier Fernández, coordinador).
Z. (¿pseud. de Juan María Gutiérrez?). "Endecha del Gaucho". *El Iniciador*. Buenos Aires, Academia Nacional de la Historia/Guillermo Kraft, 1941. Estudio preliminar de Mariano de Vedia y Mitre (1837-1838).

Livros e artigos de referência citados

AYESTARÁN, Lauro. Prólogo a *Versos Sencillos*, de Elías Regules. Montevideo, Biblioteca Artigas, Colección de Clásicos Uruguayos, vol. 57, 1965

BORGES, Jorge Luis. *Aspectos de la Literatra Gauchesca.* Montevideo, Número, 1950.

CÉSAR, Guilhermino. *História da Literatura do Rio Grande do Sul (1737-1902).* Porto Alegre, Globo, 1956.

CÉSAR, Guilhermino. *Notícia de Rio Grande.* Porto Alegre, Instituto Estadual do Livro/ UFRGS, 1994. Organização e introdução: Tania Franco Carvalhal.

GONZÁLEZ STEPHAN, Beatriz. *La Historiografia Literaria del Liberalismo Hispanoamericano del siglo XIX.* La Habana, Casa de las Américas, 1987.

DE ORNELLAS, Manoelito. *Gaúchos e Beduínos. A Origem Étnica e a Formação Social do Rio Grande do Sul.* 4. ed. Porto Alegre, Martins Livreiro, 1999.

FABBRI-CRESSATTI, Luce. "El Aluvión Inmigratorio Italiano en el Uruguay de Hace un Siglo". *Revista Garibaldi,* Montevideo, Ano 5, nº5, 1990.

LUDMER, Josefina. *El Género Gauchesco. Un Tratado sobre la Patria.* Buenos Aires, Sudamericana, 1988.

MEYER, Augusto. "Gaúcho, História de uma Palavra". *Prosa dos Pagos.* Rio de Janeiro, Livraria São José, 1960, pp. 9-42.

MARTINS, Maria Helena. *Agonia do Heroísmo. Contexto e Trajetória de Antônio Chimango.* Porto Alegre, LPM&URGS, 1980.

PRADERIO, Antonio. Prólogo a *Obra Completa,* de Bartolomé Hidalgo, *op. cit.*

PRIETO, Adolfo. *El Discurso Criollista en la Formación de la Argentina Moderna.* Buenos Aires, Sudamericana, 1988.

RAMA, Ángel. *Los Gauchipolíticos Rioplatenses. Literatura y Sociedad.* Montevideo, Calicanto, 1976.

RAMA, Ángel. Prólogo a *Poesía Gauchesca.* Caracas, Biblioteca Ayacucho, 1977.

ROCCA, Pablo. "La Patria y la Pluma (Orígenes, Desvios y Continuidades del Verso Uruguayo)". *Insomnia,* de *Posdata,* Asuntos Uruguayos/3, Montevideo, nº 124, 2 de jun. de 2000.

ROCCA, Pablo. *Enseñanza y Teoría de la Literatura en José Enrique Rodó.* Montevideo, Ediciones de la Banda Oriental, 2001. [Inclui fragmentos dos *Apuntes Inéditos de un Curso de Literatura Dictado por José Enrique Rodó,* tomados por Hipólito M. Barbagelata em 1898 (circa)].

RONNA, José Pedro. "La Reproducción del Lenguaje Hablado en la Literatura Gauchesca". *Revista Iberoamericana de Literatura.* Montevideo, Departamento de Literatura Iberoamericana, Universidad de la República, Ano IV, nº 4, 1962, pp. 107-119.

RODÓ, José Enrique. *Obras Completas.* Editadas con introducción, prólogos y notas de Emir Rodríguez Monegal. Madrid, Aguilar, 1967 (2ª ed. ampliada).

TINIÁNOV, Iuri. "Sobre la Evolución Literaria". *Antología del Formalismo Ruso.* Buenos Aires, CEDAL, 1971, pp. 28-46. (Selección de Beatriz Sarlo Sabajanes) (Traducción de la edición francesa de Ana Maria Nethol). (1927).

ZUBILLAGA, Carlos. "'Lo Gallego' en la Primitiva Poesia Popular Uruguaya". *Grial. Revista Galega de Cultura,* Vigo, nº 45, out.-nov.-dez. 1974.

A GAUCHESCA BRASILEIRA: REVISÃO CRÍTICA DO REGIONALISMO

LÉA MASINA

A crítica dominante até as últimas décadas do século XX, salvo raras exceções, negou o influxo platino na literatura gaúcha por motivos ideológicos e, portanto, inconscientes. Estes eram, em sua maioria, fruto de um posicionamento protecionista e bastante conservador com relação ao "território" ou a "região" sul-rio-grandense, cuja vizinhança com os países do Prata representava uma ameaça permanente. A ameaça decorria, em parte, da história regional do Estado, marcada pelas guerras nas fronteiras, mas, mais do que isso, do convívio com os países vizinhos, que acentuava as afinidades e aumentava o risco de que o Rio Grande do Sul se transformasse em presa fácil para a invasão e apropriação estrangeira. Registram textos de dezenove o receio brasileiro de que os sul-rio-grandenses, contaminados pelo caráter libertário e bélico dos platinos, reivindicassem sua separação territorial e administrativa do resto do Brasil. Essa tendência separatista, embora bastante combatida, de tempos em tempos ressurgia em manifestações isoladas, sempre rechaçada por nacionalistas, intelectuais e políticos ligados aos centros hegemônicos brasileiros, ou pertencentes às classes dirigentes do Estado. Além disso, o fato de o Rio Grande do Sul ser considerado, até meados do século XX, o "celeiro" do Brasil, portanto um Estado economicamente forte, contribuiu para a formação de uma consciência protecionista da integridade territorial do país. Assim, falsamente considerada uma sedição separatista, a Revolução Farroupilha, tal como outras revoluções de menor duração, foi um movimento libertário que, encabeçado pelas oligarquias locais, visava a estancar a sangria fiscal que os governantes do centro impunham ao Rio Grande. O resto seria conseqüência.

Foi somente com a Revolução de 1930 que as mudanças ocorridas nos rumos políticos brasileiros criaram espaço para o autoconhecimento do país, com o desenvolvimento da consciência autônoma nacional, juntamente com a consciência estética, dois apanágios do Movimento Modernista de 1922. Nesse momento, os intelectuais e, principalmente, os romancistas, são levados a definir a identidade do seu local de origem, bem como a representá-la no imaginário e na literatura nacional. Foi quando o Rio Grande do Sul intensificou seu arsenal imagético, calcado no mito do gaúcho e das histórias da campanha, como, de resto, interessava ao governo e, logo a seguir, à ditadura getulista. Não obstante, as águas não correm num único sentido: o romance de 1930 irá congregar o idealismo romântico, somado ao descritivismo naturalista – que já consagrara o caráter épico do regionalismo gaúcho – integrando-os a uma visão moderna, documental e quase jornalística da realidade social e humana dominante no campo e na cidade.

Como a crítica literária brasileira dos anos de 1970 demonstrou de modo cabal, a figura do gaúcho valoroso e forte, leal e indomável convergiu para o constructo ideológico da era de Vargas. A polissemia do mito do gaúcho é flagrante: de um lado, criava-se, no Brasil, um modelo regional idealizado, fruto de uma terra de homens fortes, leais e íntegros, capazes de conduzir os destinos da pátria. O gaúcho seria, pois, o oposto do Jeca Tatu, celebrizado por Monteiro Lobato nos alvores do século. Por outro, a divulgação da imagem do "centauro dos pampas" contribuía para fortificar a auto-estima de um Estado espoliado pelo governo federal, cuja classe média, representada pela força militar, assegurara a vitória populista de Vargas. Assim, ao confirmar a vitória e ao eleger-se o primeiro presidente gaúcho do país, Getúlio Vargas legitimou e confirmou a hegemonia regional, dela destacando a campanha sul-rio-grandense, seu lugar de nascimento. Porém, como veio a ocorrer pouco tempo depois, o próprio Getúlio, na condição de presidente, buscou elidir as diferenças regionais em nome de uma pretensa unidade nacional. A bandeira e o hino sul-rio-grandenses, antes reverenciados pelas instituições e pelo povo, foram proibidos, assim como outras manifestações de apelo regional, encabeçadas pelos clubes de tradição gaúcha que começaram a surgir na década de 1930.

Mas, apesar da aparente supremacia política, o Rio Grande do Sul seguia um processo visível de empobrecimento, com o deslocamento de grandes levas de homens do campo para a cidade. Esses movimentos migratórios, ocorridos em conseqüência das transformações nos modos de produção das estâncias e, muitas vezes, decorrentes de questões político-ideológicas, estão registrados na obra dos romancistas gaúchos de 1930, como Cyro Martins e Ivan Pedro de Martins, muito embora em Alcides Maya já se possa ler o tema da exclusão dos pobres e da violência da campanha. Assim, apesar de o getulismo contar com o número expressivo de adeptos, a realidade social do Estado estava a exigir uma ação mais precisa, com vistas a apaziguar os ânimos exaltados das classes dirigentes gaúchas, recém saídas da ditadura borgista. Estas medidas foram consubstanciadas na legislação trabalhista implantada por Getúlio e ordenada pelo seu ministro Lindolfo Collor; medida de caráter populista e, muitas vezes, distante da realidade a que se destinava, a legislação atendia, pela primeira vez, ainda que precariamente, aos apelos da classe trabalhadora que já engrossava os cinturões de miséria das cidades. Aliás, a importância de Getúlio Vargas como indutor de uma pretendida identidade nacional ainda é uma discussão à ordem do dia[1].

Cabe, aqui, um parêntesis explicativo: não pretendo examinar, neste texto, os fatos históricos e sociais que serviram como substrato para a formação do mito do gaúcho, tema que já foi tratado, de forma abundante, por críticos literários e historiadores. Tais questões serão lembradas apenas quando necessárias para esclarecer a leitura crítica da gauchesca e do regionalismo do Rio Grande do Sul. Assim, ao aproximar estes conceitos, estou a ressaltar o influxo platino na literatura brasileira, eis que o fracionamento cultural do Rio Grande do Sul ocorreu de modo inverso aos processos comuns de extração regional. Estes são, quase sempre, o resultado de uma seleção hierárquica, quando a região se vê excluída do todo por suas diferenças físicas, humanas e culturais, resultando desse recorte o sentimento de latente subalternidade. No caso do Rio Grande do Sul, a "coisa" regional decorreu, principalmente, de um desejo oculto de pertencimento a uma identidade brasileira diversa por sua origem fronteiriça e culturalmente híbrida. A ambivalência do movimento de absorção de imaginários estrangeiros, combinando traços da cultura portuguesa, acentuados pelo contato permanente com os platinos, volta-se para a construção de uma identidade própria que busca, no entanto, integrar-se ao restante do país. As marcas desse pro-

1. Refiro-me, especificamente, ao Segundo Caderno de Zero Hora, de 24 de fevereiro de 2001, intitulado *A Música que Vem do Sul*, e também ao artigo *A Construção da Identidade Gaúcha,* de Álvaro Magalhães, Diretor da Escola Superior de Administração Pública e professor do Departamento de Economia da PUCRS. Nele, se lê: "Assim, há uma cultura regional que identifica os gaúchos dentro e fora do território, com um tipo que se pretende unificador, mas com vários grupos com identidade respeitada", p. 2.

cesso podem ser lidas na própria literatura e na crítica literária, que nunca abriu mão do diálogo com os eixos hegemônicos do país, espelhando-se aqui, muitas vezes de modo anacrônico e sempre particularizado, questões que ocupavam a intelectualidade da rua do Ouvidor[2]. O registro da independência e liberdade, sentimentos que haviam delineado o perfil ideológico da campanha gaúcha, definiu também os padrões formais tradicionais da literatura, como a abundância narrativa e o gosto pelo conto oriundo do "causo" popular. Tais imaginários, como não poderia deixar de ser, correspondem ao constructo regional, visão quase litótica da noção novecentista de "nacional". Creio, pois, que o reconhecimento dos influxos platinos na literatura brasileira do século XX passa pela revisão do "regionalismo" literário, expressão que se encontra impregnada de noções oriundas do arsenal modernista. Dentre essas, o cunho pejorativo que o termo adquiriu, ao designar a cultura "regional" em oposição à dita "universal", que pode ser lida como hegemônica e eurocêntrica, o que implica julgamento de valor e na busca de um valor estético essencialista.

Ainda hoje causa estranheza aos visitantes estrangeiros, e aos de outros Estados, a figura do gaúcho situada no portal de entrada da cidade de Porto Alegre, para a qual serviu de modelo o tradicionalista e folclorista Paixão Cortes, um dos principais pesquisadores do folclore regional sul-rio-grandense. Juntamente com o pesquisador e folclorista Luis Carlos Barbosa Lessa, Paixão Cortes fundou o primeiro Centro de Tradições Gaúchas do Rio Grande do Sul, o CTG 35. O monumento ao gaúcho é uma alegoria da tradição que, no Rio Grande do Sul, transcende as motivações políticas e ideológicas que marcaram as suas origens. Hoje, a maior parte dos cidadãos convive bem com a idéia de que as tradições regionais são cultuadas nos CTGs e que estes não representam apenas um setor reacionário da cultura sul-rio-grandense, como era o pensamento dominante nos anos de 1970. O crescimento numérico dos CTGs, que já se espalham por outros estados e, até mesmo, já existem no exterior, é sintoma de uma consciência regional que tende mais a definir e afirmar semelhanças e diferenças, do que propriamente a cultivar valores do passado longínquo, de todo incompatíveis com a situação política do Estado e do país. Numa paródia, o conteúdo reacionário da "gauchesca" transformou-se na manifestação de um conteúdo regional e, portanto, diferencial e agregador. Essa mudança de ótica corresponde

---

2. Exemplar, nesse sentido, o ensaio de Alcides Maya "Machado de Assis" (1912). Ao rever criticamente a obra de Machado, sob a ótica do "humour", Maya reinstaura autor e obra no espaço crítico brasileiro. Ao fazê-lo, relê, com a distância de alguns anos, o embate crítico desencadeado pela polêmica entre Silvio Romero e José Veríssimo acerca da importância da obra machadiana.

à nova consciência de cultura regional segundo a qual os Grupos de Tradição transformaram-se em elementos de integração dos imigrantes italianos e alemães que, por meio de práticas culturais coletivas, desenvolvem sua cidadania brasileira. Assim, as práticas gauchescas, antes consideradas como focos de reacionarismo e de saudosismo, podem ser vistas, hoje, como formas de resistência e diálogo com as tendências homogeneizadoras bombardeadas pela televisão e pela mídia. Além disso, são representações genuínas de cultura popular, eis que delas participam segmentos numericamente expressivos da população. Nessa sobrevivência afastaram-se, pois, das oligarquias estancieiras, para integrar um modo diferencial de viver – e de re-exportar – a cultura de origem ibérica, ainda dominante no sul do Brasil. Essas manifestações populares, cujos veículos têm sido, talvez mais do que a literatura, a música, vem reiterando a diferença como forma de afirmação de um conteúdo que se modula constantemente, eis que a partir dos CTGs gaúchos vem-se originando novas áreas multiculturais. Exemplos de reiteração regional encontram-se na realização das "califórnias da canção"[3], dos rodeios e das festas populares. Nelas se apresentam os tradicionalistas contemporâneos, renovando e subvertendo a tradição temática e formal. É, pois, no paradoxo do multiculturalismo que se devem pensar as manifestações regionais da "gauchesca" contemporânea.

Ocorre, ainda, que a forte identidade regional do Rio Grande do Sul e, principalmente, a consciência da importância territorial e histórica do Estado, com suas diferenças, foi sempre um empecilho para o reconhecimento e a valorização da cultura gaúcha nos centros hegemônicos do país. A questão que se coloca ante os escritores e críticos gaúchos é como manter suas peculiaridades sem motivar a exclusão. No caso específico da literatura, cabe examinar quais os segmentos culturais que a acolhem e quais os que a rechaçam, o que tornará possível interpretar essas variáveis. Muitos exemplos tornam concreta a reflexão: o baiano Jorge Amado é um escritor brasileiro; a paulista Lygia Fagundes Telles é uma escritora brasileira. Ninguém leva em conta a regionalidade mineira de Guimarães Rosa, ou a nordestinidade de Graciliano. Mas a presença dos gaúchos na obra de Érico Veríssimo sela uma tradição, com conseqüências na recepção literária de seus conterrâneos. Não obstante, surgem sintomas de que as coisas estão mudando.

Exemplos recentes, colhidos à vida literária gaúcha, impõem a reflexão acerca da ressemantização ou releitura crítica do regionalismo, im-

---

3. Veja-se, a propósito, a entrevista com o poeta Colmar Duarte, um dos representantes do regionalismo novo, de tendência antropológica, e um dos idealizadores das Califórnias da Canção: *Zero Hora*, Caderno de Cultura, 30.3.2001.

plícitas na mudança do olhar e na conseqüente legitimação da cultura regional. O primeiro é a indicação da coletânea de contos do escritor gaúcho Sergio Faraco para receber o prêmio anual de ficção, conferido pela Academia Brasileira de Letras, para a melhor obra em prosa publicada no Brasil em 1999. Trata-se do livro *Dançar Tango em Porto Alegre*, da Coleção Pocket, Editora L&PM. O segundo exemplo foi a indicação do escritor Barbosa Lessa para patrono da 46ª Feira do Livro de Porto Alegre. Barbosa Lessa, reconhecido folclorista e pesquisador, além de publicitário e ficcionista, é um dos principais teóricos do tradicionalismo gaúcho, movimento cultural que liderou a partir da década de 1940, com o intuito de conhecer, preservar e divulgar as raízes da cultura local. Tem-se o terceiro exemplo na filmagem do romance *Netto Perde sua Alma*, de Tabajara Ruas, cuja personagem central é o lendário General Sousa Netto, herói da revolução Farroupilha e primeiro presidente do Rio Grande do Sul, quando este se separou do Brasil. No texto de Tabajara, há uma espécie de mergulho na consciência, quando o general, moribundo, recompõe os fragmentos das suas empreitadas guerreiras. No filme, as batalhas e os grandes deslocamentos humanos têm como fundo musical o terceiro movimento da quinta sinfonia de Beethoven que, segundo o próprio escritor, é a música que melhor condiz com os embates épicos da campanha. A mistura inusitada – bombacha, bota e Beethoven – impensável nos tempos da gauchesca tradicional, passa a existir através de um novo olhar, desconstrutivista, que transcende a academia e passa a veicular ideologias mais abertas e cosmopolitas. Impõe-se, com isso, a revisão de alguns conceitos teóricos anquilosados, como os de "região" e "regional", que, no Rio Grande do Sul, permanecem ligados ao passado, como símbolos de conservadorismo e valores sociais de há muito superados. Nesse sentido, convém lembrar que a produção literária regional se produz pela fusão de elementos provenientes da tradição oral, da cultura popular ibérica, com textos absorvidos de outras literaturas. O que ocorre com o regionalismo pode ser, nesse sentido, considerado uma mudança de clave, resguardadas as ressonâncias dessas passagens. Esforços teóricos empreendidos por pesquisadores latino-americanos, dentre os quais os argentinos Ricardo Kaliman[4] e Zulma Palermo[5], reconceituam a região como *constructo* teórico, levando em conta o substrato cul-

---

4. Ricardo Kaliman ministrou na Universidade Federal do Rio Grande do Sul, em 1999, o curso "El Concepto de Ideología en los Estudios Culturales y Literarios". É autor, dentre outros, do ensaio *La Palabra que Produce Regiones. El Concepto de Region desde la Teoría Literaria* (1994).
5. Professora da Universidade de Salta, é responsável pela publicação dos fascículos *Literatura de Salta, Historia Socio-cultural; Una Literatura y su Historia – Region Litera-*

tural e os processos desencadeados num espaço determinado. Tais revisões e deslizamentos conceituais vêm sendo produzidos, quase sempre, por intelectuais ligados a universidades fora do centros hegemônicos, como as de Tucumán e Salta, na Argentina, de onde provém, respectivamente, Kaliman e Palermo. Elas também decorrem do trabalho concreto de escritores cujo *locus* de enunciação se encontra distante dos centros legitimadores da cultura, como é o caso de José Clemente Pozenato, professor da Universidade de Caxias do Sul, no interior do Estado, e autor dos romances *O Quatrilho* (1985) e *A Cocanha* (2000). Na obra de Pozenato, conhecida e consagrada no Brasil e pela mídia global, eis que *O Quatrilho* foi filmado e concorreu ao Oscar de Melhor Filme Estrangeiro, a região do Alto da Serra é personagem dominante; a presença do imigrante italiano e a documentação ficcional de sua saga, no entanto, não livram seu autor do epíteto de escritor "gaúcho".

Os exemplos antes citados dizem respeito à legitimação institucional da produção regional: pela Academia Brasileira de Letras, com relação à obra de Sergio Faraco; pela Câmara Rio-Grandense do Livro, de Porto Alegre, com relação à Barbosa Lessa; e, ainda, pela indústria cinematográfica e pela mídia, com relação à filmagem dos romances de Tabajara Ruas e de José Clemente Pozenato. São todos indicativos de que a expectativa do público mudou. Não se trata mais do culto ao exótico ou do gosto pelo folclórico, eis que o regionalismo, nesses casos, se refina e se modula sob novas perspectivas. Parece tratar-se, isto sim, de um alargamento da produção e da recepção artística, que repele a exclusão e aceita a espontaneidade e o simultâneo. Torna-se, portanto, visível a forte mobilidade do regionalismo contemporâneo, cuja recepção desliza de um segmento social para outro, em função do padrão estético e do apelo popular buscado e alcançado. Recentemente, Caetano Veloso aproximou o Rio Grande do Sul da Bahia, na letra de *Rock'n Raul,* síntese metafórica que espelha o impulso gaúcho de se ver incorporado à mitologia nacional[6]. Esse "desejo gaúcho de ser brasileiro", que num texto recente o jornalista e músico Arthur de Faria identificou na música produzida e consumida, durante o século XX, no Rio Grande do Sul, serve, também, para a literatura. Hermano Vianna, por sua vez, refere o aproveitamento do samba como fator de unidade nacional, oposto aos ritmos paulistanos e nordestinos (e gaúchos,

---

ria e *Textos Matacos, Chiriguanos, y Chorotes en Versión Bilingüe.* Dirige pesquisas literárias voltadas à Sociocrítica.
6. Hermano Vianna, "O Rio Grande do Sul é a Verdadeira Bahia". *Zero Hora*, Segundo Caderno, 24.2.2001, p. 8.

diríamos nós) durante a era de Vargas, deixando claro que as ambigüidades políticas deslocam e transformam os rumos da cultura, criando focos de irradiação cultural e de legitimação artística. A música e a literatura do Rio Grande do Sul foram vistas, a partir dos anos de 1930, como meros fenômenos regionais. Nesse mesmo sentido portou-se a crítica modernista, fiel à noção de que o regionalismo veiculava a nostalgia de um universo perdido, sempre insistindo na diferença com relação ao romance de 1930, que acrescentara o viés político às narrativas de costumes, naturalistas ou impressionistas, comuns ao romanceiro da campanha. Hoje, ajustando as lentes, vê-se que a obra de escritores, como Érico Veríssimo e Cyro Martins, ampliam e desenvolvem temas regionais, dando continuidade a uma tradição formalmente conservadora que representa a região, campo e cidade, de modo genuíno e autêntico. A obra de Cyro Martins, para citar um bom exemplo, absorve e transforma a ficção de Alcides Maya, escritor a quem conheceu pessoalmente e cujos romances e contos leu desde a juventude. Se Jorge Luis Borges tem razão ao afirmar que um escritor cria os seus precursores, Cyro Martins criou Alcides Maya para a contemporaneidade. Sergio Faraco, Aldyr Schlee, Lourenço Cazarré, Tabajara Ruas e outros mais, asseguram a tradição que se renova e permanece. Isso quando o desejo de originalidade, apanágio modernista, não leva o crítico a destacar, desse universo, obras que se afastam formalmente da tradição, como se a forma verbal e o repúdio ao telúrico fossem um antídoto contra a "praga" regionalista.

Retomando o que antes foi dito, ao reagir contra a "tradição", a crítica brasileira dos anos de 1970 e 1980 relacionava o gosto pelo registro histórico e pelo passado à noção de continuísmo e aos constrangimentos políticos impostos ao país pela ditadura militar. Desse modo, insistia no caráter "insidioso" do regionalismo gaúcho que marcava, no próprio texto, a imobilidade do homem e sua fixação num mundo de valores ultrapassado. A exceção foi a obra do contista pelotense Simões Lopes Neto, cujo trabalho com a linguagem superava, pela criação mito-poética, os demais escritores do seu tempo. Pela vertente da estética, Simões Lopes considerado o escritor mais importante do Rio Grande do Sul, numa comparação quase sempre binária com o seu contemporâneo e acadêmico Alcides Maya.

Os demais escritores, salvo raras exceções – como Roque Callage e Darcy de Azambuja – eram, em geral, tratados como epígonos e, portanto, examinados apenas com a finalidade de corroborar as hipóteses interpretativas. Essa crítica, embora de tendência sociológica, possuía raízes formalistas, afastando-se intencionalmente da crítica impressionista que, no Rio Grande do Sul, alcançara com Augusto Meyer, em *Prosa dos Pagos*, o seu ponto mais alto. Desse modo, imbuída do espírito científico renovado pelos estudos da narratologia, a crítica dos anos de 1970 e 1980, no Brasil, produziu-se na academia, dividida entre o rigor da análise e a competência hermenêutica do crítico, preso ainda a critérios de valor. Embora buscasse identificar, nos textos analisados, paradigmas e modelos teóricos universais, o julgamento da obra sucedia a essas análises, apontando, invariavelmente, para: a limitação formal, a ideologia reacionária e a ausência de qualidade estética. O essencialismo, característico dessa visada crítica, não permitia examinar, simultaneamente, produtos culturais diferentes, ou, sequer, levar em conta o processo de recepção dos textos. Assim, a tendência ao rechaço de um autor ou obra para confirmar o seu oposto foi dominante nos anos de 1970 e 1980. Essa visão, não raro maniqueísta e binária, embora teoricamente consistente, submetia obras diferentes aos mesmos padrões de julgamento. A ela escapou, por exemplo, à explosão verbal dos contos de Alcides Maya, sua proximidade aos textos fundadores da "gauchesca" platina e, principalmente, o registro da violência na campanha, tema cada vez mais notável por sua atualidade. A ela escapou, também, reconhecer a vertente crítica à margem da lusofonia, representada por vozes isoladas, como as de Sílvio Júlio, Manoelito de Ornellas, e Guilhermino Cesar[7] que, retomando as sugestões de João Pinto da Silva souberam reconhecer a proximidade entre o regionalismo gaúcho e a "gauchesca".

No tocante à produção e ao consumo da cultura fora dos espaços institucionalizados, como as universidades, as grandes editoras e os centros de cultura, o apreço às manifestações da cultura regional coincidem com o gosto popular. No Rio Grande do Sul, especificamente, registra-se a tendência a acentuar a "gauchidade" construída a partir das raízes ibéricas. A existência de um espaço reservado para o "Regionalismo" em periódicos tradicionais e de grande circulação, como *Zero Hora* e *Correio do Povo*, ambos publicados na capital gaúcha, atesta a preocupação constante com a questão da identidade gaúcha, valorizando-se agora, mais do que antes, o trabalho de preservação do folclore nativista e, seguramente, o registro dos cancioneiros, trabalho este realizado, principalmente, pelo já referido escritor Barbosa Lessa[8]. Nesse sentido, cabe questionar se o conceito de "univer-

---

7. Guilhermino aproximou o *Santos Vega*, de Ascasubi, de *O Vaqueano*, de Apolinário Porto Alegre, ressaltando que este último teria mais vigor do que *O Gaúcho*, de José de Alencar, publicados ambos na mesma época. O vigor, no caso, decorreria do tema da violência, que se impôs como tema dominante, transmitindo-se feito uma tradição local até os romancistas de 1930.
8. Em 1996, em Pelotas, foi publicada a edição fac-símile de *Danças Gaúchas* (1955), de Mirian Fernandos Costa, com apresentação e notas de Luis Carlos Barbosa Lessa. Tal publicação não é um caso isolado, pois reconhecidos tradicionalistas, como Paixão Cortes

sal", até então oposto ao de local ou ao de particular, não será mais uma forma "globalizada" de impor padrões de gosto.

Como já foi dito, o estudo do regionalismo e, portanto, da "gauchesca" brasileira obriga a considerar a exclusão do influxo platino na literatura, o que se deve, também, a certo anacronismo crítico, determinado por um pensamento datado e conservador. A História, mais uma vez, fornece alguns elementos que auxiliam a compreender o rechaço à cultura fronteiriça, decorrente do ideologia nacionalista que impregnou o pensamento do século XIX, prolongando-se, no Brasil, até, pelo menos, a metade do século XX. A convivência, historicamente conflituada, com os países vizinhos, o Uruguai e, principalmente, a Argentina, está na origem da cegueira crítica que impediu o exame isento de uma questão óbvia: a leitura e a circulação, nos meios intelectuais gaúchos, de autores uruguaios e argentinos, comprados em livrarias das cidades vizinhas, ou mesmo em Buenos Aires e Montevidéu, cidades que, pela cultura, lazer e comércio, atraíam uma parcela significativa de negociantes e estancieiros gaúchos.

Assim, um livro modesto, o *Martín Fierro,* de José Hernández, era recitado de memória, tanto nas salas das estâncias, quanto nos galpões brasileiros e platinos, onde a peonada se reunia para ouvir a leitura e *charlar* livremente, após a lida campeira. Segundo cronistas e historiadores, a edição da primeira parte do *Martín Fierro*, conhecida vulgarmente como *La Ida* (a segunda será *La Vuelta*) alcançou tiragens que ultrapassaram os 40 000 exemplares[9].

No entanto, foram poucos os críticos brasileiros que ousaram, em sua época, reconhecer o influxo platino no sistema literário nacional. E mesmo aqueles que o fizeram, embora argutos em suas observações, examinaram a vertente platina de passagem, voltando a atenção para os aspectos históricos da formação da cultura sul-rio-grandense, relacionando-os com o surgimento de uma literatura descritiva e localista. Desse modo, a geografia fronteiriça e sua história seriam os vetores de aproximação temá-

    Cortes e Antonio Augusto Fagundes, além do próprio Barbosa Lessa, escrevem com freqüência e regularmente, publicando nos principais periódicos do Rio Grande do Sul. No jornal *Zero Hora*, por exemplo, existe uma coluna semanal dedicada ao regionalismo. Além disso, os programas de televisão dedicados ao cultivo da música, da dança e da literatura tradicionalista, mantêm bons níveis de audiência no Estado.

9. Em 1998, o jornal *Zero Hora*, de Porto Alegre, dedicou um caderno de cultura à Hernández e ao *Martín Fierro*. Num dos textos, o jornalista Ricardo Carle alude a uma tiragem de 72.000 exemplares, embora sem precisar até quando se estende o período computado. De qualquer modo, essas tiragens, que certamente não incluíam as edições piratas e os simples folhetos, são espantosas com relação à média da época e de agora.

tica, sem se levar em conta a absorção dos influxos literários. No sentido inverso, o regionalismo tradicional, dominante na passagem dos séculos, foi considerado projeção, no Rio Grande do Sul, da obra de autores brasileiros românticos, como Bernardo Guimarães e José de Alencar. Depois, foi lido também como fruto da "influência" dos sertanistas brasileiros da passagem do século, tais como Valdomiro Silveira e Coelho Neto, cujos textos enfatizavam, através do ornato da forma escrita, a cor local e a fixação dos costumes regionais. A crítica brasileira e a sul-rio-grandense voltavam as costas para as possíveis relações entre o regionalismo gaúcho e a gauchesca platina, como se a nossa literatura fosse impermeável às relações de contato comuns na fronteira. É possível que o predomínio da tendência sociológica tenha levado a crítica a desconsiderar o diálogo entre os textos, fixando-se preferencialmente nas questões oriundas da História e da Sociologia. No entanto, uma literatura alimenta-se de temas e imaginários comuns com outras, quer pela leitura dos textos produzidos, quer através das relações que escritores e leitores estabelecem com os estrangeiros, mantendo, entre suas culturas, vínculos de conhecimento empático.

Atualmente, tem-se buscado reconhecer as zonas de interseção dos imaginários culturais fronteiriços. Além de territoriais, sociais e ideológicas, as fronteiras encontram-se representadas nos próprios textos. Desse modo, o poema *Martín Fierro*, de Hernández, pode ser considerado um dos textos fundadores da gauchesca brasileira. Fronteiriço desde sua origem, foi escrito em parte no território brasileiro, em parte no argentino, para onde seu autor retornou, depois do exílio em Santana do Livramento. De sua recepção platina, basta dizer que ele é, ainda, recitado nas escolas uruguaias e argentinas e tido como um clássico do gênero.

Na Argentina, a fortuna crítica do *Martín Fierro* já ultrapassa os cem anos, sem que esmoreça o interesse por seu estudo sob novas óticas e novas perspectivas. Escritores como Miguel de Unamuno, Menéndez y Pelayo, Leopoldo Lugones, Ricardo Rojas, Eleuterio Tiscorna, Azorín, Ezequiel Martínez Estrada, Jorge Luis Borges, Bernardo Canal Feijoo, dentre outros, canonizaram o poema, que foi apontado por Lugones como a epopéia argentina. A partir da leitura de Lugones, o texto tornou-se objeto de enquetes literárias e de ensaios críticos magistrais, como o de Martínez Estrada e o de Borges[10].

O fato de ser lido durante um século e examinado mediante diferentes aportes críticos assegura a importância do *Martín Fierro* como texto

10. Ver, a este respeito, José Isaacson. *Martín Fierro – Cien Años de Crítica*, Buenos Aires, Plus Ultra, 1986.

fundador de uma identidade platina, fronteiriça e gaúcha. A confusão, freqüente nos primeiros ensaios críticos, entre a realidade social da campanha e a figura literária que representava o tipo social, deixa ver que, na produção cultural das fronteiras, a literatura era vista como representação, denúncia e protesto, portanto, como um fato político. Essa proximidade entre o objeto literário e o contexto histórico nele representado torna o *Martín Fierro* um caso emblemático da literatura concebida com ênfase na função política, o que repercute no modo como o poema fixou-se na consciência coletiva dos leitores latino-americanos. Veja-se que o processo assemelha-se ao sul-riograndense com relação à obra de Érico Veríssimo, por exemplo, considerada uma espécie de epopéia moderna da "gauchidade".

O exame da recepção de um texto estrangeiro num determinado sistema literário, possibilita refletir sobre os processos de apropriação textual, bem como sobre as questões de produção cultural que envolvem e, num certo sentido, determinam a sua trajetória. Isso pode ser considerado por meio de traduções, da repercussão na imprensa, da comparação de sua fortuna crítica no sistema originário e no novo, do número e cronologia de tiragens da obra traduzida; ou, ainda, da existência, ao longo do tempo, de outras traduções e de outros ensaios a seu respeito. No caso de *Martín Fierro*, a presença do texto original, absorvido em forma de paródia, paráfrase ou estilização, legitima a pretensão de examinar a presença platina na cultura brasileira, bem como examinar a inclusão desses influxos no próprio sistema literário do Brasil. Como se pode ler na obra de escritores do século XX, como Alcides Maya, Simões Lopes Netto, Amaro Juvenal, Aureliano Figueiredo Pinto, Apparício Silva Rillo, Cyro Martins, Ivan Pedro de Martins, e, ainda, em muitos autores contemporâneos, a literatura platina contribui para a invenção teórica de uma nova região cultural, um entre-lugar platino-brasileiro que herda a tradição do regionalismo ibérico, para transformá-la em outra coisa. E por estar viva, encontra-se em constante mudança, ora próxima ao gosto popular, ora voltada à releitura crítica dos mitos.

Referências Bibliográficas

BARBOSA LESSA. Coleção Autores Gaúchos: Nova Série. Porto Alegre, IEL, 2000.
BARBOSA LESSA. "Eu Era Só um Grosso do Interior". *Jornal da Univesidade*, Porto Alegre, UFRGS, nov. 1999, pp. 6-7
BORGES, Jorge Luis & CASARES, Adolfo Bioy. *La Poesía Gauchesca*. México, Fondo de Cultura Económica, 1955, 2 vols.
BORGES, Jorge Luis. *El Martín Fierro*. Buenos Aires, Colombo, 1953.
CANDIDO, Antonio. "Literatura e Subdesenvolvimento". *Argumento*. Rio de Janeiro, n.1, 1973, pp. 6-24.

CASTELLO, José Aderaldo. *Modernismo e Regionalismo.* São Paulo, Edart, 1961.
CESAR, Guilhermino. "Assunto Inesgotável". *Correio do Povo,* Caderno de Sábado, Porto Alegre, 12.8.78, p. 3.
CHIAPPINI, Lígia. "Velha Praga? Regionalismo Literário Brasileiro". In: PIZARRO, Ana (org.) *América Latina: Palavra, Literatura e Cultura.* São Paulo, Memorial da América Latina/Campinas, Unicamp, 1994, pp. 665-702.
FARACO, Sergio. *Dançar Tango em Porto Alegre.* Porto Alegre, L&PM, 1998.
FARACO, Sergio. "Como quem Arranca Contos da Pedra". *Zero Hora,* Segundo Caderno, Cultura, Porto Alegre, 17 out. 2000, p. 5.
FARIA, Arthur de. "O Desejo Gaúcho de Ser Brasileiro". *Zero Hora,* Segundo Caderno, Cultura, Porto Alegre, 24.2.2001, pp. 4-5.
GERTZ, René. "O Levante e seus Significados". *Zero Hora,* Segundo Caderno, Cultura: Especial – Revolução de 30 (final). Porto Alegre, 14.10.2000, pp. 2-3.
LAUB, Michel. "Ao Sul do Tempo e do Vento". *Revista Bravo,* São Paulo, abril de 1998. pp. 23-27.
_____. "A Travessia e suas Entrelinhas". *Revista Bravo,* São Paulo, abr. 1998, p. 31
MAGALHÃES, Álvaro. "A Construção da Identidade Gaúcha". *Zero Hora,* Segundo Caderno, Cultura, Porto Alegre, 17.3.2001, p. 2.
NOLL, Maria Isabel. "A Construção da Nova Ordem". *Zero Hora,* Segundo Caderno, Cultura: Especial Revolução de trinta (Final). Porto Alegre, 14.10.2000. pp. 6-7.
OCHOA, Pedro. "Tchê, Há Tangos em Porto Alegre". *Zero Hora,* Caderno de Cultura, Porto Alegre, 24.2.2001, p. 6.
ONOFRE, José. "Geografia e destino". *Revista Bravo,* São Paulo, abr. 1998, pp. 28-30.
POZENATO, José Clemente. *O Quatrilho.* Porto Alegre, Mercado Aberto, 1985.
RAVAZZOLO, Ângela. "Foi uma Modernização Conservadora". (Entrevista com o historiador Boris Fausto sobre a Revolução de 30). *Zero Hora,* Segundo Caderno, Especial – Revolução de 30. Porto Alegre, 14.10.2000, pp. 4-5.
"REVOLUÇÃO DE 30". *Correio do Povo,* Porto Alegre, Suplemento Especial, 3.10.1980.
RUAS, Tabajara. *Netto Perde sua Alma.* 2. ed. Porto Alegre, Mercado Aberto, 1995.
VERISSIMO, Luis Fernando. "Um Chão Distante da Metrópole". *Revista Bravo,* São Paulo, abril de 1998. pp. 32-33.
VIANNA, Hermano. "O Rio Grande do Sul é a Verdadeira Bahia". *Zero Hora,* Segundo Caderno, Cultura, Porto Alegre, 24 de fevereiro de 2001.

MATRERO, GUERREIRO E PEÃO CAMPEIRO: ASPECTOS DA CONSTRUÇÃO LITERÁRIA DO GAÚCHO

CÉSAR AUGUSTO BARCELLOS GUAZZELI

> *Hombres de la ciudad*
> *les fabricaran un dialecto y*
> *una poesía de metáforas rusticas*
>
> JORGE LUIS BORGES – "Los Gauchos"

A palavra "gaúcho" – *gaucho* em castelhano – é uma das tantas de origem ainda obscura[1], e que teve muitos significados. Surgiu em fins do século XVIII, quando então designava os *hombres sueltos* das campanhas platinas – eméritos cavaleiros e preadores do gado chimarrão –, tinha caráter pejorativo e uma rica sinonímia: *vagamundo, gaudério, vago, malentretenido, cuatrero, matrero*, entre outras; todas elas se referiam a indivíduos que, por não terem relações de trabalho estáveis, viviam dos mais variados expedientes, quase todos associados a algum tipo de delito pelas autoridades[2]. Esses mesmos homens, comporiam as hostes irregulares dos caudi-

---

1. Fernando O. Assunção, "El Gaucho", *Revista del Instituto Histórico y Geográfico del Uruguay*, Montevideo, 1958-1959, Tomo XXIV. Ver também Barbosa Lessa, "Origem da Palavra Gaúcho". *Rodeio dos Ventos*, Porto Alegre, RBS/Globo, 1978.
2. Emílio Coni, *El Gaucho. Argentina. Brasil. Uruguay*, Buenos Aires, Solar/Hachette, 1982. Rodríguez Molas, *Historia Social del Gaucho*, Buenos Aires, Centro Editor de America Latina, 1983.

lhos que afloraram com as guerras de independência e nas disputas que se seguiram ao processo de formação dos estados nacionais. Mantinha-se a avaliação depreciativa, acrescentando-se a expressão *montonero* – aquele que vem do *montón*, da plebe – aos termos antes citados[3], estabelecendo uma diferença qualitativa entre os exércitos regulares e esses bandos que lutavam pelos interesses privados dos seus caudilhos. E esta legenda negra do gaúcho atravessou boa parte do século XIX.

Com a consolidação da propriedade pecuária, já com a maior parte dos gaúchos subjugados como mão-de-obra nas estâncias de criação, a palavra mudou de sentido. Referia-se a partir de então aos peões campeiros, que mantinham hábitos, vestimentas, linguajares e costumes alimentares herdados dos seus antepassados, e que ainda eram, especialmente, homens "de a cavalo". Paradoxalmente derrotado, o gaúcho permitia-se que lhe dessem voz, e prosperou a literatura gauchesca na Argentina, Uruguai e mais tarde no Rio Grande do Sul. Uma imensa gama de intelectuais – todos urbanos, é bom salientar – trataram de resgatar a cultura dos homens do campo e atribuir-lhes qualidades fundadoras dos novos países, como coragem, altaneria, franqueza, amor à liberdade; dos grandes centros urbanos europeizados e oligárquicos vinham as homenagens à plebe da campanha, submetida à ordem econômica e política, recriando o gaúcho que não existia mais.

Examinar esse processo de construção de um mito na literatura permite a percepção de como as elites intelectuais legitimaram os grupos dominantes, fazendo-os representantes dos dominados, desfazendo os antagonismos e recriando idilicamente um passado que foi de conflitos, opressão e subjugação. Seria uma pretensão desmedida examinar neste ensaio as múltiplas dimensões que um historiador pode perceber no mergulho que deram ao passado dos campos platinos autores de gama tão variada. Daí a opção por três temas recorrentes na literatura gauchesca, com sucedâneos até os dias atuais, e por três escritores considerados ímpares nos respectivos países: 1) o passado idealizado, quando os gaúchos teriam vivido harmoniosamente nos pagos, e a gênese dos conflitos que os atingiram, traçando paralelos entre as obras do argentino José Hernández e do sul-rio-grandense João Simões Lopes Neto; 2) a atuação guerreira dos gaúchos, portadores dos ideais americanos de liberdade e igualdade, contra a dominação européia primeiro, e contra as gentes dos grandes centros urbanos depois, onde é central a poética de Bartolomé Hidalgo; 3) a "sabedoria" pampeana, construída pela experiência, mais fidedigna que a ciência dos

---

3. Waldo Ansaldi, "Montonera", em *Términos Latinoamericanos para el Diccionario de Ciencias Sociales,* Buenos Aires, CLACSO/ILDIS, 1976.

puebleros, uma tônica nas obras de Hernández, Simões Lopes e também em Hidalgo.

"El Gaucho más Infeliz Tenía Tropilla de un Pelo..."

É muito freqüente na literatura gauchesca a referência mítica a um passado onde todos eram felizes, e os gaúchos viviam *a la larga*, o trabalho mais parecia diversão, e o amor à liberdade garantia a igualdade entre todos: "aire libre y carne gorda" seria, já na virada do século XIX, o lema dos *blancos* de Aparicio Saravia, com certeza uma reminiscência dessa "idade de ouro" que nunca existiu. Nesta idealização, não foi a economia da estância que subjugou os gaúchos, mas a imposição crescente das autoridades citadinas – os *puebleros* – sobre os *paisanos* das campanhas platinas. Por ordenamentos vindos das cidades, foram se transformando os campos, seus homens, e os tempos antigos, quando os gaúchos eram mais verdadeiros, seriam lembrados com nostalgia.

Neste sentido, são exemplares os cantos II e III de *El Gaucho Martín Fierro*, o grande clássico da poesia gauchesca de José Hernández. Narrando a vida que levava antes de iniciarem seus avatares, Fierro canta: "Yo he conocido esta tierra / en que el paisano vivía / y su ranchito tenía / y sus hijos y mujer... / Era una delícia en ver / cómo pasaba sus días"[4]. Moradia, vida familiar, e também fartura faziam parte do passado do gaúcho: "Y con el buche bien lleno / era cosa superior / irse en brazos del amor / a dormir como la gente / pa empezar al día siguiente / las fáinas del día anterior"[5]. Comparando com as agruras do presente, segue Fierro: "Recuerdo... ¡qué maravilla! / cómo andaba la gauchada / siempre alegre y bien montada / y dispuesta pa el trabajo / pero hoy en el día... ¡barajo! / no se la ve de aporriada"[6]. Versos que resumem este mundo já desaparecido poderiam ser estes: "El gaucho más infeliz / tenía tropilla de un pelo; / no le faltaba un consuelo / y andaba la gente lista... / Tendiendo al campo la vista, / solo vía hacienda y cielo"[7].

A alegria da gauchada não se limitava aos gozos da vida, já que o próprio trabalho era motivo de orgulho e divertimento. Aqui aparecem com destaque as habilidades campeiras dos gaúchos, uma das principais ênfa-

---

4. José Hernández, *Martín Fierro, El Gaucho Martín Fierro*. Porto Alegre, Martins Livreiro, 1998, p. 22.
5. *Idem*, p. 24.
6. *Idem, ibidem*.
7. *Idem*, p. 25.

ses da literatura gauchesca: "¡Ah, tiempos!... ¡Si era un orgullo / ver ginetear un paisano! / Cuando era gaucho baquiano, / aunque el potro se boliase / no había uno que no parase / con el cabresto en la mano"[8]. Mais adiante, o poema faz referência à camaradagem do patrão como outro aspecto desta vida campeira, aproximando os estancieiros dos gaúchos: "Aquello no era trabajo, / más bien era una junción, / y después de un buen tirón / en que uno se daba maña / pa darle un trago de caña / solía llamarlo el patrón"[9]. Permanecer na estância era ainda a garantia de não sofrer os atropelos da odiosa autoridade pueblera, como atesta Fierro: "Estaba el gaucho en su pago / con toda seguridá, / pero aura... ¡barbaridá! / la cosa anda tan fruncida, / que gasta el pobre la vida / en juir[huir?] de la autoridá"[10].

Assim Hernández conta de uma "idade de ouro" que sequer corresponderia às tentativas de reconstituição feitas pelos estudiosos: Fierro, caso existisse, teria vivido nos tempos de Rosas, no centro da província de Buenos Aires – Tandil e Lobería Grande –, numa época em que já predominava a cria de ovinos e chegavam trabalhadores europeus aos campos, do que são indicativas as referências do protagonista aos *papolitanos*[11]. Ou seja, já teria há muito ocorrido a perseguição e subjugação dos gaúchos. De toda sorte, identifica uma realidade rural que se vê acossada pelas decisões tomadas nos centros de poder, mais preocupados com os lucros da economia exportadora que com as massas rurais. Para ele, é a "civilização" que acossa a "barbárie", invertendo a dicotomia clássica de Sarmiento.

No Rio Grande do Sul, foi Simões Lopes um autor preocupado com esse tempo tão pretérito – não que isso seja central em sua obra – e mostrou nisso mais precisão cronológica que Hernández. Em alguns dos seus textos há referências à época em que não estavam bem definidas as propriedades, e onde os gaúchos tinham uma notável liberdade de vagarem pelos campos. O parágrafo inicial de "O Negrinho do Pastoreio" é um exemplo: "Naquele tempo os campos ainda eram abertos, não havia entre eles nem divisas nem cercas; somente nas volteadas se apanhava a gadaria xucra e os veados e avestruzes corriam sem empecilhos..."[12] No conto "Correr Eguada", a descrição é muito semelhante: "Tudo era aberto; as estâncias pegavam umas

---

8. *Idem*, p. 24.
9. *Idem*, p. 25.
10. *Idem*, p. 26.
11. Forma sarcástica como Fierro chamava os napolitanos. Também aparece a expressão "gringo", com o mesmo sentido usado no Rio Grande do Sul para designar imigrantes italianos.
12. João Simões Lopes Neto, "O Negrinho do Pastoreio". *Lendas do Sul*. Porto Alegre, APLUB/Globo, 1974, p. 95.

nas outras sem cerca nem tapumes; as divisas de cada uma estavam escritas nos papéis das sesmarias; e lá um que outro estancieiro é que metia marcos de pedra nas linhas [...]"[13]
Neste espaço ainda carente de limites, também os trabalhadores não pareciam fixados às estâncias. Esta auto-suficiência é expressiva em Blau Nunes, protagonista de "A Salamanca do Jarau": "Era um dia..., um dia, um gaúcho pobre, Blau, de nome, guasca de bom porte, mas que só tinha de seu um cavalo gordo, o facão afiado e as estradas reais [...]"[14]. Cavalo, facão e estrada compunham a tríade necessária e suficiente para que o gaúcho pudesse "cumprir o seu fadário". Também em Simões Lopes se evidencia a noção de que as lidas campeiras, mais que um trabalho árduo, eram um divertimento, como nas temerárias ações que são relatadas em "Correr Eguada": "Hoje... onde é que se faz disso? É verdade que há muita cousa boa, isso é verdade... mas ainda não há nada, como antigamente, tomar mate e correr eguada... Xô-mico!... Vancê veja... eu até choro!... Ah! tempo!..."[15] Até o desabafo de nostalgia é o mesmo: "Ah! Tempo!" em Simões Lopes, "*Ah! Tiempos!*" em Hernández.

A transição para os "novos tempos", no entanto, não é marcada por Simões Lopes e é essencial em Hernández para toda a dramaticidade da saga de Martín Fierro. Agarrado com tantos outros quando cantava numa *pulpería*, foi remetido pelo Juiz de Paz – autoridade urbana – para o serviço militar na fronteira com os índios, sul da província de Buenos Aires. Lá, mais que garantir os avanços dos *infieles*, trabalhava como peão nas propriedades dos comandantes, eles também autoridades nomeadas pelos puebleros: "¡Y qué índios, ni qué servicio, / si allí no había ni cuartel / Nos mandaba el coronel / a trabajar en sus chacras, / y dejábamos las vacas / que las llevara el infiel"[16]. Os muitos desencantos de Fierro levam-no a desertar e retornar ao pago, onde encontra o rancho virado em tapera e desaparecidos mulher e filhos. Havia agora um mundo que perseguia o gaúcho, e neste novo tempo Fierro também seria diferente.

Um dos raros escritores a tratar da delinquência atribuída pelos "civilizados" ao gaúcho, Hernández a explica a partir da opressão que determinavam as autoridades, vale dizer, o grupo *unitario* que tratava de organizar a nação a partir da cosmopolita Buenos Aires. E agora Fierro cobrará com violência as tropelias que o vitimaram: "Yo he sido manso primero / y seré

---

13. João Simões Lopes Neto, "Correr Eguada". *Contos Gauchescos*. Porto Alegre, Globo, 1976, p. 49.
14. Lopes Neto. *Lendas...*, "A Salamanca do Jarau", *op. cit.*, p. 21.
15. Lopes Neto. *Contos...*, "Correr Eguada", *op. cit.*, p. 53.
16. Hernández. *op. cit.,* p. 31.

gaucho matrero / en mi triste circunstancia, / aunque es mi mal tan profundo; / nací y me hé criao en estancia, / pero ya conozco el mundo"[17]. Como gaucho matrero, enfrentará a perseguição que passa a mover-lhe: "De carta de más me vía / sin saber adónde dirme[irme?]: / me dijieron[dijeron?] que era vago / y entraron a perseguirme"[18]. Assim, cometerá os crimes que obrigam-no a refugiar-se nas tolderías dos índios: melhor a "barbárie" explícita que o simulacro de "civilização" que o atormentava. E o poema de Hernández foi o primeiro libelo em defesa dos gaúchos, sempre associados ao delito como algo essencial a suas naturezas, fazendo desta causa um problema social.

Bem diferente é a visão de Simões Lopes sobre a delinqüência, que resulta de desvios individuais e das taras humanas. O exemplo mais candente está em "O Negro Bonifácio", uma das poucas abordagens da questão étnica na literatura regional. Na idealização do gaúcho como homem livre, era problemático o tratamento dos "gaúchos negros", libertos ou foragidos. No "Martín Fierro", o racismo está explícito na provocação que Fierro fizera ao negro, no primeiro duelo de morte em que se envolveu: "A los blancos hizo Dios, / a los mulatos San Pedro / a los negros hizo el diablo / para tizón del infierno"[19]. Já o negro Bonifácio cria uma situação mais tensa, pois ele não é o provocado mas o provocador, é um invasor do convívio de homens livres, que se presumem brancos, e sua própria aparição é um acinte para os demais:

> De chapéu de aba larga, botado no cocoruto da cabeça e preso num barbicacho de borlas morrudas, passado pelo nariz; no pescoço um lenço colorado, com o nó republicano; na cintura um tirador de couro de lontra debruado de tafetá azul e mais cheio de cortados do que manchas tem um boi salino.
>
> E na cintura, atravessado com entono, um facão de três palmos, de conta. Na pabulagem, andava sozinho: quando falava, era alto e grosso e sem olhar para ninguém.
>
> Era um governo, o negro![20]

Exercendo fascínio sobre a moça Tudinha, por quem eram apaixonados todos os gaúchos do rincão, o negro Bonifácio, misteriosamente merecedor de suas atenções, desencadeou uma tragédia, matando muitos antes de morrer. O negro, que o narrador Blau descreve como "mau", "malvado", "tão feio", "perdidaço pela cachaça e pelo truco e pela taba", enfrentara

---

17. *Idem*, p. 52.
18. *Idem*, p. 53.
19. *Idem*, p. 55.
20. Lopes Neto, *Contos...*, "O Negro Bonifácio", *op. cit.*, p.17.

vinte adversários "desmunhecando uns, cortando outros, enquanto o diabo esfrega um olho"[21]. Bonifácio, que apesar de morto é o grande vitorioso da justa, é a acepção máxima de delinqüência em Simões Lopes; aqui, diferentemente de Hernández, ele não é um produto explícito de um mundo injusto, apesar de estarem presentes as motivações racistas, mas das suas más qualidades que contrastam com as dos demais – e nisso residia seu fascínio – e a chacina resultou numa "limpeza" daquele pago. Há outros exemplos de comportamento desviante em Simões Lopes. Em "Deve um Queijo", um "castelhano alto, gadelhudo, com uma pera enorme, que ele às vezes, por graça ou tenção reservada, costumava trançar, como para dar mote a algum dito, e ele retrucar, e daí, nascer uma cruzada de facões, para divertir, ao primeiro coloreado..."[22], é surrado e humilhado pelo velho Lessa, "um homem assinzinho... nanico, retaco", mostrando que a valentia dos gaúchos não se confunde com provocação. Em "Jogo do Osso", Chico Ruivo joga e perde a "china" numa cancha de taba, tornando-se objeto de um desprezo – "Sempre és muito baixo!..., guampudo, por gosto!..."[23] – que só pode resgatar pela morte, por ter descumprido um dos "artigos de fé" do gaúcho: "Mulher, arma e cavalo de andar, nada de emprestar"[24].

Esses e outros casos sinalizam que as condutas desviantes entre os campeiros se deviam mais à má índole dos protagonistas que a problemas derivados de uma opressão social. O mundo rural está mudando, existe uma nostalgia do passado, mas o presente na estância ainda reserva prazeres que a vida na cidade não compensa. Desta forma, a obra de Simões Lopes prima pelos dramas individuais, densos e muitas vezes trágicos, talvez mais de acordo com a ideologia do gaúcho como homem livre, "monarca das coxilhas" e dono do seu destino, onde a delinqüência era uma escolha; bem distante de Hernández, cujo Martín Fierro se fez *vago* e *gaucho matrero* em revide ao tratamento que recebeu da sociedade.

"Pa Una Patriada..."

A primeira expressão da literatura gauchesca foi o oriental Bartolomé Hidalgo, engajado precocemente nas hostes de Artigas que acossavam os realistas espanhóis, cercados em Montevidéu em 1811. Usando linguagem e formas poéticas populares, Hidalgo tratava de recontar os feitos da

---

21. *Idem*, p. 19,
22. *Idem, Deve um Queijo*, pp. 41-42.
23. *Idem, Jogo do Osso*, p. 100.
24. *Idem*, "Artigos de Fé do Gaúcho", p. 122.

montonera artiguista, portadora dos ideais libertários e igualitários americanos contra a intolerável dominação européia do mundo colonial espanhol que se esboroava. O poema mais comum na obra de Hidalgo era o *cielito*, uma espécie de balada curta, onde relatava algum episódio da guerra, muitas vezes atribuindo sua autoria aos gaúchos nos intervalos das batalhas. Um exemplo é este que "cantaban los patriotas" no cerco de Montevidéu: "Cielo de los mancarrones / Ay! cielo de los potrillos / Ya brincarán cuando sientan / Las espuelas y el lomillo"[25].

Os gaúchos de Artigas estavam prontos para "domar" os espanhóis como faziam com seus "mancarrões". Aqui está presente um dos aspectos mais importantes do engajamento militar dos gaúchos, que era fazer da guerra uma extensão das suas vidas nas estâncias: domar potros, fazer contrabando, saquear os inimigos, lutar pelo estancieiro-caudilho, faziam parte do mesmo cotidiano. Nos *cielitos* aparecem ainda os adversários portugueses, na primeira invasão em 1811 para auxiliar os reinóis de Espanha contra Artigas: "Cielito, cielo que sí, / Cielo hermoso y halagueño, / Siempre ha sido el Portugués / Enemigo muy pequeño"[26]. Mais tarde, os *cielitos* de Hidalgo seguiram narrando os feitos das guerras de independência que San Martín capitaneou no Chile e no Peru, como neste "que compuso un gaucho" cantando os feitos da batalha de Maipú: Quedó el campo enteramente / Por nuestros americanos, / Y Chile libre se quedó / Para siempre de tiranos"[27].

Outra modalidade poética introduzida por Hidalgo foi o "diálogo patriótico", uma forma pedagógica de, na linguagem campeira, dar entendimento à movediça cena política que se desenvolvia no Prata. O capataz de estância Jacinto Chano, "hombre escrebido", experiente e sábio, responde as dúvidas do gaúcho Ramón Contreras, como neste exemplo sobre as disputas entre as províncias: "[...] De todas nuestras Provincias / Se empezó a hacer distinción / Como si todas no juesen / Alumbradas por un sol; / Entraron a desconfiar / Unas de otras con tesón [...]"[28].

Posteriormente, já afirmada a gauchesca, muitos *cielitos* e "diálogos patrióticos" de autores anônimos foram recolhidos por Eduardo Jorge Bosco, Francisco Acuña de Figueroa, Martiniano Leguizamón, Ricardo Rodríguez Molas, entre tantos[29]. As lutas pela organização nacional modificariam o tema dessas rimas, que deixava pouco a pouco de ser uma pátria americana abstrata para identificar-se com um ou outro dos caudilhos – Dorrego,

---

25. Bartolomé Hidalgo, *Cielitos y Diálogos Patrioticos,* Montevideo, Signo, 1967, pp. 5-6.
26. *Idem*, p. 9.
27. *Idem*, pp. 15-16.
28. *Idem*, p. 55.
29. Horacio Jorge Becco, *Cielitos de la Patria,* Buenos Aires, Plus Ultra, 1985.

Rosas, Quiroga, Peñaloza, Varela, Lavalle, entre muitos – compondo um conjunto amplo e difuso do assim chamado *Cancionero Federal*[30]. Gaúchos como protagonistas da nação americana estão também presentes na literatura oriental, como em Javier de Viana, quando trata de veteranos de Artigas prontos para novas "patriadas"[31], ou quando encontra motes nos caudilhos federalistas, transferindo-lhes o papel de verdadeiros representantes da plebe rural, caso do poeta Sandalio Santos[32].

No Rio Grande do Sul, onde a literatura gauchesca teve aparecimento mais recente que no Prata, a idéia de pátria exibe as contradições presentes na própria historiografia regional, onde conviveram uma "matriz platina" e uma "matriz luso-brasileira" explicando a formação do Rio Grande[33]: os gaúchos rio-grandenses, que deram seu sangue para afirmar a "marca portuguesa" no espaço platino castelhano, foram os mesmos que se rebelaram e repeliram a autoridade do Império, e os chefes farroupilhas receberam por parte dos literatos o papel de liderança incontestável dos homens da campanha. Os que defenderam a pátria, negaram essa mesma pátria, e ainda hoje comemoram-se em setembro o dia 7 e o dia 20 com igual intensidade e "patriotismo".

Neste sentido, é ímpar João Simões Lopes Neto, quando apresenta os rio-grandenses de antanho fazendo frente ao Prata e ao Império do Brasil. No conto "Melancia – Coco Verde", a guerra na fronteira serve como pano de fundo para o romance dos protagonistas, mas claramente apresenta como prioridade a defesa da pátria assediada pelos castelhanos. Já em "O Anjo da Vitória", o personagem-narrador Blau Nunes rememora a batalha do Passo do Rosário – ou Ituzaingó – que culminou a Guerra da Cisplatina, entre o Império do Brasil e as Províncias Unidas do Rio da Prata; aqui o herói é o general José de Abreu, comandante da indomável cavalaria rio-grandense:

[...] e mal reformou os esquadrões, os homens chalrando e rindo, a cavalhada, de venta aberta, bufando ao faro do sangue e trocando orelha, pelo alarido, o velho já se bancou de novo na testa, gritou – Viva o Imperador! – e mandou – Carrega! E a tormenta de valentia rolou, outra vez, sobre o campo[34].

30. Griselda Vignolo (sel.), *Cancionero Federal, Cuadernos de Crisis* 26, Buenos Aires, Crisis, 1976.
31. Javier de Viana, *La Biblia Gaucha, Por la Patria*, Montevideo, Tauro, 1973, p. 71.
32. *Al General Rivera*, p. 55.
33. Ieda Gutfreind. *Historiografia do Rio Grande do Sul*, Porto Alegre, Ed. da Universidade, 1995.
34. Lopes Neto, "O Anjo da Vitória", *Contos...*, Porto Alegre, Globo, 1976, p. 86.

Os gaúchos que afirmam a pátria sofrem com os desmandos do Império – o comandante Barbacena em especial – visto como uma adversidade a mais para os homens da fronteira. O final da batalha resultou de um desastre militar que já se anunciava, apesar dos protestos e providências de Abreu e de um certo Bento Gonçalves, na época um jovem major; defendendo o Império, o Rio Grande foi "traído" pelo mesmo Império. Em outros contos, Blau Nunes relembra seu passado de "furriel farroupilha, que foi, de Bento Gonçalves", e a pátria dos gaúchos é a República Rio-Grandense. Esta referência acontece em muitas das narrativas, e o tema da secessão é central em "Duelo de Farrapos", relatando com minúcias as intrigas de brasileiros e castelhanos que teriam causado o acerto de contas entre Bento Gonçalves e seu correligionário Onofre Pires:

> Foi assim. Tenho que contar pelo miúdo, pra se entender bem. Em agosto de 42, o general, que era presidente da República Rio-Grandense – vancê desculpe... estou velho, mas inté hoje, quando falo na República dos Farrapos, tiro o meu chapéu!... – o general fez um papel, que chamavam-lhe – decreto – mandando ordens para uma eleição grande, para deputados; estes tais é que iam combinar as leis novas e cuidar de outras cousas que andavam meio à matroca, por causa da guerra[35].

Dois outros contos mostram o papel dos gaúchos dando um sentido próprio, autônomo, ao seu espaço, apesar das intromissões do Império. Em "Contrabandista", há um verdadeiro libelo na defesa daqueles que faziam vistas grossas aos limites políticos oficiais e desobedeciam as decisões centrais, fazendo do contrabando uma prática legítima das gentes fronteiriças: "Agora imagine vancê se a gente lá de dentro podia andar com tantas etiquetas e pedindo louvado para se defender, pra se divertir e pra luxar!... O tal rei nosso senhor, não se enxergava, mesmo!... E logo com quem!... Com a gauchada!..."[36] Já "Chasque do Imperador" é uma humorada narrativa da vinda de Pedro II para acompanhar a guerra contra os paraguaios que haviam tomado Uruguaiana, onde os contrastes entre a vida rude nos campos e a que pretensamente tinham as pessoas da Corte, ridiculariza a pretensa "civilização" imperial, como manifestou um certo comandante de cavalaria ao próprio imperador: "– Que vossa majestade está pensando?... Tudo isto é indiada coronilha, criada a apojo, churrasco e mate amargo... Não é como essa cuscada lá da Corte, que só bebe água e lambe a... barriga!..."[37]

---

35. *Idem*, "Duelo de Farrapos", p. 103.
36. *Idem*, "Contrabandista", p. 92.
37. *Idem*, "Chasque do Imperador", p. 58.

Desta forma, contrariamente à produção gauchesca de argentinos e uruguaios, a rio-grandense mostra ambigüidades quando faz dos gaúchos os protagonistas da pátria que se forjava, na medida em que frequentemente estavam os rio-grandenses em disputa direta com as autoridades centrais. Afinal, se os gaúchos tiveram uma presença em quase todas as regiões-provincias argentinas, e em toda Banda Oriental, no Brasil tinham expressão localizada, e o seu "patriotismo" se confundia com a defesa dos interesses provinciais.

"El Diablo Sabe por Diablo..."

O processo de "domesticação" do gaúcho fê-lo não apenas aceitável, como também um ser modelar, pelas qualidades inatas que trazia dos tempos de antanho e pelo seu protagonismo na construção da pátria. Gaúcho passa a ser equivalente de peão de estância, homem "de a cavalo" ainda, destro com as armas e nas lidas do campo. A linguagem, em especial, seus ditos e aforismos, ou aquelas "metáforas rústicas" que referia Borges, serviram como substrato para o desenvolvimento de uma "sabedoria" própria, que não seria alcançada pelas gentes *puebleras*, ausentes da vivência campeira. A experiência valia mais que a ciência, a "escola da vida" mais que os livros. O gaúcho quando deixou de sê-lo, transformou-se num paradigma: mesmo os patrões-estancieiros, que em outros tempos ofender-se-iam se chamados de gaúchos, passaram a honrar a designação, confundindo usos e costumes com a procedência de classe; no Rio Grande do Sul este processo foi tão eficiente que transformou-se em gentílico para todos os habitantes do Estado, independentemente das origens ou hábitos.

Em Hidalgo, o poeta por excelência da gesta do gaúcho guerreiro, já se esboçavam os momentos de reflexão que só a veterania permite. Por vezes, mais do que conhecer e participar dos eventos políticos, é a experiência campeira de Jacinto *Chano* que lhe dá a condição de bem interpretar os acontecimentos, como nesta passagem em que explica as dissidências que apareceram entre os "patriotas":

Todos disputan derechos,
Pero amigos sabe Dios
Si conocen sus deberes:
De aquí nace nuestro error,
Nuestras desgracias y penas:
Yo lo digo, sí Señor,
¡Qué derechos ni qué diablos!

Primero es la obligación,
Cada uno cumpla la suya,
Y después serán razón
Que reclame sus derechos [...]³⁸

Mas a "sabedoria" gaúcha só seria plenamente possível com o pensamento contemplativo, permitido pela paz nos campos, depois do gaúcho conformar-se com o papel de peão campeiro, de *resero*. Nesse sentido, é exemplar a mudança que mostra a personagem do poema de Hernández, em sua segunda parte, "La Vuelta de Martín Fierro". Já não era o mesmo Hernández, combatente na *montonera* de López Jordán, que escrevera "El Gaucho Martín Fierro" no exílio em Santana do Livramento; era ainda um federalista combativo, mas que usava agora seu talento na imprensa ou no parlamento, e que de alguma maneira conformava-se ao Estado nacional que se impusera sob a hegemonia de Buenos Aires. Fundamental aqui é a dura vivência de Fierro nas *tolderías* indígenas, o que reafirmou a primazia da "civilização", que antes o perseguira, àquela "barbárie" sem precedentes. Escapando aos *infieles*, Fierro volta ao convívio dos *crestianos* disposto a recuperar seu passado, e volta mais velho e "sábio".

No encontro com os filhos, somam-se e trocam-se as agruras vividas, e permitem-se alguns dos mais altos momentos de "sabedoria" pampeana produzidos pela literatura gauchesca. Há aqui três falas diferentes: 1) o do velho "perdulario, insufrible de daniño" que foi tutor do segundo filho de Fierro, e que "cuando se ponía en pedo" lhe dava conselhos, discurso de um antigo matrero que foi derrotado, e aceita cinicamente o presente de humilhações; 2) o do "moreno presumido de cantor y que se tenía por bueno", que enfrenta com vantagem a Fierro numa memorável payada, onde tece considerações sobre a "civilização" que os gaúchos custam a compreender; 3) o do próprio Fierro – "Un padre que dá consejos más que padre es un amigo" – passando para os filhos a "sabedoria" que os sofrimentos e o tempo lhe trouxeram.

Notável é o velho, "que era medio cimarrón; / muy renegao, muy ladrón / y le llamaban Viscacha"³⁹. De passado suspeito, morando num rancho miserável, em meio a cachorros gaudérios e porres monumentais, "Viscacha" ganhava a vida com expedientes escusos, carneando e coureando reses, cortando crina de cavalos ou esquilando ovelhas – todos obviamente alheios – e submetendo-se às recriminações e surras de praxe quando sur-

---

38. Hidalgo, *op. cit.*, pp. 58-59.
39. Hernández, "La Vuelta de Martín Fierro", *op. cit.* p. 159.

prendido. Nas horas vagas, no entanto, passava ao filho segundo de Fierro conselhos que ditava sua longa trajetória de velho ladino: "El primer cuidao del hombre / es defender el pellejo; / lleváte de mi consejo, / fijáte bien lo que hablo: / el diablo sabe por diablo / pero más sabe por viejo"[40]. Os ensinamentos do velho, mais que estimular valentia, coragem ou denodo, recomendam prudência, tato e respeito com as autoridades: "Hacéte amigo del juez / no le dés de qué quejarse; / y cuando quiera enojarse / vos te debés encojer / pues siempre es gueno tener / palenque onde ir a rascarse"[41].

Para "Viscacha" o mundo já havia mudado de tal forma que sobreviver era a arte de não criar desafetos; se a autoridade devia ser acatada de forma subserviente, também era de boa conduta não se intrometer com os que também tratavam de ganhar a vida, pois sempre haveria oportunidade para todos: "A naides tengás envidia; / es muy triste el envidiar; / cuando veás a otro ganar / a estorbarlo no te metas: / gada lechón en su teta / es el modo de mamar"[42]. A comparação entre homens, que estão vivendo das migalhas que lhes permite a sociedade, com porcos talvez não seja mera coincidência. Restava, no entanto, neste esperto servilismo que recomendava "Viscacha", algum espaço para a defesa última do homem, seu próprio "pelego", onde de alguma forma voltava o gaúcho matrero que desaparecera: "Las armas son necesarias / pero naides sabe cuándo / ansina, si andás pasiando, / y de noche sobre todo, / debés llevarlo de modo / que al salir, salga cortando"[43].

A *payada* do negro com Martín Fierro é, para muitos, o momento mais alto da poética de Hernández, talvez de toda a gauchesca. Acompanhados pelas próprias guitarras, os dois vão propondo alternademente temas variados que exigem respostas de improviso, onde tratam do céu, do amor, o tempo, as medidas, a lei etc. Justamente sobre a lei – que outra não poderia ser que aquela vinda das cidades para oprimir os gaúchos livres de antes – há antológicos versos, nos quais o *payador* negro mostra a assimetria do instrumento legal, que é feito "para todos, mas sólo al pobre le rige", como mostra a metáfora: "La ley es tela de araña, / en mi inorancia lo esplico: / no la tema el hombre rico, / nunca la tema el que mande, / pues la rompe el bicho grande / y sólo enrieda a los chicos"[44].

Na sequência, mais que apontar para a diferença que a lei estabelece entre uns e outros, o negro denuncia que ela é "manejada" por uns e "sofrida" por outros, e que aí se encontra a raiz das injustiças. Canta o

40. *Idem*, p. 164.
41. *Idem*, p. 165.
42. *Idem*, p. 166.
43. *Idem*, p. 167.
44. *Idem*, p. 225.

negro: "Es la ley como la lluvia; / nunca puede ser pareja: / el que la aguanta se queja, / pero el asunto es sencillo, / la ley es como el cuchillo: / no ofiende a quien lo maneja"[45]. E segue no mesmo tom: "Le suelen llamar espada/ y el nombre le viene bien; / los que la gobiernan ven / a dónde han de dar el tajo: / le cai al que se halla abajo / y corta sin ver a quien"[46]. A volta de Fierro, uma grande catarse do que passou como vago e depois nas tolderías, não é uma absolvição do passado, mas uma reflexão para que venha a aceitá-lo com alguma resignação.

Quanto aos conselhos de Fierro aos filhos, demonstram a prudência de um homem já maduro e que não teve "otra escuela que una vida desgraciada". De toda sorte, é essa vivência que permite ao gaúcho, que sabe pouco, fazer melhor uso de sua sapiência do que alguns que alardeiam os seus conhecimentos: "Hay hombres que de su cencia / tienen la cabeza llena; / hay sabios de todas menas, / mas digo, sin ser muy ducho: / es mejor que aprender mucho / el aprender cosas buenas"[47]. Uma das cosas buenas mais importantes que Fierro aprendeu, e trata de ensinar, é a conduta respeituosa que deve-se ter no convívio com os demais, adequando-se um ao ambiente onde se encontre: "Bien lo pasa hasta entre pampas / el que respeta a la gente; / el hombre ha de ser prudente / para librarse de enojos; / cauteloso entre los flojos, / moderado entre valientes"[48].

O antigo Fierro *peleador* – que derrubara o filho de um cacique, que matara um negro e um "protegido" de comissionário em duelos singulares, que enfrentara uma *partida* de policiais, e que novamente matara para fugir dos toldos índios – insiste agora para que os filhos evitem provocações: "A ningún hombre amenacem / porque naides se acobarda; / poco en conocerlo tarda / quien amenaza imprudente, / que hay un peligro presente / y otro peligro se aguarda"[49]. Mais que tudo, ele, que mais de dez anos vivera sozinho, recomendava a união dos irmãos – vale dizer, dos gaúchos desses novos tempos – como a única garantia para a sobrevivência: "Los hermanos sean unidos, / porque esa es la ley primera; / tengan unión verdadera / en cualquier tiempo que sea, / porque si entre ellos pelean / los devoram los de ajuera"[50]. Seria isso uma metáfora para a desunião das províncias que permitiu a supremacia de Buenos Aires? Ou aos gaúchos que, privados de projetos coletivos, subjugaram-se aos portenhos, portadores das culturas de *ajuera*?

45. *Idem, ibidem.*
46. *Idem, ibidem.*
47. *Idem*, p. 236.
48. *Idem*, p. 237.
49. *Idem*, p. 238.
50. *Idem*, p. 239.

Exemplos da "sabedoria" gaúcha são muito comuns na literatura platina, valendo lembrar personagens como Aniceto "el Gallo" de Ascasubi, Asnatacio "el Pollo" de Estanislao del Campo[51], ou Don Segundo de Guiraldes[52], todos veteranos das guerras e das lidas campeiras, que "filosofam" perante gaúchos mais jovens, passando conhecimentos e vivências. Alguns dos aforismos e adágios criados por esses autores foram tão divulgados que se incorporaram ao folclore gauchesco; os homens da cidade, na tentativa de resgatar os gaúchos do passado, inventaram o que deveria ser pensamento destes campeiros, e os seus sucessores o reproduzem como autêntico[53].

Soma-se a esse rol o Blau Nunes de Simões Lopes. Na apresentação dos *Contos Gauchescos*, o autor mostra o "benquisto tapejara Blau Nunes, desempenado arcabouço de oitenta e oito anos, todos os dentes, vista aguda e ouvido fino, mantendo seu aprumo", e que além disto era "dotado de uma memória de rara nitidez"; sua longa vida, confundida com a do próprio Rio Grande, tornou-o portador da "sabedoria" gaúcha:

> E, do trotar por tantíssimos rumos; das pousadas pelas estâncias; dos fogões a que se aqueceu; dos ranchos em que cantou; dos povoados que atravessou; das cousas que ele compreendia e das que eram-lhe vedadas ao singelo entendimento; do "pêlo-a-pêlo" com os homens, das erosões da morte e das exlosões da vida, entre o Blau – moço, militar – e o Blau – velho, paisano –, ficou estendida uma longa estrada semeada de recordações – casos, dizia –, que de vez em quando o vaqueano recontava, como quem estende ao sol, para arejar, roupas guardadas ao fundo de uma arca[54].

Em quase todos os contos, o narrador Blau mostra que sua trajetória de "tapejara" ou "vaqueano" – palavras que apontam para uma larga experiência – lhe permite compreender as complexas situações vividas ou conhecidas, e assim ensinar coisas úteis ao seu interlocutor. Uma síntese muito interessante da "sabedoria" de Blau está nos "Artigos de Fé do Gaúcho", que ele assim apresenta:

> Muita gente anda no mundo sem saber pra quê: vivem porque vêem os outros viverem.

51. Hilario Ascasubi & Estanislao Del Campo, *Santos Vega (selección). Fausto*, Buenos Aires, Centro Editor de America Latina, 1979.
52. Ricardo Guiraldes, *Don Segundo Sombra*, Buenos Aires, Losada, 1974.
53. Cesar A. B. Guazzelli, "O Duplo Espelho: O Humor na Literatura do Rio Grande do Sul", *Anos 90*, Porto Alegre, Editora da Universidade, 2001, nº14 (no prelo).
54. LOPES NETO. *Contos...*, op. cit., pp. 6-7.

Alguns aprendem à sua custa, quase sempre já tarde pra um proveito melhor. Eu sou desses. Pra não suceder assim a vancê, eu vou ensinar-lhe o que os doutores nunca hão de ensinar-lhe por mais que queimem as pestanas deletreando seus livrões. Vancê note na sua livreta [...]"[55].

Quase metade dos "artigos" dizem respeito ao cotidiano campeiro[56], especialmente no que diz respeito aos cavalos. A maior parte, no entanto, busca generalizações a partir das lições aprendidas no dia-a-dia da campanha, como no artigo 14º: "Se correres eguada xucra, grita; mas com os homens, apresilha a língua"[57]. A necessidade de autocontrole no convívio social, também aparece no 17º: "Não te apotres, que domadores não faltam..."[58]. A brutalidade pode fazer parte no trato com os animais; quando os homens se comportam como bestas, sujeitam-se às eventuais "domas". Entre homens, Blau aconselha moderação, como no artigo 20º: "Quando 'stiveres para embrabecer, conta três vezes os botões da tua roupa..."[59] – e no 21º – "Quando falares com homem, olha-lhe para os olhos, quando falares com mulher, olha-lhe para a boca... e saberás como te haver..."[60]. Uma advertência às intimidades explícitas é feita no 15º artigo: "Quando dois brincam de mão, o diabo cospe vermelho..."[61], e no 18º Blau duvida das demonstrações gratuitas de valentia: "Na guerra não há esse que nunca ouviu as esporas cantarem de grilo..."[62].

No conto "Batendo Orelha!...", Simões Lopes – aqui não é o narrador Blau Nunes – faz uma satírica comparação entre as vidas de um cavalo e de um homem, passando ambos por análogas dificuldades e tendo um final muito parecido; aqui, a lição de sabedoria vem no parágrafo final: "O engraçado é que há gente que se julga muito superior aos reiúnos; e sabe lá

---

55. *Idem.* "Artigos de Fé do Gaúcho", p. 121.
56. O uruguaio Javier de Viana apresenta no texto "Sentencias" ditos muito semelhantes, em forma e conteúdo, aos de Simões Lopes, e aponta sua origem: "Lo dijo la experiencia por boca de cien gauchos viejos curtidos a guascazos en las perrerías de la vida. Y cada uno construyó un versículo y de su conjunto nació la Bibila nuestra, de autor anónimo, como todos los libros sagrados, producto de la sabiduria popular, que es la suprema sabiduria." Javier Viana, "Sentencias", *La Biblia Gaucha.* Montevideo, Tauro, 1973, p. 81.
57. *Idem*, p. 122.
58. *Idem, ibidem.*
59. *Idem, ibidem.*
60. *Idem, ibidem.*
61. *Idem, ibidem.*
62. *Idem, ibidem.*

quanto reiúno inveja a sorte da gente..."⁶³. O homem, o gaúcho, poderá ainda fazer seu destino, mas não mais com a adaga e a lança dos *materros* ou guerreiros de antes, e sim resignando-se aos tempos e deles retirando "sabedoria".

As referências literárias aos gaúchos veteranos e sábios não se resumiram a Simões Lopes Neto. Deles fazem parte o tio Lautério, em *Antônio Chimango* de Ramiro Barcelos⁶⁴ – com o pseudônimo de Amaro Juvenal –, ou o Fandango, em *O Tempo e o Vento* de Érico Veríssimo⁶⁵. Mas é em Simões Lopes que o "querido digno velho" está presente em todas as narrativas que compõem os *Contos Gauchescos*, que compuseram aquela "estrada semeada de recordações" do "saudoso Blau", síntese do Rio Grande de outrora.

Conclusão

A criação literária do gaúcho ainda se faz presente, seja em terras castelhanas ou rio-grandenses, mas com algumas diferenças de rumo e sentido. Na Argentina e no Uruguai ainda persistem as produções mais tradicionais, mas ao menos uma parte dos poetas e compositores gauchescos associaram o passado do *matrero* ou do guerreiro à defesa dos valores autóctones, identificados com a essência do verdadeiro homem americano – esta palavra tendo aqui o significado que portava nos tempos das guerras de independência –, e em busca da justiça social que foi negada a Martín Fierro e coetâneos. O populismo dos anos de 1940 associou os líderes das massas aos caudilhos do passado, portadores de um discurso paternalista, providencialista, antiliberal e desconfiado em relação às instituições burguesas, e assim a gauchesca invadiu centros urbanos tão europeizados como Buenos Aires e Montevideo. Compositores e poetas, como os argentinos Jorge Cafrune, Horário Guarany e Atahualpa Yupanqui, ou os orientais Alfredo Zitarrosa e Daniel Viglietti, poderiam associar-se ao que se chamou *canción de protesta* dos anos de 1960-1970, e as lutas do gaúcho do passado tornaram-se uma representação das demandas sociais urbanas do presente. Para as grandes mobilizações populares, numa população trabalhadora formada majoritariamente por *cabecitas negras* emigrados dos

---

63. *Idem.* "Batendo Orelha!"... p. 125
64. Amaro Juvenal, *Antônio Chimango*, Porto Alegre, Globo, 1957.
65. Érico Veríssimo, *O Continente* (vols. I e II), *O Retrato* (vol. I), *O Tempo e o Vento*, Porto Alegre, Globo, 1975.

campos, recuperar os *gauchos* do passado foi e ainda é uma estratégia importante.

No Rio Grande as coisas foram quase antípodas. Mantém-se ainda fortemente uma produção gauchesca repetidora dos conteúdos vistos para o início do século XX, como seriam exemplos Aureliano de Figueiredo Pinto[66] e Barbosa Lessa[67], mesmo que hajam importantes novidades. A principal delas é a obra de Cyro Martins, a famosa trilogia do "gaúcho a pé"[68], onde denuncia o fim do mundo mitológico da estância, os gaúchos perdidos entre os aramados que definiam as propriedades e lhes permitiam apenas os corredores, e o êxodo para as temidas cidades, que não podiam compreender com a eventual "sabedoria" do campo. Mesmo sem essa preocupação explícita com o "gaúcho a pé", autores de diferentes procedências realizaram outras leituras do passado rio-grandense, estabelecendo distintas referências para o resgate dos campeiros, como o próprio Érico Veríssimo[69], ou os mais contemporâneos Roberto Bittencourt Martins[70] e Assis Brasil[71].

Predomina a literatura que identifica o gaúcho como portador de valores tradicionais – que são bons porque foram herdados do passado mitificado – que representa ainda hoje o que de melhor tem o Rio Grande, e o que este tem de superior ao restante da nação. A identidade regional é, sem dúvida, muito arraigada no Rio Grande do Sul, e aflora em momentos de crise – real ou imaginária – muito variados, como convocações para a Seleção Brasileira ou escolhas de ministros: aí reaparecem cobrando significado o passado farroupilha, o ideal republicano e federalista, o arrojo e o sentimento libertário atribuídos aos gaúchos do passado. E para a construção desses três discursos imbricados – crise provocada pelos outros, nostalgia do passado heróico e identidade regional centrada no gaúcho – foi fundamental a produção e difusão da literatura gauchesca.

---

66. Aureliano de Figueiredo Pinto, *Romances de Estância e Querência. Marcas do Tempo*, Porto Alegre, Martins Livreiro, 1981. *Armorial de Estância e outros Poemas*, Porto Alegre, Sulina, 1963.
67. Barbosa Lessa, *O Boi das Aspas de Ouro*, Porto Alegre, Globo, 1957. *Rodeio dos Ventos, op. cit.*
68. Cyro Martins, *Sem Rumo*, Rio de Janeiro, Ariel, 1937. *Porteira Fechada,* Porto Alegre, Movimento, 1976. *Porteira Fechada,* Porto Alegre, Movimento, 1975.
69. Érico Veríssimo, *Incidente em Antares*, Porto Alegre, Globo, 1971. *O Tempo e o Vento, op. cit.*
70. Roberto Bittencourt Martins, *Ibiamoré. O Trem Fantasma*, Porto Alegre, L&PM, 1981.
71. Luiz Antônio de Assis Brasil, "Perversas Famílias. A Pedra da Memória. Os Senhores do Século". *Um Castelo no Pampa*, Porto Alegre, Mercado Aberto, 1992-1994.

Refências Bibliográficas

ASSIS BRASIL, Luiz Antônio de. "Perversas Famílias. A Pedra da Memória. Os Senhores do Século". *Um Castelo no Pampa.* Porto Alegre, Mercado Aberto, 1992-1994.
ASSUNÇÃO, Fernando. *El Gaucho. Revista del Instituto Historico y Geografico del Uruguay.* Montevideo,1958-1959, tomo XXIV.
ANSALDI, Waldo. "Montonera". *Términos Latinoamericanos para el Diccionário de Ciencias Sociales.* Buenos Aires, Clacso/Ildis.
BECCO, Horacio Jorge. *Cielitos de la Patria.* Buenos Aires, Plus Ultra, 1985.
CESAR, Guilhermino. *História da Literatura do Rio Grande do Sul (1737-1902).* Porto Alegre, Globo, 1956.
CHAVES, Flávio Loureiro. *Simões Lopes Neto: Regionalismo & Literatura.* Porto Alegre, Mercado Aberto, 1982.
CONI, Emílio. *El Gaucho.* Buenos Aires, Solar/Hachette.
DANERO, E. M. S. *Antología Gaucha (Poesía).* Santa Fé, Castellví, 1957.
GUTFREIND, Ieda. *Historiografia do Rio Grande do Sul.* Porto Alegre, Ed. da Universidade, 1995.
HERNÁNDEZ, José. *Martín Fierro. El Gaucho Martín Fierro.* Porto Alegre, Martins Livreiro, 1998.
HIDALGO, Bartolomé. *Cielitos y Diálogos Patrioticos.* Montevideo, Signo, 1967.
JUVENAL, Amaro. *Antônio Chimango.* Porto Alegre, Globo, 1957.
LESSA, Barbosa. *Rodeio dos Ventos.* Porto Alegre, RBS/Globo, 1978.
_____. *O Boi das Aspas de Ouro.* Porto Alegre, Globo, 1957.
LOPES NETO, João Simões. *Contos Gauchescos.* Porto Alegre, Globo, 1976.
_____. *Lendas do Sul.* Porto Alegre, APLUB/Globo, 1974.
MARTINS, Cyro. *Sem Rumo.* Rio de Janeiro, Ariel, 1937. *Porteira Fechada.* Porto Alegre, Movimento, 1976. *Porteira Fechada.* Porto Alegre, Movimento, 1975.
PAGÉS LARRAYA, Antonio. *Prosas del Martin Fierro.* Buenos Aires, La Pléyade, 1972.
PINTO, Aureliano de Figueiredo. *Romances de Estância e Querência. Marcas do Tempo.* Porto Alegre, Martins Livreiro, 1981. *Armorial de Estância e outros Poemas.* Porto Alegre, Sulina, 1963
RODRÍGUEZ MOLAS, Ricardo. *Historia Social del Gaucho.* Buenos Aires, Centro Editor de America Latina, 1983.
SANTOS, Sandalio. *Decimas de Sandalio Santos. Lavalleja.* Montevideo, Fogón, 1954.
SECCHIA, Ofelia. *Antología de la Poesía Gauchesca.* Buenos Aires, Ed. "El Bagual", 1979.
SHUMWAY, Nicolás. *La Invención de la Argentina.* Buenos Aires, Emecé, 1995.
VEDOYA, Juan Carlos. *Fierro y la Expoliación del Gaucho.* Tandil, Universidad Nacional del Centro de la Provincia de Buenos Aires, 1986.
VERÍSSIMO, Érico. *O Continente* (vols. I e II). *O Retrato* (vol. I). *O Tempo e o Vento.* Porto Alegre: Globo, 1975.
_____. *Um Incidente em Antares.* Porto Alegre: Globo, 1971.
VIANA, Javier de. *La Biblia Gaucha. Por la Patria.* Montevideo, Tauro, 1973.
VIGNOLO, Griselda (sel.). "Cancionero Federal". *Cuadernos de Crisis* 26. Buenos Aires, Crisis, 1976.

O NOSSO PAMPA, TÃO COMUM E VÁRIO

Luiz Antonio de Assis Brasil

A questão que pretendo analisar aqui é: em que medida ainda é lícito falar na díade pampa-cidade neste extremo Sul do continente, e de que modo pode se articular a trajetória de um escritor a partir dessa condicionante. Para podermos refletir em conjunto, vale aqui invocar uma frase de Alejo Carpentier. Dizia ele que na América Latina convivem todos os séculos. Devido à sua formação histórica, há cidades que vivem no século atual e há regiões, da mesma América, que ainda não ultrapassaram o período neolítico. Essa singularidade explicaria alguns traços de nossa literatura, especialmente o prestígio do romance dito histórico: afinal, falar do passado da América Latina também é falar de seu presente, e vice-versa. É claro que estamos diante de uma condição muito especial, especialíssima, na nossa latino-america, na qual é evidente que nem todos os bens da civilização estão disponíveis para todos, e que é uma inverdade falar em acesso geral a todas as conquistas tecnológicas e científicas. Se lembrarmos, por exemplo, do enorme contingente de analfabetos, da degradada saúde, e da constrangedora pobreza e da falta de educação básica que experimenta a maioria dos habitantes do Continente, só podemos concluir que o modo de ser rural tenderá a se manter inalterado por um período incalculável, mas certamente longo.

Aqui, porém, as diferenças existem, e não podemos ignorá-las. E nelas o campo desempenha um papel decisivo.

O pampa nos cerca com sua presença cheia de mistério, a começar pela ambivalência de seu gênero: se para os hispanofalantes é uma doce entidade feminina (*la pampa*), impõe-se com forte presença masculina para nós, brasileiros do Sul (*o pampa*). Esse caráter epiceno, como símbolo ainda não estudado, aumenta seus segredos. O pampa é diluidor de fronteiras, território da liberdade, lugar de encontros amistosos e do Mercosul hoje, de guerras ferozes no passado, mas sempre imóvel e soberano, a ver sucederem-se as gerações e as fases da Lua. No pampa ocorrem as mutações meteorológicas mais felizes – o natural do Rio Grande saúda com esperança o vento Minuano que vem das planícies do Sul, pois leva embora as tempestades e traz de volta o céu cristalino. Em sua majestosa amplidão de pradarias, o pampa chama-nos à ancestralidade, à terra, instituindo-se em território pleno de metáforas, de existência mais lírica do que real. Mas não só o poeta: mesmo o peão de estância vê com os olhos da alma o pasto que alimenta o gado; conhecemos bem aquela sua silenciosa imagem, ao entardecer, tomando mate em frente ao galpão, com as vistas perdidas nas lonjuras.

  Nesse espectro de início de mundo, e como um estalo de civilização, surge a cidade. Derivada quase sempre da atividade rural – afinal era preciso vender, comprar, administrar, e isso ocorre nos núcleos urbanos – a cidade acaba por desenvolver vida própria, com seus afazeres, suas complexas teias de relações interpessoais e com sua cultura específica; aqui nesse extremo Sul, e até por sua origem, a cidade age também como de caixa de ressonância do pampa; mas *sui generis*, pois não apenas reflete o pampa, ampliando-o, mas também o estiliza.

  Então temos o seguinte quadro: a cidade, como instituição universal, deve navegar por seus próprios códigos, mas a cidade, enquanto elemento de uma realidade maior e fortíssima circundante – no caso, o pampa –, acaba por render tributo a essa condição. Menores, algumas cidades são tocadas mais proximamente pela presença do meio rural e, de certo modo, diferem deste mais pela quantidade do que pela natureza; as maiores, a par dessas evocações campestres, elaboram cânones culturais – muitas vezes os importa, diga-se de passagem – formando-se, assim, uma dicotomia muitas vezes esquizofrênica, isto é: se dependemos do pampa porque ele ainda nos dá um sentido existencial, vivemos a necessidade de freqüentar modelos estéticos internacionais, como homens comprometidos com a realidade de hoje.

  É na Literatura que essa dialética se torna mais aguda. Na Literatura mais do que nas outras expressões: se pensarmos nas artes plásticas, vemos que estas são essencialmente urbanas e, ao que parece, passam ao largo do problema. Mas na Literatura, e aqui falamos num período que começa no século XIX, vemos que, se por um lado alguns autores praticavam uma escrita ligada à terra, para metamorfoseá-la em objeto culto, e aí lembramo-nos de José Hernandez e seu *Martín Fierro*, Bartolomé Hidalgo com os diálogos de *Chano y Contreras*, Domingo Sarmiento e seu *Facundo*, ou ainda Estanislao de Campo e seu *Fausto*, e mais recentemente Horacio Quiroga, Ricardo Güiraldes, Carlos Reyles – outros não se sentiram chamados a essa tarefa, e vieram a elaborar um texto mais adequado aos padrões mundiais, em especial no que toca à literatura intimista, como Ernesto Sábato, Julio Cortázar, Ricardo Piglia, Mempo Giardinelli.

Em Jorge Luis Borges, as ressonâncias do pampa aparecem transformadas em objeto estético quase metafísico. E aqui peço licença para lembrar o conhecidíssimo e paradigmático conto *El Sur*, desde logo pedindo escusas à grande maioria, que naturalmente o conhece.

El Sur é bem representativo do quanto um homem civilizado até à medula do ossos – um bibliotecário –, um homem da cidade cercada pelo pampa, mantém dentro de si uma dilacerante ambigüidade. Sua ascendência é desagregadora: por um ramo descende de um culto pastor evangélico, europeu; por outro costado provém de um índio morto em combate. Desde o fortuito acidente que o levou a um hospital, o protagonista começa a inquietar-se sobre suas duplicidades. Por recomendação médica, deve voltar para o Sul, para sua estância perdida nos confins da pátria. Circunstâncias aleatórias o colocam frente ao destino fatal, num bolicho da Campanha onde se defronta com o ícone de seu ascendente índio, parado ao um canto do balcão como se fosse uma coisa, e que o instiga a ir além, como um apelo telúrico. A prevista morte do final, quando a personagem assume uma peleia da qual sairá derrotado, representa a impossibilidade de fazer a união entre esses dois pólos em que se fragmenta sua identidade. Não sabendo como resolver o conflito, escolhe a mais dramática das soluções: a morte, e morte heróica, como seu antepassado. Com isso resgata sua condição irresolvida de gaúcho e conquista seu lugar no mundo. De acordo com o subtexto (ou, para usar a terminologia de Ricardo Piglia, a história cifrada) é a antítese cidade-pampa que o destrói, mais do que as suas características psicológicas.

No lado brasileiro, mais especificamente no Rio Grande do Sul, vê-se que o pampa deu origem a duas vertentes bem claras.

Em primeiro lugar, fez surgir uma poética de forte apelo popular e escassa Literatura, e que se mantém desde o século XIX até hoje, perenizada e acalentada por certas camadas intelectuais bastante ligadas ao passado e tendentes ao imobilismo cultural. Tal produção evoca os hábitos campeiros, a indumentária, os valores sociais e familiares, o folclore, a paisagem, etc. com evidente conteúdo nostálgico, dentro do princípio do "antes era muito melhor" – e aí se inserem as quadrinhas despretensiosas, em geral de rimas pobres, nas quais o campo é a referência onipresente e paraíso perdido de igualdades. Examinando-se com mais vagar esses textos, verifica-se que a cidade é vista com desconfiança e medo, lugar de perfídia, de ladrões refinados e putas descrentes de Deus. Essa ética e essa estética – digamos assim – acabam por ratificar todas as ideologias conservadoras.

Em segundo lugar, o pampa propiciou o surgimento de uma valiosa Literatura, por exemplo, nas vozes do poema campestre *Antônio Chimango,* de Amaro Juvenal, dos contos de João Simões Lopes Neto, de Sérgio Faraco e de Aldyr Schlee, nos romances de Aureliano de Figueiredo Pinto, de Cyro Martins, de Erico Verissimo, Roberto Bittencourt Martins, Tabajara Ruas, e da poesia de Vargas Neto ou Sílvio Duncan, entre outros. Já não se trata de nostalgia, mas da aceitação de um estilo de vida diferente, que ainda não desapareceu de todo, e no qual há espaço para a crítica das evidentes desigualdades. Nas *Memórias do Coronel Falcão*, do referido Aureliano de Figueiredo Pinto, vê-se a decadência do estancieiro que não consegue se adaptar aos novos tempos da industrialização, enfim, aos novos tempos impostos pela cidade. Crítica mais contundente ainda transparece no romance *Incidente em Antares*, de Érico Veríssimo, em que os mortos insepultos voltam para julgar toda a comunidade em que viveram; na bela narrativa de *O Centauro no Jardim*, de Moacyr Scliar, a crítica é sob a forma de parábola, jogando com um dos mitos mais caros a tradição rio-grandense, qual seja, a do centauro dos pampas, ou monarca das coxilhas, esse ser mitológico criado pelo romantismo literário. Em Cyro Martins, a *Trilogia do Gaúcho a Pé* vem chamar a atenção do camponês que, desapossado de seus bens, vem viver na periferia da cidade, onde se marginaliza, ele e sua família. Já em Tabajara Ruas vemos uma interessante e rica intenção totalizadora, pois é o intelectual de hoje, com os critérios de hoje, que olha para o passado e nele descobre a heroicidade, o épico e o sonoro. Longe de assumir uma atitude maniqueísta, tem olhos para ver que somos seres do milênio terceiro, mas que as origens é que nos dão forma e substância.

Nesses exemplos, não há lugar para as idealizações; mas nem por isso deixa de trilhar caminhos competentes, vitalizando a palavra bárbara com os aportes da linguagem culta. Elaborado com arte refinada, mesmo que utilize por vezes da dialetologia rural, não se intimida com os mistérios do pampa e impõe-se como objeto apreciável em todos os quadrantes.

Assim, temos obras e autores, de ambos os lados das fronteiras, em que pampa é evocado, sim, mas em suas peculiaridades universais; estas, longe de conflitarem com a cidade, estabelecem com ela vários pontos em comum, que nada mais são daqueles decorrentes da natureza humana, que sempre é única.

Não se trata propriamente de uma síntese entre cidade e pampa, de resto impossível, mas a busca de uma convivência transitiva e enriquecedora, enquanto as diferenças existirem. Afinal, também para isso existe a Literatura.

Em meu caso pessoal, de homem urbano, aqui nascido e criado, o pampa confunde-se com a História, e a História se confunde com o pampa. Para mim, e para minha geração, a Geografia do Sul é tão importante quanto a História do Sul, e ambas estão presentes em meus textos, em maior ou menor grau, numa ou em outra dimensão estética. Senti-me, e desde os inícios de minha carreira de romancista e professor universitário de Letras, senti-me, dizia, credor e devedor da História e da Geografia do Sul. Sou credor da História porque ela me dá os seus episódios bélicos, seus conflitos e suas contradições, sua grandeza e sua nobreza, e sou credor Geografia por me dar suas planícies onduladas, suas coxilhas, seus poentes e seus nascentes. Sou devedor, entretanto, e em igual medida – porque essa mesma Geografia e essa mesma História – que tanto me dão – me esmagam com suas onipresenças centenárias, com seu peso antiqüíssimo, impossível de não ser percebido. Não se consegue tornar invisível toda uma cultura que se desenvolve no tempo e no espaço.

Reitero que esse tipo de preocupação pertence à minha geração de romancistas, e é com entusiasmada curiosidade que vejo as novíssimas gerações de escritores, com os quais convivo em meu laboratório de criação literária, completamente despreocupadas com o Sul. Se quisermos sexualizar esse raciocínio, os jovens escritores são édipos não contaminados pela culpa. Jamais vazarão seus olhos para não enxergarem um remorso que nunca terão. Bom para eles, e bom para as necessárias mutações intelectuais. Já para nós, os deste espectro de idade e interesses, a pampa é a mãe que escondemos, que amamos, que exaltamos e difamamos, correndo a certeza de que alguma conta teremos a prestar à nós mesmos, mas em especial a essa gigantesca e impressionante entidade ficcional que nós mesmos criamos.

Como se sabe, toda literatura é resultado de uma tensão, e aqui no Sul essa tensão existe: para uma geração é a tentativa de harmonizar elementos antagônicos que vivem dentro de nós e que foram por nós mesmos criados; para outra, é aquela decorrente da simples existência neste mundo.

O fato é que, para encerrar, estamos assistindo a uma transformação no modo de entender o Sul – e com isso ganham os nossos leitores, que encontrarão as mais variadas formas de entender nosso odiado e nosso amado espaço de vida.

2
VÍNCULOS PORTENHOS E LITERÁRIOS DA PSICANÁLISE NO RIO GRANDE DO SUL

PSICANÁLISE E CULTURA: TRAJETÓRIAS E FRONTEIRAS

CLÁUDIO LAKS EIZIRIK

Desde o seu surgimento, a psicanálise teve uma relação ambivalente com a cultura em que se inseria. A nova disciplina, surgida em Viena no final do século XIX, propunha uma visão crítica da sociedade, privilegiando as motivações inconscientes para os comportamentos individuais e grupais. Ao mesmo tempo, procurava ser aceita socialmente, como uma disciplina científica respeitável, que oferecia um novo e revolucionário tratamento para os problemas mentais. Embora a recepção inicial pela sociedade tenha sido fria e até mesmo hostil, as idéias psicanalíticas progressivamente foram tendo aceitação e, em graus variáveis, conforme cada local, chegaram a ter uma enorme influência sobre a cultura ocidental. Freud é considerado um dos principais pensadores do século XX, e por muitas décadas suas contribuições dominaram o cenário psiquiátrico, psicológico e das demais áreas da saúde mental, bem como tiveram marcante presença no mundo das artes e na forma de entender as manifestações emocionais das pessoas, das famílias e dos grandes grupos.

Essa tendência começou a ser desafiada, a partir da década de 1980, quando passaram a ser observados questionamentos acerca da relevância da psicanálise como uma disciplina com poder explanatório e como um método de tratamento de eficácia demonstrável. Como destacou Otto Kernberg, ex-presidente da IPA (Associação Psicanalítica Internacional), a cultura humanística, preocupada com o desenvolvimento e a maturação do indivíduo, com a auto-exploração e a subjetividade, está sendo questionada por uma tendência cultural à adaptação imediata e à eficiência social, que tem levado a um menor interesse pela psicanálise por parte das elites culturais.

Teria realmente a psicanálise perdido sua relevância social? Os modelos explanatórios introduzidos por Freud e desenvolvidos e aprofundados por seus seguidores já não nos servem mais? Teriam os psicanalistas adquirido uma postura arrogante, atribuindo-se a convicção de que são os sujeitos do suposto saber, como diria Lacan? Teria o método de tratamento analítico perdido sua utilidade? Seria ainda justificável o dispêndio de um tal esforço psíquico de tempo e de dinheiro, se agora dispomos de drogas eficazes e de tipos de psicoterapias breves, quase indolores e com resultados aparentemente convincentes? Será que a psicanálise encaminha-se para um honroso lugar na história da cultura e da ciência, e está deixando de fazer parte do mundo real, atual, vivo e em contínuo desenvolvimento?

Todas essas questões e muitas outras correlatas têm sido alvo de reflexão e estudos nos últimos anos. Um órgão recente e extremamente ativo do IPA, a Casa de Delegados, devotou três anos a um exame quantitativo dessas questões e revelou dados que evidenciam a vitalidade do pensamento psicanalítico e a ampla extensão de sua aplicação em várias áreas da cultura e das ciências da saúde. A Comissão de Pesquisa da IPA produziu recentemente um extenso levantamento de estudos, em vários países, que evidenciam a eficácia e a efetividade dos tratamentos psicanalíticos.

A partir de agosto de 1997, a IPA passou a contar com uma Comissão de Psicanálise e Sociedade, cujo objetivo central é exatamente estimular e ampliar a interface entre a psicanálise e a cultura circundante, em especial as profissões de saúde, as universidades, os sistemas de saúde, a mídia e as áreas da produção artística e cultural. Em dezembro de 1998, esta Comissão promoveu um simpósio em Nova York, intitulado "Melhorando Nossa Interface com a Cultura: Possibilidades e Ações", em que se discutiu a situação desse relacionamento na Europa, na América do Norte e na América Latina, suas peculiaridades regionais e seus possíveis caminhos. Tanto este Simpósio como a revisão de pesquisas realizada pela Comissão de Pesquisa da IPA podem ser lidos e estudados na *homepage* da IPA: http://www.ipa.org.uk. O *Congresso Latino-americano de Psicanálise*, realizado em setembro de 2000, em Gramado, sob o tema oficial Psicanálise e Cultura, explorou em extensão e profundidade as várias interfaces entre essas duas áreas, tornando possível um encontro de várias trocas e promissores horizontes.

Assim, não só a Associação Psicanalítica Internacional, como a Federação Psicanalítica da América Latina (FEPAL), e as várias sociedades a elas vinculadas estão empenhadas na reflexão sobre as questões que mencionei, bem como na tomada de medidas concretas que permitam a continuação desse intercâmbio que tem enriquecido tanto a sociedade quanto a psicanálise. As expectativas que cercaram o surgimento da psicanálise, em termos de seu alcance e poder transformador, tanto dos pacientes quanto dos grupos sociais, revelaram-se exageradas, por certo, e atualmente temos uma visão mais realista de nossas possibilidades, alcances e limitações. A abordagem psicanalítica pode enriquecer a compreensão dos fenômenos culturais e essa interface com a cultura, por outro lado, estimula a psicanálise a se desenvolver, no convívio, confronto e diálogo com outros saberes. A trajetória de psicanalistas que viveram na fronteira entre psicanálise e cultura, como Cyro Martins, é um estimulante exemplo desse convívio mutuamente fertilizador. Da mesma forma, as atividades do Centro de Estudos de Literatura e Psicanálise Cyro Martins não só dão seguimento a esse frutífero intercâmbio, como desenvolvem e criam novas formas de pensar e sentir. Pensar e sentir estão no âmago do corpus psicanalítico, tanto quanto na raiz daqueles valores que constituem a cultura em que vivemos.

O Surgimento da Psicanálise no Rio Grande do Sul, Desenvolvimento e Interfaces

O Rio Grande do Sul é o mais meridional estado brasileiro, com um território de 282 184 km² que se estende do Oceano Atlântico até as planícies que constituem parte da fronteira brasileira com a Argentina e com o Uruguai. Devido a essas longas extensões pampeanas, os habitantes deste estado são conhecidos e se autodenominam de gaúchos. Originalmente povoado pelos índios charruas e guaranis, depois alvo da conquista pelos portugueses em disputa com os espanhóis, tendo recebido menor proporção de escravos negros do que as regiões centrais e do norte do país, nos séculos XVIII, XIX e início do século XX o estado foi amplamente povoado por imigrantes europeus, principalmente alemães e italianos. Ao longo dos século anteriores, o estado testemunhou várias revoluções e lutas internas e com os vizinhos argentinos, uruguaios e com o governo central brasileiro, chegando a ser proclamada, por dez anos, uma República do Piratini, independente do Brasil.

Essas circunstâncias fazem com que se observe, historicamente, uma certa tensão nas relações com dois pólos culturais e econômicos, um ao norte, representado por Rio e São Paulo, e outro ao sul, representado por Montevidéu e Buenos Aires. Essa relação algo ambígua, talvez ilustrativa do "narcisismo das pequenas diferenças", descrito por Freud, em que se mesclam amizade, competição, rivalidade e admiração, toma às vezes formas humorísticas e faz parte do caráter e das manifestações peculiares desta população. A capital do estado, Porto Alegre, é cidade com quase dois milhões de habitantes, que concentra as principais universidades do sul do país e um de seus maiores centros financeiros e culturais. Inicialmente apenas pastoril, o estado, graças à imigração européia, desenvolveu forte agricultura e nas últimas décadas apresentou crescente industrialização. Embora sofrendo desigualdades sociais significativas, os indicadores de saúde e a expectativa de vida do Rio Grande do Sul são semelhantes aos de países desenvolvidos da Europa. A vida cultural e científica do estado teve forte influência européia, principalmente francesa, até inícios do século XIX. Nas últimas décadas, a medicina, a psiquiatria e as psicoterapias passam a experimentar crescente e predominante influência norte-americana.

As idéias psicanalíticas começaram a surgir em terras gaúchas a partir de 1920, por meio de conferências de médicos e intelectuais. A partir dos anos de 1930, elementos da psicanálise já eram ensinados na Faculdade de Medicina. O pioneiro e fundador do movimento psicanalítico no estado, Mário Alvarez Martins, realizou sua formação em Buenos Aires, com Angel Garma, em 1945 e 1946, retornando em 1947 e iniciando formalmente a análise de candidatos, ao mesmo tempo que continuava suas atividades como psiquiatra no macro Hospital Psiquiátrico São Pedro, onde estimulava jovens colegas a se interessarem pelas idéias psicanalíticas. Logo se uniram a ele José Lemmertz, retornando de Buenos Aires em 1949; Celestino Prunes, voltando do Rio de Janeiro em 1952 e Cyro Martins, também de Buenos Aires, em 1954. Este foi o quarteto que deu origem ao que viria a ser o Grupo de Estudos, em 1961 e finalmente a Sociedade Psicanalítica de Porto Alegre, reconhecida oficialmente pela IPA, em 1963.

A presença de Mário Martins no Hospital São Pedro e no seu consultório, onde passou a analisar vários médicos e professores de prestígio, e a intensa atividade clínica e de divulgação da psicanálise de Cyro Martins, um dos principais escritores gaúchos do ciclo regionalista, conferiram à psicanálise grande aceitação e reconhecimento nos meios médicos, psiquiátricos e intelectuais do estado.

Em 1957, surgiu no Hospital São Pedro, o Curso de Especialização em Psiquiatria, coordenado por David Zimmermann e Paulo Guedes, ambos discípulos de Mário Martins. Estruturado com base psicanalítica, o Curso passou a ter como sua sede, na década de 1960, a Divisão, depois Centro Psiquiátrico Melanie Klein, e se tornou um pólo formador de psiquiatras de orientação dinâmica. Embora acompanhando as tendências da psiquiatria mundial – como a comunidade terapêutica, a psiquiatria de comunidade, a introdução e uso crescente de psicofármacos, a mudança para o hospital geral universitário nos anos de 1980, a maior precisão diagnóstica, os programas para transtornos mentais específicos nos anos de 1990 –, o Curso se manteve, em mais de quarenta anos de funcionamento (é o mais antigo do Brasil) com as bases psicanalíticas presentes e em desenvolvimento. Sendo parte do Departamento de Psiquiatria da Universidade Federal do Rio Grande do Sul, e simultâneo à Residência Médica em Psiquiatria, o Curso deu origem, como último desenvolvimento, ao Programa de Doutorado e Mestrado em Psiquiatria iniciado em 2000, que conta com uma área de pesquisa em psicoterapia psicanalítica e psicanálise.

Como se pode observar, a psicanálise influenciou fortemente a psiquiatria na Universidade Federal do Rio Grande do Sul e em outras instituições universitárias do estado e em instituições privadas como a Clínica Pinel, outro importante pólo formador de psiquiatria dinamicamente orientada, a partir dos anos de 1960.

Até a década de 1990, quando surgiu a atual Sociedade Brasileira de Psicanálise de Porto Alegre, o núcleo e centro irradiador das idéias psicanalíticas no Rio Grande do Sul era a Sociedade fundada por Mário Martins. Numa pesquisa retrospectiva de todos os trabalhos para promoção a membro associado, desde a década de 1960, observamos que houve mudanças significativas na prática psicanalítica e nas bases teóricas que a fundamentam (Eizirik *et al.*, 1999). A prática da psicoterapia psicanalítica surgiu nesse contexto, intimamente ligada à psicanálise e à psiquiatria. Os professores do Curso de Especialização eram membros da Sociedade Psicanalítica, e outros psicanalistas foram sempre convidados como supervisores.

Nos anos de 1960 e 1970, a modalidade florescente foi a psicoterapia analítica de grupo, realizada por psicanalistas da SPPA, criando-se uma cultura em que, nos meios médicos, psiquiátricos e intelectuais, quem são estava em análise, fazia parte de algum dos inúmeros grupos psicoterápicos. Esse movimento ampliou o alcance da aplicação das idéias analíticas, e estimulou muitos estudantes universitária a seguir a carreira psiquiátrica e psicanalítica.

Nas décadas seguintes, contudo, decaiu esta modalidade de tratamento, por várias possíveis razões: o aumento do número de analistas e psiquiatras de orientação dinâmica oferecendo análise e psicoterapia individual; as críticas de analistas a limitações da terapia grupal em termos de alcance e profundidade; a ênfase da necessidade de reforçar a técnica analítica propriamente dita.

O crescimento da psicoterapia analítica apresentou pois três períodos bem distintos:

1. Nas décadas de 1960 e 1970 predominava a visão de clara diferença entre análise e psicoterapia. Havia quase que uma interdição ao uso da transferência ou das interpretações transferenciais ou da análise de sonhos, e uma ênfase nas diferenças, e na focalização da psicoterapia nos conteúdos extra-transferenciais. Os objetivos eram claramente expostos como diferentes, e as limitações da psicoterapia ressaltadas. O *status* desejável profissionalmente e idealizado era o de psicanalista, considerado um estágio superior e definitivo do crescimento profissional. Muitos psiquiatras e psicoterapeutas sentiam-se "cidadãos de segunda classe".

2. Nas décadas de 1980 e 1990 as diferenças tão estritas passaram a ser questionadas. Os Simpósios Internos do Curso de Psiquiatria passaram a estudar a contratransferência, a análise dos sonhos, o campo analítico e outros temas analíticos específicos. A prática da psicoterapia analítica passou a incluir mais elementos da técnica analítica e foi surgindo a noção de um *continuum* entre os extremos análise e apoio, com zonas cinza mais amplas do que as pretas e brancas. Em 1989, reunindo a experiência até então acumulada, surge o livro *Psicoterapia de Orientação Analítica: Teoria e Prática* (Eizirik, Aguiar, Schestatsky), expondo uma técnica de psicoterapia analítica individual bem caracterizada, específica, diferente da análise e do apoio. Este livro, que se tornou referência em vários centros brasileiros de formação nos anos seguintes, expressa a noção de uma técnica que é amplamente praticada no Rio Grande do Sul. A hegemonia médica e psiquiátrica no campo da psicoterapia psicanalítica passa a ser substituída por una nova distribuição de forças, com o surgimento crescente de psicólogos clínicos trabalhando nesta área e sendo aceitos para a formação analítica e com a multiplicidade de cursos e formações paralelas en psicanálise e psicoterapia analítica.

3. A década atual caracteriza-se pela fragmentação, em escala crescente dentro das características da pós-modernidade que desafia a psicanálise como disciplina e questiona seu método e seu poder explanatório (Eizirik, 1997). O campo psiquiátrico vê aumentar a presença da psiquiatria biológica, surgem psicoterapias cognitivo-comportamentais, ampliam-se as formações lacanianas, e vários questionamentos internos e externos são feitos à psicanálise institucionalizada pela IPA. AS instituições ligadas à IPA reagem retomando sua presença na cultura, abrindo-se para atendimentos à comunidade e revisando e flexibilizando sua formação de novos analistas, embora mantendo a marca registrada de qualidade e rigor que tradicionalmente tem produzido analistas capazes de trabalho clínico de bom nível.

Nesse cenário complexo, as posições apresentadas desde Freud e retomadas nas décadas seguintes permanecem de pé dividindo-se o campo em dois grandes grupos: os analistas que sugerem borrar as diferenças entre psicanálise e psicoterapia e os que continuam propondo que elas são necessárias.

Considerações Finais

Na realidade contemporânea, problemas socioeconômicos dificultando manter a psicanálise *standard*, a competição de várias formações, a oferta de terapias breves, a idealização de medicações e a tendência para buscar soluções rápidas e fáceis numa sociedade cada vez mais virtual são fatores que contribuem para o estado atual de fragmentação não consensual.

Assim, verificamos que o desenvolvimento da psicoterapia psicanalítica até este momento se origina na psicanálise praticada na Argentina e trazida pelos pioneiros nos anos de 1950 e 1960, sofre uma forte influencia das idéias kleinianas e pós-kleinianas em sua instalação teórica e segue uma trajetória em que novas contribuições vão sendo acrescidas, em especial as contribuições produzidas na psicanálise norte-americana, com suas tentativas de sistematização e diferenciação entre modalidades terapêuticas. Talvez as características de estado de fronteira e as circunstâncias de sua história sejam fatores importantes para entender uma realidade em que há abertura para varias influências e ao mesmo tempo a determinação de estabelecer um *modus operandi* que seja mais adequado às peculiaridades locais.

Deste modo, na descrição fragmentária de aspectos de uma trajetória, pretendo ter também contribuído para ilustrar de que modo a psicanálise se desenvolve simultaneamente em seu núcleo, através de suas teorias e técnicas, e em suas fronteiras com a cultura, com a psiquiatria, com a psicologia e com amplos setores científicos e humanísticos. É nesta trajetória entre fronteiras que reside o valor humano de suas descobertas e o continuado fascínio que se renova a cada geração.

Referências Bibliográficas

EIZIRIK, C. L. "Psychoanalysis and Culture: Some Contemporary Challenges Internat". *J. Psycho-Anal.*, 1997, 78:789-800.

EIZIRIK, C. L., Aguiar, R. W., Shestatsky, S. S. *Psicoterapia de Orientação Analítica:Teoria e Prática*. Porto Alegre, 1989, Artes Médicas.

RIZIRIK, C.L. et al. "Algumas Modificações na Prática Psicanalítica da SPPA: Um Estudo Retrospectivo". *Revista de Psicanálise*, vol. VI, n. 2, 1999, pp. 205-226.

_____. "Histórico da Sociedade Psicanalítica de Porto Alegre". In: Associação Brasileira de Psicanálise, Relação de Membros e Candidatos, Rio de Janeiro, 2001.

DEPOIS DE UMA TARDE SOMBRIA

ROBERTO BITTENCOURT MARTINS

A frase de Edward Lorenz, que resume e ilustra o chamado "Efeito Borboleta" da meteorologia e das Teorias do Caos, pode ser enunciada assim (salvo equívoco de minha memória): "Uma borboleta bate suas asas na China e faz nascer uma tempestade no Brasil". Ou será o oposto? Não sei, mas pensei nela agora há pouco, a propósito da visita que desencadeou (ou apressou) a chegada do movimento psicanalítico ao Rio Grande do Sul. Cyro Martins descreve essa visita numa conferência, depois incluída em seu livro *Caminhos*, e que acabo de reler, reproduzida numa publicação recente da Fundação Mário Martins. O Correio a entregou na data em que meu pai faria aniversário, numa dessas coincidências que, por instantes, parecem vir carregadas de alguma ordenação secreta. Relendo-a, tive a impressão de achar, na prosa precisa de Cyro, o mesmo vislumbre indicador das influências do acaso. Cyro conta como, num consultório montado fazia pouco, dois psiquiatras se debatiam em dúvidas – ele e seu amigo Mário, colegas de turma, vindos da mesma região da Fronteira com o Uruguai (Quaraí e Livramento) e compartilhando, sem parentescos, do mesmo sobrenome. Seu trabalho ali era escasso e repleto de incertezas. De vez em quando lhes "caía um psicótico para internar", além de uns "poucos neuróticos, em geral graves, que os clínicos, cansados de tanto apanhar", encaminhavam. "Não sabíamos o que fazer", Cyro confessa; "como convencer um fóbico, pela persuasão, de que ele deveria enfrentar sem temor o escuro"? Ou um "obsessivo de que ele não precisava voltar vinte vezes para verificar se chaveara bem a porta"? Ou, ainda, um "paranóide, de que era pura desconfiança sua achar que o vizinho o espiava dia e noite"? Conversavam muito sobre essas dificuldades e, tentando descobrir melhores instrumentos para o tratamento de seus clientes, estudavam Freud. E seguiam, "enquanto os tempos não mudavam", utilizando a insulinoterapia e os eletrochoques em seus pacientes do Hospital São Pedro e do Sanatório São José. "Na realidade, os tempos não mudariam enquanto nós não mudássemos", Cyro conclui.

Foi então que ocorreu a visita. Cyro a descreve:

Mas no inverno de 1943, numa tarde sombria, dessas que tornam mais curtas as esperanças da gente, nos apareceu no consultório um senhor argentino oferecendo a assinatura da Revista de Psicoanálisis, flamante, e nos deixou os dois primeiros números. No primeiro, em artigo bastante detalhado, Arnaldo Rascovsky expunha para os psiquiatras da América Latina a possibilidade de formação psicanalítica em Buenos Aires.

Fico pensando: Buenos Aires, mas não esta de hoje, de excursões de fim-de-semana, e sim aquela capital estrangeira ainda distante, numa época de comunicações difíceis e viagens trabalhosas – e em tempos de uma guerra em que o Brasil já entrara enquanto a Argentina permanecia neutra. Ali, no ano anterior, havia sido fundada a Associação Psicanalítica Argentina – resultante de um encontro entre dois psicanalistas chegados da Europa e um grupo de estudiosos de psicanálise. Reunido em torno de Arnaldo Rascovsky (da Neuropsiquiatria do Hospital das Crianças) e de Enrique Pichon Rivière (da Psiquiatria Infantil do Hospício de Las Mercedes) e de suas esposas, Matilde e Arminda, o grupo pelejava por aprender psicanálise em leituras e estudos, no final dos anos de 1930. E somente a chegada de Cárcamo e Garma iria abrir-lhes a oportunidade do aprendizado vivenciado na análise pessoal.

Relembro: Celes Ernesto Cárcamo e Angel Garma, seguindo trajetórias diferentes, haviam vindo da França em 1938 e 1939. Cárcamo, argentino, morara em Paris, onde se analisara com Paul Schiff, analista de origem judaica que depois se engajaria na Resistência francesa. Garma, espanhol, vivera na infância em Buenos Aires, onde suas irmãs haviam permanecido; estudara com Marañon em Madrid e fizera análise com Theodor Reik em Viena. A guerra empurrara ambos de volta à Argentina e sua permanência tornara possível a análise ao grupo de interessados. Assim, as tempestades da guerra na Europa haviam propiciado o surgimento, nos confins meridionais da América, de uma instituição psicanalítica – da qual a publicação da Revista fora conseqüência natural. E, trazida pelo vendedor, ela abria aos dois psiquiatras gaúchos uma possibilidade imprevista até aquele momento. Lembro então que, anos mais tarde, em seus diálogos com Abrão Slavutsky, Cyro recordaria o episódio da visita com maiores detalhes. Apanho o volume de *Para Início de Conversa* e vou lendo:

> Estávamos eu e o Mário no consultório, num intervalo, conversando, quando se apresentou um senhor muito bem apessoado, de 'habla castellana'. Andava visitando os psiquiatras e trazia como oferta, para assinatura, o primeiro número da Revista de Psicoanálisis. Por intermédio desse primeiro número ficamos sabendo que já era possível a gente se analisar e fazer a formação psicanalítica com todos os efes-e-erres requeridos sem sair para muito longe, tanto mais que o longe, na época, estava interditado pela guerra. Buenos Aires ficava à mão de semear. Aquela visita provocou um impacto em nós ambos. Eu fui o mais atingido porque, na ocasião, me achava impossibilitado de fazer qualquer plano de me afastar de Porto Alegre, devido a doença grave em pessoa da família. O Mário não. Leu e releu aquela revista e concluiu que iria para Buenos Aires. A primeira e fundamental providência foi escrever para Garma pedindo hora. A resposta foi positiva. Levou aproximadamente um ano em preparativos, inclusive precisou licença do exército, pois o país estava em guerra. Essa foi a conseqüência transcendente daquela visita, aparentemente uma simples formalidade comercial. No entanto, seus efeitos ultrapassaram os limites do consultório daqueles dois jovens psiquiatras, de escassa clínica e até então de futuro incerto. Naquela tarde foi plantada a semente do movimento psicanalítico em Porto Alegre.

A leitura faz com que se ative em mim aquele núcleo de magia que repousa, resistente, no cerne mais primitivo de nossas mentes e a visita parece vir revestida de um certo ar de destino. E me distraio imaginando: e se o vendedor não chegasse, se sua mensagem se extraviasse... Não apenas a chegada da Psicanálise ao Rio Grande tomaria uma outra forma, mas também as vidas de Cyro e Mário seriam diferentes – além da minha...

Agora, a curiosidade leva-me a querer conhecer a matéria que lhes causara impacto. Procuro o primeiro volume da Revista e leio sua Apresentação inicial. Depois de enfatizar o fato de ser a primeira publicação em língua castelhana destinada à difusão da ciência psicanalítica, ela aponta para suas origens clínicas:

> A psicanálise nasceu como uma necessidade terapêutica para interpretar e aliviar os sofrimentos de um determinado setor de pacientes. Sua evolução posterior a levou a ampliar o campo de suas atividades médicas e, de sua matéria inicial, constituída por psiconeuróticos, foi se estendendo no sentido de dar uma interpretação mais profunda aos mecanismos mentais que ocorrem na psiquiatria. Por outro lado, aspectos até então insuspeitados da medicina interna passaram a ser campo fértil para suas investigações. Disso surgiu a Medicina Psicossomática, hoje em plena evolução.

Outras aplicações da psicanálise são também expostas:

Embora o desenvolvimento da psicanálise se estenda a todas as questões da atividade humana relacionadas com a conduta do homem e suas motivações inconscientes, atualmente foram concretizadas de modo definitivo muitas possibilidades apenas entrevistas em seu início. Desse modo, sua contribuição à medicina, à criminologia, à antropologia, à sociologia etc. têm linhas definidas de ação.

Prossigo a leitura e verifico que, coerente com sua proposta, a Revista publica quatro artigos. O primeiro, de tema antropológico e latino-americano (muito adequado para essa inauguração) é uma conferência de Cárcamo: "A Serpente Emplumada – Psicanálise da Religião Maia-Asteca e do Sacrifício Humano". Seguem-se um artigo de Garma sobre a Interpretação dos Sonhos e duas traduções, uma de Franz Alexander ("Aspectos Psicológicos da Medicina"), e outra de Melanie Klein ("Primeiros Estágios do Conflito Edípico e da Formação do Superego"). E, por fim, após várias resenhas de livros e artigos, encontro o relato das atividades da Associação, com seus Seminários, seus Cursos e estágios nos serviços hospitalares de Rascovsky e Pichon Rivière, destinadas a "favorecer a criação de associações semelhantes nos países irmãos de Espanha e América" – determinante maior do impacto experimentado pelos dois psiquiatras em seu consultório porto-alegrense.

Cyro tentaria, mas somente poderia atender plenamente ao chamamento algum tempo mais tarde. Mário pôs-se a caminho, talvez também impelido pela necessidade de elaborar o luto pela morte recente de seu pai, após a perda anterior de duas irmãs e da mãe. Não dispunha de economias; conseguiu, porém, que o estado continuasse a pagar seus vencimentos de médico enquanto fazia seu curso. E haveria também o empréstimo da Fundação Muñoz, que fornecia aos candidatos estrangeiros uma pequena bolsa, a ser paga quando retornassem a seus países. Com esses recursos, partiu em l944. Sua esposa Zaira e seus dois filhos seguiram logo – minha mãe, minha irmã Júlia e eu... E agora me vejo invadido por lembranças: o trem para Montevidéu, a viagem até Colonia, o navio que nos levou a Buenos Aires, a pensão na Calle Lavalle, num tempo em que essa rua não era ainda um passeio de pedestres. Ocupávamos um aposento que uma pesada cortina de veludo gasto dividia em dois. Outros hóspedes da pensão – argentinos do interior, ingleses, bolivianos – tinham também crianças, nossos companheiros de passeios nas praças da Costanera. Enquanto nossos pais iam descobrindo o Inconsciente, em suas análises e estudos, íamos todos descobrindo a Cidade-Grande e suas modernidades , aquela *"Buenos Aires que antes se desgarraba en arrabales hacía la llanura incessante"*, dos versos ainda desconhecidos de Jorge Luis Borges. Mas isso já é outra história, que pode tomar o perigoso rumo casimiriano de "Meus Oito Anos"... Afasto as recordações desse tempo de vida modesta e dinheiro escasso, mas iluminado pela riqueza das descobertas – e vou buscar na História da Associação Psicanalítica Argentina (*Cuentame tu vida*) de Jorge Balán alguns dados mais sobre a instituição naqueles anos.

Verifico que a Revista saiu às ruas "quase por artes de magia", com 5 000 exemplares e nenhum apoio de entidades oficiais. Sua sobrevivência era assegurada pela Fundação criada por Francisco Muñoz, um imigrante espanhol sem pretensões intelectuais, cuja alfaiataria crescera e se transformara numa próspera empresa de roupas feitas (não esqueci seu *slogan*: "Casas Muñoz, donde un peso vale dós"). Muñoz a instituíra por gratidão, pois um tratamento com Pichon Rivière havia curado seu gerente e grande amigo de uma agorafobia que o prostrara. Mais tarde, a Fundação forneceria "empréstimos de honra" aos candidatos estrangeiros.

Balán também cita Maurício Abadi, para quem, na APA daqueles primeiros anos, "tinhamos a idéia de ser uma grande família, onde todos eram solidários". Segundo Balán, "tratava-se de uma instituição absorvente em extremo: ainda que seus membros não morassem nela, o lazer e o trabalho estavam interligados em seu funcionamento". A psicanálise era vista, nas palavras de Balán, como "um projeto de transformação do indivíduo e da Sociedade e não apenas como uma disciplina científica ou profissão". A coesão interna era reforçada pela resistência do meio pois, conforme o historiador, "a psicanálise prosperava à sombra da cena pública dominada por um Estado reacionário no campo da família e dos costumes; sustentava-se na privacidade dos consultórios. Uma classe média modernizada acorria a eles." Seria essa a instituição que acolheria os brasileiros (Mário, Lemmertz e Cyro, vindos de Porto Alegre, e Alcyon Bahia, Walderedo e o casal Perestrello, do Rio de Janeiro).

Vou lendo e recordando conversas ouvidas dos adultos, uma ou outra visita a algum analista com filhos, um almoço comemorativo no Rio Tigre com os Langer e os Rascovsky... Dias bons, sucedidos depois por tempos de escassez, dificuldades e inevitáveis frustrações. Nada se constrói sem sacrifícios, reflito. E torno a pensar na visita daquele senhor de "habla castellana" – como se fosse uma encarnação do Destino batendo à porta do consultório no inverno de 1943. Mas logo encontro, no *Para Início de Conversa*, o próprio Cyro apressando-se a descartar as determinações fatalísticas e respondendo a Slavutsky: "Costumo dizer que o destino é nosso. Nós o predispomos e cumprimos." E retorno à racionalidade: mais cedo ou mais tarde, o movimento psicanalítico chegaria a Porto Alegre... E, quanto aos dois psiquiatras, existia neles uma vocação desejando realizar-se e a Revista trazida pelo vendedor apenas a havia posto em marcha...

Volto à Teoria do Caos: os sistemas dinâmicos estão caraterizados pelo intercâmbio contínuo. Com ventos vindos da Europa, o ar se movera em Buenos Aires e seus efeitos tinham terminado por causar mudanças em Porto Alegre. Alguma tempestade? Não, somente chuvas que, na tarde sombria, haviam caído sobre o solo seco e feito crescer esperanças até então curtas – e que, hoje, mais de meio século depois daquela visita, aqui estão, crescidas, determinadas a aliviar o sofrimento psíquico de tantos, agregadas em várias instituições de ensino, estudo e pesquisa. Como este Encontro do CELP Cyro Martins para o qual escrevo agora, relembrando o início de uma caminhada que já dura 57 anos. E que põe em minha memória novamente os versos de Borges: "Esos caminos fueron ecos y pasos, mujeres, hombres, agonías, ressurrecciones, dias y noches, entresueños y sueños"...

Referências Bibliográficas

BALÁN, J. *Cuéntame tu Vida – Una Biografia Colectiva del Psicoanálisis Argentino.* Buenos Aires, Planeta, 1991.
BORGES, J. L. "Elogio de la Sombra". In: *Obras Completas 1923-1972.* Buenos Aires, Emecé,1974.
MARTINS, C. "Mário Martins Psicoterapeuta". In: *Caminhos – Ensaios Psicanalíticos.* Porto Alegre, Movimento, 1993.
MARTINS, C. e SLAVUTSKY, A. *Para Início de Conversa.* Porto Alegre, Movimento, 1990.
REVISTA DE PSICOANÁLISIS. Vol. I, ano 1, n. 1. Buenos Aires, Associación Psicoanalítica Argentina,1943.

A PSICANÁLISE NO RIO GRANDE DO SUL
Aspectos Históricos

CLÁUDIO M. MARTINS

O processo evolutivo histórico da Psicanálise no Rio Grande do Sul passa pela abordagem sociocultural bem como pelos vultos que irão traçar os muitos rumos de seu avanço científico. Este texto se propõe a refletir sobre a atuação de personagens regionais que marcaram a paternidade do movimento psicanalítico.

Antes de mais nada, busco no *Novo Dicionário Aurélio* (ed. 1975) a definição de *pai*. E o próprio exemplar, velho e manuseado, herdado de meu pai, me leva a muitas lembranças pessoais, de quando o via incansavelmente escrevendo seus textos ou dedilhando em sua máquina de escrever. Recordo que em minha adolescência resolvi fazer um curso de datilografia – os mais jovens talvez nunca tenham usado uma máquina de escrever, mas era o *must* do período –, com intuito de auxiliar na datilografia dos trabalhos dele. Doce ilusão de que, com a impulsividade da adolescência, teria a disciplina necessária para passar horas e horas naquela tarefa. Pois, mesmo os adultos, se intrigavam com sua capacidade de clinicar e ao mesmo tempo ter tanta produção literária e científica. Ele, por sua vez, costumava referir que escrevia no "rabo das horas".

Mas deixo o devaneio e as lembranças para retomar o rumo... Entre os vários significados do dicionário para a palavra *pai*, fiquei com as duas seguintes, por estarem ligadas ao nosso tema: Homem que deu ser a outro; Criador, fundador, instituidor (de uma doutrina, uma escola artística ou científica, uma instituição).

Talvez a origem do desenvolvimento científico trazido por Mário Martins e Cyro Martins para a nossa história médica e psicoterápica possa ser melhor entendida a partir de alguns resgates históricos de suas vidas, que para mim começam a se sedimentar por uma circunstância que inevitavelmente os ligou. O relato é de Cyro Martins:

Onze e meia da manhã do dia da formatura. Mário Martins e eu colamos grau na secretaria, perante o velho Sarmento. Velhos amigos e companheiros de estudo, descemos, no entanto, a escadaria da Faculdade com as vistas voltadas para miras diferentes, as minhas longínquas e incertas, as dele mais próximas e definidas. Até nem me lembro sobre o que falamos àquela hora daquele dia de dezembro de 1933. À noite a turma colaria grau no salão nobre, na estica, de linho-branco, afinal vitorioso. Não era por orgulho ou outras diferenças que nós, Mário e eu, não compareceríamos incorporados aos colegas para receber o ambicionado canudo, mas simplesmente por pobreza, bem compreendida e aceita com naturalidade. O custo do linho branco ultrapassava longe as nossas nenhumas posses, por mais que cavoucássemos no forro dos bolsos[1].

A partir daí, a trajetória de ambos teve uma separação de alguns anos, cada um retornando a seus rincões fronteiriços. Mário, para Livramento; Cyro, para a pobre e pequena Quarai, onde exercitaria o que lembrava como "a clínica dos três pês: parentes, pobres, putas. Era uma medicina precária, carente dos recursos da capital; precária, mas rica de ensinamentos e de tipos humanos"[2].

Na seqüência da vida, dois pontos marcaram profundamente os seus rumos profissionais, do que provavelmente nenhum dos dois naquele momento tinha a idéia da dimensão, tampouco no que seus desenvolvimentos pessoais implicariam para várias gerações de psiquiatras, psicanalistas e psicoterapeutas. Sem dúvida, eles foram objetos paternos de identificação de grande importância. E não esqueçamos do objetivo maior de ambos: ampliação de sua capacitação profissional para melhor tratar seus pacientes.

O primeiro fato que julgo de extrema significância deu-se em meados de 1937 quando, num bafejo da sorte (em contraste com a desgraça nacional do Estado Novo, segundo Cyro), houve o concurso público para sanitarista e psiquiatra do Hospital Psiquiátrico São Pedro, em Porto Alegre. Ambos candidataram-se, foram aprovados e nomeados psiquiatras, o

---

1. Cyro Martins, "A Formatura", *A Dama do Saladeiro; Histórias Vividas e Andadas*, Porto Alegre, Movimento, 1980.
2. Idem.

que resultava estarem oficialmente autorizados a abrir consultório "na rua da Praia, quiçá na Galeria Chaves" (centro da cidade), e oferecer à população os seus préstimos como especialistas em doenças mentais. A segunda situação de vida que trouxe uma nova perspectiva, foi quando, segundo Cyro Martins, no inverno de 1943, numa tarde sombria, "dessas que tornam mas curtas as esperanças da gente, nos apareceu no consultório um senhor argentino oferecendo a assinatura da *Revista de Psicoanálisis*", que em artigo de Arnaldo Rascovsky expunha para os psiquiatras da América Latina a possibilidade de formação psicanalítica em Buenos Aires. Resumindo, Mário foi o primeiro psiquiatra latino-americano a topar a parada:

> Retornou em 1947, para iniciar aqui uma nova etapa existencial, de extraordinária relevância, não apenas para ele, mas para todos nós, para a medicina de Porto Alegre, do Rio Grande do Sul e do Brasil. E da nossa cultura em geral, se considerarmos as dimensões que adquirem os conhecimentos psicanalíticos na seqüência em cadeia das diferentes áreas do saber[3].

Por meio da análise, das supervisões, dos seminários e do que captavam os seus observadores no São Pedro, Mario foi transmitindo aos colegas mais jovens, ávidos da nova ciência, um tipo de relação médico-paciente totalmente novo em psiquiatria, e em nosso meio, tornando-se, assim, o implantador da psicanálise em Porto Alegre. Da mesma forma sua esposa, Zaira Martins, que também fizera formação em Buenos Aires, se tornaria a pioneira em psicoterapia infantil entre nós.

Mais tarde (1955), retornava de Buenos Aires Cyro Martins. Reunindo-se com Mário Martins, José Lemmertz, Celestino Prunnes, formaram um grupo pioneiro com os seus discípulos de primeira hora, David Zimmermann, Ernesto La Porta, Paulo Guedes, Roberto Pinto Ribeiro. Portanto, esse grupo inicial sob a batuta de Mário Martins foi lutando em diversos estágios de crescimento, desde o seu engatinhar como grupo de estudos até chegar à maturidade e ser reconhecido, pela Associação Psicanalítica Internacional, como sociedade.

Minha brevíssima história não poderia deixar de citar a grande influência dos ensinamentos de Mário Martins na criação e na orientação doutrinária do curso de psiquiatria "Melanie Klein", onde, por um processo transgeracional, tive a oportunidade de fazer a minha formação psiquiátrica

---

3. Cyro Martins, "Mário Martins – Psicoterapeuta". Palestra proferida na Fundação Universitária Mário Martins, em 19/3/1988.

inicial, vinte anos após o seu início. Tive o privilégio de conhecer a maioria desses personagens da nossa história, pela circunstância de ser filho de Cyro Martins, que fez muito dessa história, incentivando ao crescimento todos que o cercaram. Ele e Mário tornaram-se modelos de formação para muitos profissionais.

Já se vai meio século desde que aqueles pioneiros vieram desenvolver idéias e abordagens terapêuticas psicodinâmicas em nosso meio e que, de um pequeno grupo, se ampliou para diferentes agrupamentos, com seus líderes e correntes diversificadas. Meu pai costumava me falar que o crescimento inevitavelmente leva a rompimentos e diversificações de rumo. A competitividade da natureza humana, associada à busca de poder para um regozijo narcisístico, acaba nos impelindo a tais procedimentos.

Vou ampliar nossa temática para o processo psicoterápico, onde a interação do terapeuta com o paciente resulta ser de fundamental importância no processo evolutivo do indivíduo.

Assim como anteriormente busquei uma definição de pai, aqui também me socorro de outro livro herdado, coincidentemente em edição de 1975. Trata-se do *Dicionário Crítico de Psicanálise*, de Charles Rycrof, onde busquei uma definição genérica de Psicoterapia:

> Qualquer forma de "cura pela fala" (em todas as formas de psicoterapia, uma ou outra das partes fala e, na maioria, ambas o fazem). A psicoterapia pode ser individual ou de grupo, superficial ou profunda, interpretativa, de apoio, sugestiva, com as três últimas diferindo na intenção subjacente às intervenções do terapeuta.

Sabemos nós que tal termo foi se alastrando e se banalizando a ponto de que já há alguns autores que chegam a identificar cerca de mais de 300 métodos ditos psicoterápicos oferecidos. Os instrumentos e técnicas são variados, alguns com certo rigor científico e, na sua grande maioria, apostando no poder mágico e na sedução que isso implica para o alívio do processo de sofrimento do ser humano.

Em ensaio de 1956, Cyro Martins identifica a Psicanálise (e eu ousaria incluir por meu livre arbítrio a psicoterapia de orientação analítica – ou seja, a que busque ampliar o autoconhecimento e a liberdade interna do paciente) como uma forma diversa dos demais processos terapêuticos. Refere que toda a Psicoterapia não analítica cabe dentro do rótulo de Psicoterapia repressiva[4].

---

4. Cyro Martins, "Do Mito a Verdade Científica". Ensaio de 1956, incluso na segunda edição de *O Mundo em que Vivemos*, Porto Alegre, Movimento, 1998.

A repressão é o mecanismo de defesa primordial, utilizado pelo homem desde a infância. Consiste, em síntese, em afastar da consciência todos os pensamentos, desejos, fantasias e impulsos que não se harmonizem com as normas educacionais recebidas pelo indivíduo. Cyro enfatiza que esse processo psicoterapêutico, busca reforçar a consciência moral do indivíduo, propiciando maior interesse pela vida, pelo trabalho, pela comunidade, pela família, pela religião etc., por meio do apelo ao senso comum, à sugestão e à persuasão, a um autocontrole, à supressão pura e simples de pensamentos e desejos anti-sociais. Nesse aspecto, as terapias cognitivas-comportamentais (inexistentes quando foi produzido tal texto), tão em voga nos últimos tempos, colidem nos fundamentos. Entretanto, temos que convir quanto à necessidade de adequar os processos psicoterapêuticos às possibilidades socioemocionais do indivíduo, bem como à psicopatologia da qual é sofredor e à necessidade de intervenções psicofarmacológicas. Mas, para um seguimento importante de pessoas, a indicação de uma terapêutica analítica é liberativa. Ou seja, há uma busca do levantamento da repressão, permitindo o reconhecimento consciente dos desejos reprimidos, não se empenhando em dirigir as energias psíquicas, que se liberaram, para logros específicos. Postula porém que, uma vez livres essas energias, a mente não é uma linha reta, mas sim uma estrada muito sinuosa.

E, nesses volteios, retomo meus registros pessoais de profissionais decisivos para a Psicanálise em nosso meio. Lembro David Zimmermann, que a mim honrou e enterneceu ao me convidar para ir junto com ele e sua esposa, Dra. Aida Zimmermam, em 1987, a um evento no museu de Freud em Londres (quando lá eu residia). Numa agradável tarde outonal (sem chuva, surpreendentemente) tomamos um chá, ouvimos uma orquestra de Câmara e convivemos com a nata dos psicanalistas ingleses. Naquele momento, me veio a lembrança de meu pai, que tanto admirava os trabalhos de Freud e que, da longínqua Quaraí, conseguiu, com a sua sede de saber, ampliar seu olhar para o mundo e aprofundar sua incursão na mente humana. Talvez então eu tenha podido entender melhor o quanto de sua emoção, relatada quando retornou do Congresso Internacional de Psicanálise na Áustria (creio que no início dos anos de 1970), em que, emocionado, cumprimentara Ana Freud.

O que tais lembranças têm a ver com o nosso tema? Penso que tudo. Pois é justamente na capacidade da absorção da empatia do momento emocional do paciente que reside um dos aspectos fundamentais do processo terapêutico. Ou seja, a sintonia fina da relação terapêutica poderá ser ajustada com um silêncio receptivo, um sorriso encorajador, enfim, a capacidade de como terapeutas assumirmos uma postura respeitosa com as dores, temores e conquistas de nossos pacientes. Muitos deles nunca aceitos com suas diferenças ou, pior que isso, foram tratados hostilmente e com pouco caso.

A trajetória de um processo terapêutico e o processo evolutivo do homem assemelham-se, quanto ao desamparo inicial da vida, ao acidentado transcorrer evolutivo na busca incessante e assustadora da ampliação da autonomia. Fica aqui mais uma vez a influência paterna em mim próprio, retomando mais uma citação de meu pai:

> a infância humana é um período demasiado extenso em relação à duração média da vida, período no qual contrasta a intensidade dos impulsos instintivos, dos desejos e das fantasias... período de frustrações inevitáveis por parte daqueles de quem a criança mais depende, a quem mais ama e mais odeia, é nessa etapa da evolução psicossexual do homem, nessas precoces experiências da relação interpessoal com os pais que, em conjunção com as causas endógenas da ansiedade, encontramos as raízes da maneira de ser e reagir do homem doente e do homem chamado normal[5].

De uma certa forma, o processo psicoterapêutico vai repetir o movimento de ambivalência que inevitavelmente estabelecemos com os nossos objetos amorosos. Evidentemente que se, na historia da pessoa o objeto paterno tem dificuldade em assumir e executar as funções paternais de delimitar ou orientar o seu rebento, este torna-se mais inseguro quanto ao controle de sua impulsividade instintiva. Segundo Theodore Lidz, poucas coisas são tão importantes para os filhos como a autoconfiança e segurança dos pais[6]. Ou seja, que estes não se vejam "escravizados" ou "sacrificados" pelos filhos, o que inevitavelmente reverte a carga afetiva para o lado rancoroso e agressivo. Todos esses movimentos emocionais se estabelecerão em qualquer processo psicoterapêutico, o que vai diferenciar é a forma com que se irá abordar o paciente. Entretanto, é fundamental para todos que se preocupam e trabalham com o alívio do sofrimento e ampliação do bem estar humano que tal fenômeno esteja presente. Tanto quanto estarão presentes, na história da Psicanálise entre nós, as figuras paternas aqui lembradas, cuja orientação permitiu seu reconhecido desenvolvimento.

5. Cyro Martins, "Bases Psicodinâmicas da Delinqüência", *Caminhos; Ensaios Psicanalíticos*, Porto Alegre, Movimento, 1993, p. 87-93. Texto originalmente publicado na *Revista Brasileira de Psicanálise*, Rio de Janeiro, vol. 25, n.1, 1991, pp.164-175.
6. Theodore Lidz, *Desenvolvimento da Pessoa. (The Person)*.

A FICÇÃO, OU A IMORTALIDADE DO REAL, NA MENTIRA

THEOBALDO OLIVEIRA THOMAZ

À margem da estrada, para o lado da Serra dos Tapes (RS), um índio que se aventurava no ofício da escultura, única aventura contemporânea possível para um índio caprichoso e detalhista, conseguia dar movimento aos animais presos na madeira da Guajuvira, através de um pequeno detalhe, quase imperceptível na pequena estatueta. Via-se, apenas, o movimento imóvel. Nem se sabe porque o animal se move e *ecco se muove*. Os demais índios que se dedicavam ao mesmo ofício eram apenas artesãos, e de sofrível qualidade. Como passava freqüentemente pelo lugar, habituei-me a parar e ir comprando o que achava pronto. Às vezes, arrancava-lhe até alguma obra inacabada, numa espécie de pilhagem colonial. De repente uma obra maior, a perfeição no entalhe, o movimento gracioso da onça, às vezes a forma, outras só o movimento. Certa feita, arrisquei-me a encomendar-lhe um cavalo, pedi que me escrevesse, digamos, um cavalo, ao que me respondeu, na sua linguagem tosca e econômica, que nunca os havia esculpido. Insisti, levei-lhe uma revista cheia de fotografias, as quais manuseou com pouca curiosidade. Deixei a revista e voltei uma semana mais tarde para buscar a encomenda, com a qual ele, afinal, se comprometeu. O resultado foi trágico. O animal esculpido aproximava-se mais do seu ancestral longínquo, o *Eohypus*, do que do cavalo moderno.

Fiquei, é claro, intrigado com aquela inabilidade seletiva que eu não suspeitara fosse capaz, levando especialmente em conta o que já conhecia.

Enquanto viajava, concluí, presa de certa pretensão colonialista, que aquela havia sido sua maneira de resistir à invasão da encomenda. Homem altivo e sem dono, como deve ser um índio, pensei comigo, tomado pela ideologia da altivez do ingênuo que sempre assombra o colonizador. Independente como querem ser os homens, especialmente os artistas. E deixei-me levar matutando sobre o mito da liberdade e outros legados existencialistas. Pouco mais adiante, dias mais tarde, à frente das esculturas, continuei dizendo para mim mesmo, impressionado que estava com meu novo brinquedo, miniaturas como haviam sido os soldadinhos de chumbo, que este homem só reproduzia um acervo limitado de imagens, um imaginário que de alguma forma se impõe hegemonicamente sobre os demais e exclui toda aquela imagem sobre a qual não há interesse investido, o que, de certa forma, não é muito diferente do processo que rege a criação nas demais instâncias da cultura, tanto no que diz respeito aos diferentes níveis sociais ou étnicos em que é praticada a obra, quanto na especialidade estética adotada.

Mas porque aquela imagem, especificamente, não foi transferida para o imaginário estético do índio? Pelo menos tão esteticamente enraizada quanto as outras. Peregrino do meio rural, como imagino que seja, terá visto muitos cavalos, certamente mais do que coatis ou onças, já que o cavalo é animal que não se esconde. Talvez aqui, no mistério do esconderijo, na imprevisibilidade do encontro, no que há de esquivo nos animais silvestres, justamente aí resida a necessidade de aprisioná-lo na forma, mecanismo que muito se aproxima de minha própria necessidade de aprisionar obra e índio. Então, pensei que o imaginário, pelo menos aquele imaginário capaz de se transformar em manifestação esteticamente útil, não querendo ajuizar valor sobre a obra, por enquanto, não depende apenas da percepção formal, ainda que o olho presida os sentidos. O que afronta a visão pode não ser o que mais se vê e grava. O artista, e aqui, já estão percebendo, não falo apenas de Santiago, assim se chama nosso *ingenu*, quer um envolvimento com a coisa tradutível, de outra natureza. Quer ter medo do bicho, quer ouvir ou imaginar ter ouvido seu rugido à noite, o que estimula a imaginação, para que esta desenhe inúmeras vezes a forma, até no movimento da folhagem esgarçada pelo vento. Quer ter a sensação da fome que morde desde dentro e que motiva a caça, o que dá um sentido diverso da crueldade, para a morte. Quer ter ouvido da memória de um velho, modificada pela própria, alguma lenda sobre corujas, da qual a recordação mais importante pode ser tão somente o pio onomatopaico que acompanhava o relato.

Essa emoção associada é que vai definir o imaginário útil para o artista, filão estético que se converterá em obra, na mão habilidosa, ou na pena criativa. O resto servirá apenas como sustentação formal para o pensamento, o que não é pouco.

Cyro Martins disse, certa vez, em entrevista ao *Jornal da Associação Médica* (de setembro de 1993) que "o Umbu é a árvore que aprendi a venerar desde guri; eu o transplantei com raiz e tudo da planura do meu pampa nativo, para as páginas da ficção com os cuidados e a dedicação poética que só a saudade dá". O Umbu é aqui apenas um paradigma, nem o único, nem o definitivo. Todos os objetos de veneração, bem como ódio, medo ou luto, em outras circunstâncias, são transplantados para a obra de arte. Se ficção, fortemente enraizada em personagens que se tornaram o centro das tramas e que acabam por contar estórias de veneração ou ódio, depondo, assim, sobre a história que quer ser contada. Inobstante, tudo também se torna apenas um motivo para o autor revisitar seus personagens, onde, agora, moram suas emoções. Personagens que, como um fotógrafo, pintor ou nosso modesto escultor, havia um dia gravado, numa dinâmica de repetição que muito se aproxima daquela realizada à exaustão pelas crianças: "ah! Conta essa onça de novo".

Mister seria percorrer o caminho da obra em sentido inverso, deixando que o cavalo busque espontaneamente as locações, a exemplo do que acontece no *Sposamanti*, de Lattuada, até o momento em que o autor encontra pela primeira vez seus personagens e suas emoções gravadoras. Nas aproximações ingênuas ao fazer artístico, risco que eu mesmo corro até pela escolha de uma modalidade primitiva de tal fazer, o observador incauto costuma deixar-se levar pela perplexidade ante o resultado final da obra, ou, o que é pior, ante seu valor de troca, o que serve para análises de outra ordem, como se resultassem de um verdadeiro ato de originalidade criadora, ao menos na maior parte das vezes, enquanto o que de fato acontece é que o bicho de fato está lá, repetindo-se no imaginário como uma canção de ninar, "bicho papão". Nosso índio, com seus poucos personagens concretos, serve-nos, novamente colonizadores, apenas como modelo para declinações autorais mais complexas. As criaturas têm, em geral, identidade precisa mesmo que o autor a desconheça. A arte reside tão somente no ato de tradução representacional, processo sem dúvida mais complicado que a construção da frase acima.

É justo que se faça menção ao nosso patrono, tomando-o mesmo como paradigma de percursos mais elaborados, sem, claro, esquecer outros que logo serão lembrados. Afinal, ele é o autor que banha nossa aldeia, definindo algumas de nossas fronteiras culturais. Ele, Cyro, disse uma vez, "o diálogo é o começo da ação. Uma vez criado o personagem, pelo seu feitio, elas vão exigindo comparsas compatíveis com sua personalidade". Acontece que o autor leva o leitor para a ingenuidade quando afirma esse "criado o personagem". Muito mais provável que este seja o resultado do encontro das suas reminiscências com a folha em branco, "o desafio da folha em branco", outra de suas metáforas brilhantes, o que está sempre conferindo esse caráter essencialmente ambíguo para a ficção, entre a realidade e a mentira que não deixa de ser o real fabulado.

No caminho retrospectivo da carruagem, segundo ainda a idéia de Lattuada, encontraremos, como em Borges e Casares, em Cyro que banha nossa aldeia a paixão, a veneração, talvez, pelos *compadritos*, os nossos, disfarçados no gaúcho a pé, dentre os quais, num certo sentido, inclui-se Santiago, como personagem e como autor. É possível que esses autores, nativos do continente Sul-americano, incluindo-se aqui a Serra dos Tapes, estivessem inseridos em uma grande tentativa sociológico-literária, espécie de projeto não acordado, para descrever o típico camponês que migrava, por um lado deslumbrado pela geografia cidadã, outro tanto movido pela busca do recurso social que imaginava abundante, acolá prevendo a mecanização do campo e, acima de tudo, bolido pelo atavismo aragano dos ancestrais.A fixação desse tipo migrante, embora não se lhe possa negar, paradoxalmente, intenso compromisso territorial, resultou de uma espécie de nostalgia permanente da vida camponesa, mesmo que tudo possa ser narrado em cenários cômicos, ou em tramas psicológicas urbanas, como em *O Professor* (1988), onde o protagonista deita-se com mãe e filha. Afinal, "o gaúcho", como diz Borges, "é, dos camponeses, o único capaz de ironia". Não chega a estabelecer com suas onças e coatis que são os arautos de sua ficção, a mesma fidelidade quase canina de Carriego[1] que "em algumas ocasiões se desculpa de escrever versos a uma mulher, como se a consideração do pobrerio amargo dos bairros fosse o único emprego lícito de seu destino". Ao contrário, em *Na Curva do Arco-Íris* (1985), por exemplo, projeta-se, até, claramente, para dentro de seus personagens femininos, revelando uma incomum capacidade literária para a representação genérica (gênero feminino). Não esqueçamos, "o diálogo é o começo da ação [...] uma vez criado o personagem, ele vai exigindo comparsas compatíveis".

Os autores comprazem-se ao talhar(ou entalhar) personagens aparentemente fictícios, morando nisso um truque que acomete, em maior ou menor grau, a todos. Invadem seus personagens e os produzem como bem entendem, fazendo de conta que não existem a não ser na ficção, ou na pequena escultura, que são, enfim, indivíduos originais. Ainda que um ou outro modelo (aquele que o personagem imita) possa suspeitar (caso humano, vivo) sua presença na obra, poderá igualmente lamentar sua ausência, acompanhada de uma vaga sensação de atrevimento por ter-se imaginado, eventualmente, no personagem. Essa ambigüidade é essencial, mas não será

---

1. Borges, *Obras Completas*, p. 115.

objeto de consideração aqui. "O autor", como diz John Huston no filme *Coração de Caçador*, de Eastwood, "é o Deus de seu personagem". Quer dizer, cria-o como bem entende, mas é também, como na dialética do senhor e do escravo, dominado por ele, vivendo em permanente estado conflitivo com os tipos que conheceu e deseja reproduzir. A obra, num certo sentido, estabiliza o conflito, resolvendo-o parcialmente. Quer retratá-los, perpetuá-los, mas com a liberdade divina de quem cria. Quer espaço para depositar neles, além dos seus, os próprios desejos. Quer realizar sua alma feminina, como *Na Curva*..., quer viver aquela algazarra edípica no lupanar de *O Professor*, quer ser paparicado como Brandino, *O Príncipe da Vila*. Sente-se migrante a pé, porque veio para a cidade, mas também inverte o curso da ficção preferencial e consagradora do gaúcho a pé, espécie de síntese solidária entre a angústia individual e social, quando se identifica com o professor que é cidadão e invade o campo e protagoniza uma nova forma de aculturação, sobre a qual só um migrante desse tipo pode depor. Nesse sentido, como Santiago, os autores não admitem ocupar personagens indesejáveis. Escolhem os que querem ocupar.

Existem estatuetas e ficções vagamente presas à realidade, outras muito presas, de tal forma que as circunstâncias históricas ou a natureza do objeto reproduzido são imediatamente identificáveis e que terminam, por esse aprisionamento (pois falta liberdade simbólica), quase como uma crônica da história. A História é, assim, uma onça, um coati, um tucano e assim por diante. Entretanto, por contraditório que pareça, nenhum autor consegue verdadeiramente escapar dos seus tipos modelares e das suas circunstâncias. Estão, como Santiago, presos a seus bichos de estimação. A obra, contudo, parece criar um distanciamento espetacular (de espetáculo) que gera, em maior ou menor grau, a sensação de que se está falando de algo que nunca aconteceu (ele, como eu, nunca viu uma onça, mormente chegando tão perto dela que pudesse como que fotografá-la), quando justamente o que a valida e torna reconhecível é o que existe de realidade nela, semelhante ao que se passa nos sonhos que, mesmo eventualmente absurdos, apresentam-se como reais.

Borges disse, a propósito, na Conferência de Austin, "não sei se podemos encontrar um único livro, do qual aceitemos o argumento, apesar de não aceitarmos os personagens". Os autores, ao realizarem sua mentira, de tal forma enraizada na verdade, concretizam dois sonhos. O do indivíduo, ele próprio, brincando com seus personagens, exorcizando-os para usar uma expressão um tanto amarrotada, reinventando-os na liberdade da mentira, e o do homem que é fazer memória. Eu agregaria, mais, um terceiro sonho que segundo Stevenson (Robert Louis) é universal e bastante coincidente com os anteriores: "cada livro é uma carta circular que o autor endereça a seus amigos. Só eles sabem o que quer dizer e nela acham mensagens pessoais, testemunhos de afeição, expressões de gratidão. O público é apenas o mecenas generoso que paga a postagem". A hipótese depõe acerca da idéia central desse artigo, no tocante à quantidade das categorias verdade e mentira na ficção. Enquanto o mecenas generoso instrui-se com a mentira, os amigos deleitam-se com a verdade. Pergunto-me, entrementes, será a onça uma espécie de carta circular que Santiago endereça a seu avô?

Referências Bibliográficas

BORGES, J. L. *Obras Completas*. Buenos Aires, Emecê, 1974.
MARTINS, Cyro & SLAVUTSKY, A. *Para Início de Conversa*. Porto Alegre, Movimento, 1990.
_____. *O Professor*. Porto Alegre, Movimento,1988.
_____. *Na Curva do Arco-Íris*. Porto Alegre, Movimento, 1985.
_____. *O Príncipe da Vila*. Porto Alegre, Movimento, 1982.

3
Instituições Culturais e o Mercosul

CAMINHADAS ALÉM DAS FRONTEIRAS

Margarete Moraes

Gostaria de falar sobre alguns conceitos que norteiam o trabalho da Secretaria da Cultura de Porto Alegre; qual a visão e qual o seu comprometimento, bem como sobre a função de um órgão público de cultura. Mesmo compreendendo que a idéia da cultura abarca, de uma maneira muito privilegiada, o campo clássico, as letras e as artes, de modo que as pessoas possam se expressar em termos sensíveis, imaginários, sabemos que este conceito é insuficiente e não pode se esgotar aqui. Trabalhamos com este conceito, mas somamos a ele fontes do campo antropológico, o que permite uma idéia mais abrangente de cultura: a cultura como um modo, um jeito de ser e de estar no mundo – como os direitos das pessoas –, um intrincado sistema de valores e de opções. Enfim, a cultura como tudo aquilo que é produzido, sentido e pensado em determinadas circunstâncias históricas, circunstâncias de tempo e de espaço. A cultura nos possibilita as eternas interrogações: "quem somos?", "de onde viemos?", "para onde vamos?". Ou seja, favorece o estabelecimento de um elo com o passado, a possível compreensão do nosso presente e, mais do que isso, um comprometimento com o futuro.

Nesses doze anos, tentamos instituir em Porto Alegre uma política cultural viva, consensual, de ímpeto transformador; uma política cultural afinada com a vida sensível que acontece na cidade, traduzindo-a e buscando um diálogo com a nossa história, com a nossa memória e com o nosso espaço físico. Essas idéias nos são muito caras e dialogam com alguns princípios de política cultural; no caso, o princípio da democratização, da descentralização e da pluralidade. A partir desses pressupostos elementares, já no segundo governo da Administração Popular houve a vontade política de incorporar a cultura aos projetos de desenvolvimento de Porto Alegre. E isso, aliado à consciência já trabalhada de que somos/temos múltiplas identidades e que somos gaúchos, brasileiros, platinos, latino-americanos – principalmente gaúchos e platinos –, e temos disso orgulho e um sentimento de pertencimento.

O orgulho desse pertencimento nos levou, em 1995, a outros vôos e a outras semeaduras. Sem sombra de nenhum preconceito, de nenhuma desconfiança; ao contrário, com o coração e com os caminhos abertos, aportamos em Buenos Aires levando propostas que envolviam vários aspectos e diferentes representações do governo municipal. Fomos em busca dos "bons ares" da metrópole latino-americana, e propusemos um diálogo fundado na arte e naquilo que a caracteriza fundamentalmente, proposta que se relaciona com a temática deste 1º Encontro Fronteiras Culturais (Brasil-Uruguai-Argentina). Propúnhamos a superação das fronteiras de idioma, das fronteiras geográficas e, principalmente, das fronteiras culturais. Desde então, vem sendo construído o projeto que chamamos de Projeto de Integração e de Intercâmbio. Ele vem errante, navegante, com altos e baixos, sendo constituído mutuamente a partir de algumas cidades: Porto Alegre, Buenos Aires e Montevidéu. Hoje já existe uma rede que inclui Rosário, Córdoba, Mendoza (Argentina) e Santo André (SP). Mas, com Buenos Aires e Montevidéu a parceria é constante, regular e sistemática; com as outras cidades, até por problemas de governo, ela é inconstante, às vezes acontece, às vezes sofre lacunas. Mas por meio da Rede de Mercocidade, que envolve governos que partem da idéia da integração entre as cidades, o projeto está sendo constituído de forma mais palpável, concreta e possível que aconteça.

As noções de intercâmbio e integração não são fáceis, passíveis de serem impostas de maneira vertical ou como fruto de capricho de um determinado governo. Ao contrário, são noções centralizadas em algumas idéias e em motivações que fazem parte da nossa realidade e são de responsabilidade do poder público.

A primeira noção, e mais óbvia, é a de proximidade territorial. Como o Rio Grande do Sul é um estado periférico em relação ao resto do Brasil, com um jeito diferente e um modo de ser rebelde e auto-suficiente, há uma busca e uma inquietude acerca dessa identidade regional, que por sua vez insurge-se contra o modelo único. Isso já se expressa em 1923, com Rubens de Barcelos, quando ele diz de forma taxativa: "ou seremos brasileiros ou platinos". Temos de observar também que em Porto Alegre, sendo a capital do Estado do Rio Grande do Sul, portanto ligada à luta na defesa das fronteiras brasileiras, existe um potencial muito grande que deve ser explorado pelo órgão público de Cultura.

Não podemos esquecer de outros indicadores, como a marca impressa pelos guaranis, que desde o tempo das Missões Jesuíticas já faziam intercâmbio cultural, principalmente na música. Também o chimarrão, mate *gaucho* ou gaúcho, "o cachimbo da paz gaudério", como disse um companheiro nosso, Sérgio Metz. Assim como o "portunhol", a fala das fronteiras merece um estudo e uma análise específica, principalmente nas cidades lindeiras, como Livramento e Rivera e tantas outras.

Raízes comuns e pontes de integração também podem ter outros indicadores, como a audição de rádios argentinas e uruguaias que fazem parte da infância e adolescência de boa parte da população gaúcha. Lembranças das rádios Belgrando e El Mundo; do tango, do candombi, da milonga, bem como da fruição disso tudo nas noites frias do nosso Sul, como muito bem disse Vitor Ramil. Quem de nós hoje não se emociona com a melancolia das canções de Vitor Ramil, ou dos poemas de Juca Ruivo? Pòrtanto, quando aportamos em Buenos Aires, já conhecíamos Lucho Gatica, Mercedes Sosa, Violeta Parra. Da mesma forma que os moradores de Porto Alegre já conheciam Talo Pereira e Lucio Yanel, artistas que moram aqui até hoje e que já colocavam a abertura dos caminhos da integração cultural para todos nós.

No entanto, também é importante lembrar que existem contradições e símbolos que a história não conseguirá apagar. Há algumas tragédias que estão incrustadas em nossos corações, nas nossas mentes, como a que aconteceu no Maracanã, em 1950, quando perdemos a Copa do Mundo para o Uruguai. É um trauma que deve ser analisado, que acompanha nossa identidade; é um drama para nós brasileiros, para nossa identidade, para nossa personalidade, não tem como escapar disso.

Somos filhos de quase idêntica navegação espanhola ou portuguesa e, por isso mesmo, somos parecidos também nos domínios e na opressão durante a colonização. Outro aspecto importante para um governo de esquerda é que brasileiros e latino-americanos de fala hispânica não se encontravam, davam-se as costas, ambos submissos a um modelo norte-americano e europeu culturalmente dominante.

Também foi importante na escolha e na determinação dos projetos de integração a grande colaboração oficial ocorrida durante as ditaduras militares que tinham por propósito acabar com os movimentos de esquerda. O governo de Porto Alegre propôs, em 1995, uma integração diferente, uma integração entre pessoas, "olho no olho", como dizia Tarso Genro na época.

Onde as pessoas e as cidades pudessem se conhecer e se reconhecer como cenários diferenciados de vivências criativas e solidárias. Não nos conhecíamos e ainda não nos conhecemos, e esta é outra constatação. Portanto, era preciso naquele momento, e continua sendo preciso hoje, aguçar o olho e o espírito sobre nós mesmos. Às nossas identidades, à nossa alma, ao nosso jeito de ser, às nossas semelhanças e, principalmente, às nossas diferenças, abrindo, quem sabe, a possibilidade de trabalhos conjuntos.

Porto Alegre queria, e continua querendo, dar sua contribuição, por menor que seja, para a construção de uma América Latina unida, justa, soberana; uma América Latina que tem sido invadida, sofrida, transplantada, destruída, pisoteada; mas acima de tudo, resistente. E, por ser resistente, rica: rica em história, em memória e em cultura, e com grandes possibilidades de futuro.

Não por acaso designamos como legítimos embaixadores do nosso povo, da nossa cidade, não o prefeito, a secretária da Cultura ou outras autoridades instituídas; designamos como nossos representantes os artistas e os intelectuais. Pois ao trabalharem com a sensibilidade e com a elaboração da nossa identidade, eles dizem da alma de Porto Alegre, eles dizem da nossa poética, eles são o nosso melhor espelho. As suas obras e os seus trabalhos, as suas produções, são a nossa mais alta auto-estima.

Por outro lado, eles têm demonstrado ser parceiros magníficos, e a experiência nos confirmou o acerto desta escolha também do ponto de vista dos artistas e intelectuais, dos produtores e criadores, pois também eles vão atrás de conhecimento. A viagem é fundamental para que o artista possa se enriquecer e alargar seus horizontes; mas, sobretudo, permite o reconhecimento, porque não existe obra de arte que não exija interlocução.

O projeto criado pela prefeitura completará seis anos em março. É um projeto real, pontual, mas ainda pequeno. É uma idéia, uma semente e, acima de tudo, deve ser entendido como um projeto inconcluso, inacabado, como um processo. Em 2001, no seu prosseguimento, com certeza haverá modificações de formato, de modelo; mas ele continua existindo, sempre na tentativa de corrigir problemas, de melhorar e reafirmar a convicção da necessidade de livre trânsito dos bens culturais da nossa terra e, fundamental nessa idéia, é que ele tem que ser um movimento, um processo de troca horizontal, democrático, portador de identidades, insubmisso aos valores de mercado. Enfim, um projeto onde todos os lados possam respirar.

INSTITUIÇÕES CULTURAIS
E O MERCOSUL

RICARDO RIBENBOIM

Um evento como o 1º Encontro Fronteiras Culturais (Brasil-Uruguai-Argentina) é de suma importância para que comecemos a investigar a situação atual das fronteiras culturais entre esses países, somando-se o Paraguai, e as outras seis fronteiras geográficas que delimitam o território brasileiro.

Não existirá integração cultural entre os países do Mercosul sem a participação da sociedade civil nesse processo. Dessa forma, instituições culturais, a exemplo do Itaú Cultural, são vitais na articulação dessa integração. Por isso nos sentimos honrados com o convite para participar deste evento.

Não se concebe mais discutir arte e cultura sem incluir o papel das instituições culturais no âmbito do Mercosul. Assim, é preciso conhecê-las nas suas políticas de atuação para que possamos dimensionar o impacto que elas produzem.

O Itaú Cultural trabalha em todo território nacional e para diversas camadas da população, promovendo uma melhoria na qualidade cultural do cidadão brasileiro. No momento atual, em que a preocupação de todos os países do Mercosul é a solidificação de seu desenvolvimento econômico e social, a criação de uma política cultural afinada com essas demandas só vai somar esforços no sentido de promover um desenvolvimento global de todos os países envolvidos. E a integração entre os países, ou pelo menos a diluição das fronteiras destes, pode se dar por meio das relações artístico/ culturais.

A arte e a cultura de um país representam um eixo único para promover não só a sensibilização, mas a conscientização das nações e de suas autoridades competentes, no sentido de, juntas, refletirem sobre a necessidade da circulação dos bens culturais vir a se dar de forma democrática e eficiente. A cultura deve ser feita por todos e não apenas para todos.

Em 1998 tivemos o privilégio de nos voltar com cuidado e atenção sobre a questão das fronteiras. Nessa ocasião tivemos como um dos temas do nosso eixo curatorial o evento Fronteiras, que mostrou o resultado de expedições de videoartistas e fotógrafos às regiões fronteiriças do Brasil. Através de seus focos, esses artistas registraram, construíram narrativas, interpretaram fatos e experiências. Lá se constatou o verdadeiro sentido do hibridismo cultural.

Além desse grupo de fotógrafos e dos videoartistas que integram a mostra Fronteiras, desde 1998, nove artistas plásticos vêm trabalhando para fixar obras em diferentes lugares das fronteiras do Brasil com os países do Mercosul. Seis dessas instalações já estão implantadas. Artistas como Waltercio Caldas, Angelo Venosa, Eliane Prolik, Barrio, Nuno Ramos, Carmela Gross, Nelson Felix, Fajardo e José Resende vivenciaram também essas questões. Fotógrafos, videoartistas e artistas plásticos exemplificam a atuação do Itaú Cultural em todas as áreas de expressão, na consciência de que a produção contemporânea só é percebida e compreendida se analisada de maneira multidisciplinar.

Com isso, não se trata apenas da questão fronteira/ barreira geográfica mas sim, da diversidade cultural, da compreensão local da introdução de uma obra que não é uma atitude demarcatória e sim um sinal para expansão do conhecimento, uma proposta de trabalho no sentido de incentivar uma reflexão sobre as fronteiras, num processo contínuo de fusão cultural e de desbravamento de territórios. Territórios culturais, geográficos, políticos, sociais entre outros.

Chega-se, assim, além das linhas imaginárias que delimitam os países. Vivencia-se o espaço imponderável que nos faz, num instante, estrangeiros em terras alheias e no outro, nos traz de volta, nativos, ao nosso lugar.

Mas que lugar é esse? Especificamente nas fronteiras o "não lugar", a terra de ninguém. nelas nos reconhecemos e nos diferenciamos dos outros. Nela, uma enorme massa do "tudo por fazer".

Creio que essa constatação nos auxilia sobremaneira aqui neste evento, porque hoje, mais do que a eliminação das fronteiras, devemos falar em diluição das fronteiras. É nesse sentido que nossos países devem caminhar para a socialização da arte e cultura.

O binômio arte/função social não pode ser esquecido, especialmente aqui, quando tratamos da questão das fronteiras. Culturalmente falando, fronteira é lugar de hibridação de manifestações tradicionais e modernas, étnicas, lingüísticas. Ao aproximarmos nossas fronteiras culturais criamos uma espécie de alargamento social, onde um país se comunica e interage com o outro de forma ampla e democrática.

Para efetivar a aproximação cultural entre os países do Mercosul é necessária a criação de um tecido cuja trama também são as instituições culturais. E isso é possível? Lógico que sim. Procurando superar essa barreira, nossa primeira fronteira está na língua. A proximidade entre o português e o espanhol já indicia há muito tempo uma nova língua híbrida, uma língua de fronteira, o "portunhol". Isso é um fato cultural. Já existe também uma trama sobre nosso planeta que é a Internet e este pode ser um dos meios de comunicação a permitir integração, aproximação, troca, conhecimento para além dos limites geográficos.

O Itaú Cultural, uma instituição voltada à difusão de conteúdos informatizados e aberta à discussão de temas ligados à cultura e à arte, se coloca à disposição para o intercâmbio com instituições de outros países. Assumindo o papel de articulador, que acreditamos próprio às instituições culturais, nos propomos ao estabelecimento efetivo de relações de trocas entre os países do Mercosul.

Temos certeza de que, ao nos debruçarmos juntos sobre as imensas possibilidades que nos trazem as fronteiras, poderemos juntos, aproveitar a riqueza de nossas diversidades culturais.

LIVROS DE AUTORES BRASILEIROS NA ARGENTINA
Uma Força de Alteridade Negada[1]

GUSTAVO SORÁ

Entre críticos literários, jornalistas e representantes da burocracia cultural e educativa e de outros segmentos da elite intelectual, já é comum afirmar-se que os países vizinhos do sul da América "não se conhecem", que seus intercâmbios culturais são confinados ao esquecimento pelo Mercado, pelo Estado, pela Educação, pelo colonialismo cultural. Através de uma antropologia histórica, podemos distanciar-nos desta crença, perseguir a gênese de sua configuração e objetivar certas condições de sua reprodução. Tal dispositivo discursivo tem história. Na Argentina, sua sentença foi consagrada em 1990 por Martín García Mérou:

> De todas as literaturas sul-americanas, nenhuma é tão pouco conhecida entre nós como a do Brasil [...] A quantos dos nossos jovens escritores são familiares as produções de Rui Barbosa, de Joaquim Nabuco ou de José Carlos Rodrigues; os romances de José de Alencar ou de Machado de Assis; os ensaios críticos de Sílvio Romero, de

---

1. A pesquisa da qual deriva este texto foi financiada por um subsídio do Instituto de Desarrollo Económico y Social (IDES – Proyecto Mercosur) e um subsídio em apoio à pesquisa da Fundación Antorchas (2000). Desejo agradecer o generoso convite de Jorge Lafforgue para ocupar seu lugar durante o I Encontro Fronteiras Culturais e a Maria Helena Martins pela oportunidade de compartilhar uma verdadeira experiência interdisciplinar.

José Veríssimo, de Carlos Laët, de Araripe Junior? [...] quem suspeita da existência de artistas distinguidos, de poetas refinados e pensadores eminentes como...? [...] De minha parte, não vacilo em confessar que, surpreendido com a variedade e valor real da produção literária brasileira, me perguntei mais de uma vez, como é que ela pode nos passar até hoje quase desapercebida? (Mérou, 1900, pp. 1-3.)

Tal confirmação impulsionou o diplomata-escritor, protótipo da geração de 1980, a dedicar um monumental livro de 470 páginas para descrever e analisar a produção literária, ensaística e periodística brasileira de seu tempo.

Proponho denominar "fórmula Mérou" um esquema de pensamento que atravessa a história cultural argentina, o qual afirma o "desconhecimento do Brasil" ao mesmo tempo que incentiva ações para reverter tal situação. No cenário editorial, esta fórmula geradora reaparece como motor dos projetos que levaram à sustentada edição de autores brasileiros em Buenos Aires, até convertê-la na praça do exterior onde mais autores da literatura brasileira foram traduzidos no século XX.

Este capítulo persegue a explicação de tal paradoxo. Longe de questionar a crença no mútuo desconhecimento ou tentar corrigir os mal entendidos que dali derivam, afirmo que a relação inversa entre expressão (positividade) material e valoração (negação) simbólica fundamenta a ação incessante que leva, entre outras coisas, a não deixar de publicar autores brasileiros em Buenos Aires, a realizar eventos, intercâmbios predominantemente informais que geram uma força de alteridade específica que articula possibilidades de identificação entre os países do Prata[2] e do Brasil.

Longe de resultar da clarividência ou "tomada de consciência" de promotores da cultura do país vizinho, as condições que levam à tradução de autores de nossos países devem ser compreendidas, por um lado, em processo de longa duração histórica e num sistema de relações próprias do espaço editorial que abarca não somente a agentes dos mundos do livro[3] argentino ou brasileiro, senão de um "mercado internacional" onde se dirimem concorrências para reconhecer, negociar e traduzir a representantes de diversas lite-

2. Embora neste texto não me refira ao Uruguai, atrevo-me a utilizar essa referência em alusão à importância que teria pesquisa nesse sentido naquele país, que ofereceria um complemento fundamental. Não apenas para relativizar as questões brasileiro-argentinas senão também para entender certas apropriações "uruguaias" da cultura brasileira muito mais intensas que do lado ocidental do Prata.
3. A noção "mundo do livro" permite abarcar não só as práticas de tradução, mas todas aquelas associadas a partir dos atos de edição, encadernação, comercialização, leitura etc. No entanto, é preciso considerar que em cada um de tais segmentos existe um mundo em si. Isto obriga a cortar as pesquisas. Neste caso, centralizei o olhar nas

raturas nacionais. Por outro lado, ao constatar que a edição de autores argentinos no Brasil foi e é comparativamente bem maior, afirmo que os intercâmbios culturais devem ser relacionados com as histórias editoriais e literárias de cada país, onde se geram as forças de interesse capazes de promover a tradução-publicação. Assim, este trabalho concentra o olhar sobre certos aspectos do mundo do livro e do campo intelectual na Argentina que permitem compreender fatores que levaram à edição da literatura brasileira.

Se a função da literatura na instituição das identidades nacionais assinala um nicho clássico de reflexão acadêmica, os significados do livro, a edição e a tradução como objeto e práticas complexas, constituintes da literatura e das culturas nacionais, quase não deram lugar a pesquisas sistemáticas, nas ciências sociais e humanas da América Latina. No meio europeu, a publicação de "Les conditions sociales de la circulation internationale des idées", um pequeno artigo de Pierre Bourdieu (1991), estruturou um programa de pesquisas coletivo que ataca tal curto-circuito na necessária compreensão relacionada às diversas formas de pensar, viver e sofrer as nacionalidades. Sob esse corpo de premissas, este texto busca contribuir para a compreensão de uma paradoxal negação da singular forma de alteridade entre as culturas argentina e brasileira que canaliza a produção, circulação e apropriação de livros.

Em primeiro lugar, mostro um quadro geral da história da tradução de autores brasileiros na Argentina, indicando relações com o imprescindível contexto internacional no qual se dispõem os bens culturais gerados em ambos os países. Diante da impossibilidade de apresentar aqui um quadro completo do estudo sobre a variação dos princípios que em diferentes tempos geraram tal recepção da literatura brasileira na Argentina[4], decidi expor em esboço da gênese dos projetos intelectuais e editoriais que giraram em

---

práticas de edição, pivô a partir do qual se tecem relações com as outras práticas do mundo do livro. Se reforço o interesse para cotejar os efeitos de um mercado editorial internacional, não descuido os conceitos relacionados, como o de "sistema mundial de tradução", cunhado por Johan Heilbron. Em tal parentesco conceitual, afirmo que a edição, como *"les traductions permettend d'aborder de nombreux problèmes d'ordre littéraire, historique et sociologique. A partir des traductions, on peut étudier les rapports entre les différents pays et leurs cultures, les modes de circulation des oeuvres culturelles, les malentendues et les méprises, ainsi que l'évolution du système de communication transnationale lui-même. Les traductions* (e as edições, acrescentaria para este trabalho) *fournissent, par conséquent, un indice particulièrement parlant des échanges transnationaux et du processus actuel de mondialisation"* (Heilbron, 1998, p. 248).

4. Encontra-se em preparação um estudo completo a ser publicado em forma de livro com o título *Traducir al Brasil. Los Libros y la Circulación de Autores y Obras entre Brasil y Argentina.*

torno da tradução-edição de autores brasileiros. Esse recorte avança até meados dos anos de 1940, tempo em que os mercados editoriais de ambos os países se industrializaram de modo sincrônico às práticas literárias e a outros ofícios que movimenta o mundo do livro.

Materialidade e Valor Simbólico

Se a estatística é inimiga dos estudos sobre o mundo do livro[5], o trabalho de reconstrução histórica que realizei sobre a tradução de autores brasileiros na Argentina e o contraste desses resultados com outras fontes relativamente confiáveis, especialmente para o caso francês, me permitiram compor a seguinte tabela:

CIDADES E QUANTIDADE DE TÍTULOS DE AUTORES BRASILEIROS TRADUZIDOS NO EXTERIOR ATÉ 1993[6]

Cidade	Títulos	Cidades	Títulos
Buenos Aires	275-16*-11**	Caracas	12-1
Paris	232-3	Bucareste	10
Nova Iorque	127-12-6	Viena	10-1
Londres	87-2	Turim	10-2
Barcelona	71	Helsinki	9
Frankfurt	59-3	Aarhus	8
Estocolmo	56-20	Tókio	8
Madri	54-2	Cracóvia	8-9
Praga	50-8	Montevidéu	8
Munique	31-3	Santiago	8-3
Berlim	27-32	Stuttgart	7
Milão	26-3	Lima	7
México	24-4	Reinbeck	7
Lisboa	23-3	Moscou	7
Hamburgo	22-2	Berkeley	6
Colônia	21-3	Zurique	6
Austin (Texas)	18	Seul	6
Oslo	15-1	Budapeste	6-2
Roma	15-2	Wuppertal	5
Copenhague	15-14	Varsóvia	5
Amsterdam	14-6	Arles	5
Bogotá	12-2	Aix-en-Provence	5

5. Ver nota 14. Para outros casos europeus ver Dirkx, 1999.
6. Fontes: Trabalho de campo; Abreu, 1994; Riaudel, 1998; Ekelund, 1997; sistematização dos dados contidos na Fundação Biblioteca Nacional 1994. (*) Autores publicados em antologias e coletâneas; (**) Títulos sobre lingüística e literatura brasileira disponíveis em outras línguas. Exceto para o caso francês, desconheço trabalhos exaustivos para outras praças.

Língua	Títulos de autores brasileiros traduzidos
Castelhano	452
Francês	242
Inglês	238
Alemão	190

Essas tabelas mostram um fenômeno estrutural do mercado editorial internacional. Desde a segunda guerra mundial, e de uma maneira acentuada desde fins dos anos de 1980, o avassalador domínio da língua inglesa e dos mercados editoriais estadunidense e inglês se expressa por meio de grande volume de direitos de edição exportados desses países para todos os mercados e uma taxa de absorção ou compra de direitos de edição comparativamente muito escassa[7]. Assim, as possibilidades de tradução-edição de um autor que escreve numa língua "periférica", em "línguas centrais" ou "semiperiféricas" que não sejam o inglês (hipercentral), tornam-se mais factíveis[8]. Longe de responder à "natureza", esta ordem hierárquica, arbitrária, supõe políticas e economias, devidamente suavizadas pelo valor simbólico das culturas nacionais, as comunicações internacionais e as teorias da globalização. Ao estudar a expressividade dos editores brasileiros no contexto de feiras internacionais de livros em Frankfurt, Paris e Madri, verifiquei a sistemática política setorial e do Estado brasileiro desde os inícios dos anos de 1990 em fomentar e reforçar vínculos com os mercados e "culturas" desses países. Em tais casos, a engenharia política e de mercado inverteu enormes energias e recursos para abrir lugar ao Brasil como país de honra em tais macroeventos[9]. Este marco redobra o interesse em compreender o feito de que o português do Brasil seja preponderantemente traduzido ao castelhano e na Argentina, país sócio de um bloco regional com o qual não se observa alguma política cultural similar às executadas com países europeus. Essa realidade expressa fatores relativos à estrutura de dominação que configura o mercado internacional do livro e ao sistema mundial de traduções. Tal complexidade, no entanto, alerta sobre a necessidade de avançar por etnografias e casos reveladores.

7. Ver Heilbron, 1998; Sorá, 1998b.
8. Em seu estudo sobre o "sistema mundial de traduções", Johan Heilbron demonstra a estrutura marcadamente hierárquica do mesmo: se em 1978 em todo o mundo se traduziam 60 000 títulos, as traduções do inglês representavam perto de 40%. Daí a caracterização desta língua como "hipercentral". A seguir, o alemão, o francês e o russo ("línguas centrais") representavam a tradução de 10 a 12% do total. Entre 3 e 1% do total eram traduzidos textos do castelhano, do italiano, do sueco, do dinamarquês, do húngaro, do polonês, do tcheco e do holandês. Essa expressividade, por mínima que seja, as caracteriza como "semiperiféricas" com relação a todas as restantes ("periféricas") cuja tradução não passa de 1%.
9. Ver Sorá, 1996.

A preponderância de Buenos Aires como porto de tradução não é resenhada em nenhuma história da literatura brasileira. Esse silêncio simbólico poderia se explicar pela acentuada e continuada idéia de "crise" da edição argentina desde final dos anos de 1970. No entanto, como evidencia o seguinte quadro, o lugar das traduções do português na Argentina nos anos de 1990 não perdeu expressividade no mapa de traduções registradas pelo ISBN que regulamenta a Camara Argentina del Libro.

ORIGEM LINGÜÍSTICA DOS TÍTULOS E EXEMPLARES
EDITADOS NA ARGENTINA (1995 E 1997)

Língua	1995		1997	
	Títulos	Exemplares	Títulos	Exemplares
Em Castelhano	7 307	35 979 155	10 040	42 973 750
Inglês	871	5 522 569	1 152	7 270 420
Francês	169	866 359	224	1 430 720
Italiano	89	284 938	127	366 950
Alemão	85	384 080	84	310 920
Português	61	266 635	84	289 910
Do Castelhano (adequação lexical)	38	76 217	81	160 010
Outros	212		160	
Total	8 743		11 876	

Fontes: www.editores.com/estadísticas (abril 2001)

Antes dos anos de 1990, as estatísticas da produção editorial são muito escassas, irregulares e com grandes divergências metodológicas entre mercados[10]. Mesmo quando aperfeiçoadas, apresentam índices e tendências mas não permitem penetrar no corpo de significados da tradução e publicação de autores e títulos. Os gêneros, classes de autores (por exemplo, tempos de produção), tiragem das edições, signos de consagração (por

10. A estatística sobre edição de livros, por exemplo, nunca foi estável, regularizada e completa na Argentina e no Brasil. Trata-se, na realidade, de um problema internacional que somente desde fins dos anos de 1980 se tenta solucionar. Além das convenções catalográficas e jurídicas, quando o "problema do livro" emerge num debate de alcance internacional (Congressos Internacionais de Editores, em grandes feiras internacionais como Frankfurt etc.) Todos os agentes se preocupam com a existência de políticas e critérios homogêneos de medição da produção de livros ao interior de um país, de um conglomerado lingüístico etc. Os esforços de final dos anos de 1980 são fracos com relação aos objetivos apresentados (e nunca cumpridos) durante "1972, Ano Internacional do Livro" celebrado pela Unesco (cf. Unesco, 1975). Se a quantificação do conjunto da edição de livros não foi importante ao interior dos países, muito menos o foi algum registro da importação-exportação de livros ou direito de edição entre Argentina e Brasil ou qualquer outro. Este é apenas o primeiro indício sobre a "inexistência" deste problema sociológico como um problema social, cultural ou político.

exemplo, reedição ou tradução de muitos títulos) variam muito segundo a origem nacional e lingüística de autores e textos. Para caracterizar a tradução de brasileiros na Argentina, vislumbrar tempos, autores, tradutores, editoriais e outras forças de explicação, procurei construir a série de tradução e edição em livro de brasileiros na Argentina no século XX. Precisamente ao individualizar cada livro como exemplo, encontrei dados de maior significação[11].

Diante da impossibilidade de reproduzir aqui tabelas por título, autor, editorial, tradutor, coleção, sintetizo os resultados no seguinte quadro:

ESTATÍSTICA DA TRADUÇÃO DE TÍTULOS DE AUTORES BRASILEIROS PUBLICADOS NA ARGENTINA[12]

Período	Número de títulos publicados	Principais Editoriais	Principais tradutores: número de traduções por período			
			Benjamin de Garay	Raúl Navarro	Haydée J. Barroso	Estela dos Santos
1900-1909	4	Biblioteca La Nación				
1910-1919	2	Biblioteca La Nación				
1920-1929	0					
1930-1939	14	Claridad (5); Ministério da Justiça e Instrução Pública (5)	2	1		
1940-1949	66	Claridad (13); Ministério da Justiça e Instrução Pública (8); Santiago Rueda (8); Emecé (5)	9	12	6	

11. Para a reconstrução das tabelas de tradução realizei levantamento em bibliotecas públicas e particulares. No caso da tradução de autores brasileiros na Argentina, grande parte do trabalho foi favorecido pela sistematização das informações contidas em *Brazilian Authors Translated Abroad* (Fundação Biblioteca Nacional, 1994). No entanto, o contato direto com os exemplares permite detectar indícios sobre a seleção, produção, circulação e recepção das obras e se torna uma via instigante para compreender os agentes e processos que se expressam "por trás do livro". É por isso que um esforço sistemático recaiu na sondagem de exemplares de livros traduzidos em bibliotecas ou livrarias de livros usados (sebos). Nesses casos, adquiri volumes ou fotocopiei capas, para-textos e prefácios. Para alguns períodos compilei artigos de periódicos onde se resenha aparecimento de livros específicos ou se interpreta o movimento intelectual do país vizinho como um todo.
12. Este quadro é parcial. Reforcei a vigilância qualitativa em dois momentos centrais para minhas investigações sobre o mundo do livro na Argentina: os anos de 1930-1950 e de 1970-1990.

ESTATÍSTICA DA TRADUÇÃO DE TÍTULOS DE AUTORES BRASILEIROS
PUBLICADOS NA ARGENTINA (CONTINUAÇÃO)

Período	Número de títulos publicados	Principais Editoriais	Principais tradutores: número de traduções por período			
			Benjamin de Garay	Raúl Navarro	Haydée J. Barroso	Estela dos Santos
1950-1959	34	Futuro (15)				
1960-1969	26	Losange (4); Futuro(2); Eudeba (2); Emecé (2)	1	14	11	
1970-1979	64	Sudamericana (11); Calicanto (10); Losada (8); De la Flor (6); Centro de Estudos Bras. (4)				
1980-1989	58	El Ateneo (16); Emecé (10); CEB (7); Sudamericana (5); Macondo (4)	8			7
1990-1993	7					
Total	275		11	14	28	18

Afinal, além dos números e tendências, que autores brasileiros foram editados na Argentina? Que fatores intervieram em sua tradução-publicação? Como variaram ao longo do tempo os interesses e princípios que organizam esta forma de recepção da "cultura brasileira" na Argentina?

Os Tempos da Tradução-edição de Autores Brasileiros na Argentina
Esboço de Periodização

Para iniciar um esboço de interpretação, o qual necessariamente deveria ser acompanhado de numerosas pesquisas complementares, é possível segmentar a série cronológica em quatro períodos que, antes de marcar lapsos substantivos, servem para ordenar os passos da pesquisa sistemática.

O primeiro se compõe dos anos que antecedem a 1937, quando a edição de autores brasileiros não era significativa, mas esporádica, apenas canalizada através da universalizante e paradigmática Biblioteca do jornal *La Nación*.

A partir de 1935, não houve ano em que não se tenham publicado títulos de autores brasileiros. Para um total provisório de 275 títulos em primeira edição lançados entre 1935 e 1989, a razão anual é de 5,09[13]. Em 1937, observa-se uma transformação de extrema importância marcada pela aparição sincrônica de duas coleções exclusivamente dedicadas à edição de autores brasileiros: La Biblioteca de Novelistas Brasileños da Editorial Claridad, que publicava exclusivamente narrativa, e a Biblioteca de Autores Brasileiros Traducidos al Castellano, que selecionava obras fundamentais do que hoje em dia é considerado o "pensamento social brasileiro".

O predomínio dessas bibliotecas esfumou-se em meados dos anos de 1940, quando passaram a imperar mecanismos flutuantes por oferta e demanda, próprios de mercados editoriais já institucionalizados. A sistematização e unificação de autores como "brasileiros" deixou de ser um imperativo para seu reconhecimento. A seleção de autores consagrou nomes que passaram a desfrutar de progressivo reconhecimento público, verdadeiros *best-sellers* nos casos de Érico Veríssimo e Monteiro Lobato. Em fins dos anos de 1950 acentuou-se a popularidade de Jorge Amado, a partir de seu relançamento pela editorial Futuro e, já nos anos de 1970, começou o *boom* "escolar" de José Mauro de Vasconcelos. Entrementes, surgiram edições "sem reedições", apostas geralmente arriscadas de variado elenco de editoras numa diversidade de autores que abarca expressiva galeria do Panteão de figuras da literatura brasileira.

Por último, a tradução do principal elenco de autoras de literatura infantil em fins da década de 1980 inaugura movimentos relativos à internacionalização dos mercados, princípio cristalizado pelo fenômeno Paulo Coelho na década de 1990.

Em síntese, de modo provisório, descrevo tais momentos como experimental (até 1935), nacionalista (1935-1945), mercantil (1945-1985) e de internacionalização (a partir de 1985). É necessário esclarecer que, longe de um critério de divisão "modernista", onde "o novo" substituiria "o velho", sob os rótulos dos períodos refiro-me ao domínio de alguns fatores sobre outros que não desaparecem, senão que subjazem e reconfiguram tensões entre forças públicas e privadas, nacionais e internacionais, o Estado, a cultura, a política e o mercado.

A tabela também revela o predomínio de um conjunto de editoras que apostaram em autores brasileiros. Claridad com pioneira, Santiago Rueda (Veríssimo), Emecé, Futuro (Jorge Amado, 2ª fase), Losange, Carro de Tepsis (poesia), Losada (Jorge Amado, 3ª fase), El Ateneo (José Mauro de Vaconcelos), Calicanto, Sudamericana, Macondo, Ediciones de la Flor (Vinícius de Moraes). Exceto no primeiro caso, observa-se que várias edi-

---

13. À medida que se complete as lacunas de tabela, esta razão tenderá a aumentar.

toras fizeram apostas de autor, buscando um retorno em cascata por força de nomes que foram incorporados nos gostos do consumo generalizado. Outras empresas pequenas protagonizaram estratégias de risco. A análise de cada um desses casos depara importantes barreiras para o estudo da história e sociologia e da edição, como a inexistência de arquivos e uma superficial atenção a esse terreno de estudo como problema social ou sociológico.

Finalmente, pode-se observar a presença constante de um conjunto de agentes destacados nos trabalhos de tradução, direção de coleção, escritura de prefácios de apresentação ao público local dos autores brasileiros. Benjamin de Garay é o primeiro expoente, monopolizando a tradução e a ação prefaciadora da coleção de Claridad, participando também como tradutor e autor de prefácios na coleção do Ministerio de Instrucción Pública e em algumas edições comerciais até o ano de 1946, quando perdemos seu rastro. Na mesma época, outro "introdutor" (no sentido inglês de *gate keeper*, o francês de *passeur*) da literatura brasileira na Argentina foi Raúl Navarro. Não ocupou posições relevantes como de Garay. Sua presença estendeu-se até 1960 e concentra-se na tradução de dois *romancistas sociais do nordeste*. Jorge Amado e José Lins do Rego. Outro tradutor especialista de um autor particular foi Matilde de Elía Etchegoyen para a edição de Veríssimo por Santiago Rueda. Com *Água Viva,* de Clarice Lispector, em 1955, Haydée Jofré Barroso inaugura uma presença contínua durante as décadas seguintes. Ao traduzir Jorge Amado para Futuro e Vasconcelos para El Ateneo, garantirá um predomínio sustentado entre os tradutores de autores brasileiros em Buenos Aires. Em 1971 aparece Estela dos Santos como próxima tradutora de Jorge Amado, quando este passou a ser editado por Losada. A partir de então seria possível recuperar a presença de "críticos profissionais", com Santiago Kovadloff, sintonizados com as normas da comunicação universitária.

Ainda que se tenham poucas informações sobre esses tradutores, os casos de Garay e Nararro diferenciam-se dos demais pela multiplicidade de funções que ocupavam: diretores de coleção, tradutores, prefaciadores, resenhadores, constelação que não deixa dúvidas sobre sua função de direitos relacionados ou protagonistas da introdução de tais autores no cenário editorial local. O mesmo poderia ser dito para o caso de Bernardo Kordon, único escritor de certo reconhecimento na história da literatura argentina, onde sua presença como tradutor, embora apareça em três casos, comunica-se com uma ação mais ampla do escritor como divulgador dos problemas brasileiros e sua literatura na Argentina. A partir do anos de 1940, os tradutores apresentam-se cada vez mais como especialistas de um mercado que também apela a agentes literários para promover a tradução de autores (seguramente nos casos de Veríssimo ou Jorge Amado). Finalmente, seria possível identificar apenas tradutores profissionais para edições cada vez mais recentes. Como no caso das editoras, a dificuldade em contactar esse tipo de agentes provém do tempo de sua presença e novamente da subordinação da autoridade do tradutor ou do diretor de coleção com relação aos autores, seres que absorvem a noção de "obra"[14].

Nas próximas etapas da pesquisa seria necessário indagar sobre o aparecimento de agentes cuja ação de articulação com a literatura, as ciências, artes ou "problemas" brasileiros não necessariamente está objetivada nos materiais impressos. Como se pode observar em revistas como *Claridad* ou *Nosotros* (segunda época), Campio Carpio ou Roberto Giusti parecem intervir num espaço de intérpretes argentinos do Brasil, mais complexo que aquele onde se destacaram de Garay e Navarro. Neste caso, seria possível observar uma certa divisão funcional de especializações, entre críticos "puros" e sociólogos da relação nativa "gênio nacional" – condições "ambiente".

Primeiro Tempo: Experimentos de Alteridade

A Biblioteca de La Nación, que editou os poucos títulos de autores brasileiros do primeiro período, foi um projeto de porte que consagrou uma das primeiras modalidades estáveis da edição comercial na Argentina e em todos os países: através de empresas de periódicos[15]. La Prensa, Sud América e outros jornais importantes freqüentemente apelavam à edição por fascículos de tipo folhetim, ou às coleções de livros. A Biblioteca de La Nación foi criada por Emilio Mitre em 1901. Até 1920, editou 875 títulos (Sagastizabal, 1995, p. 47). Acompanhando a multiplicação geométrica da população alfabetizada (aumento de 250% entre 1895 e 1914, foi a principal via de edição da literatura argentina e universal em Buenos Aires nesse tempo. De acordo com o gosto das classes médias, o catálogo abrangeu clássicos da literatura "universal" (Goethe, Shakespeare, Ibsen, Dostoiévski, Tolstói), muita literatura francesa de segunda linha, sentimental e folhetinesca (Verne, Dumas, Jules Mary, Paul Feval, Salgari, Stevenson), e alguns poucos autores argentinos, os quais, no entanto, asseguravam os maiores rendimentos simbólicos para as apostas de uma coleção que fizera justiça a seu nome (cf. Sagastizabal, 1995, p. 48).

---

14. Ver Foucault, 1971.
15. Ver Roger Chartier e Henri-Jean Martin, 1990; Sorá, 1998a, cap. 1.

Os autores brasileiros estavam representados por algumas das obras de maior consagração da geração de 1870[16]. O ponto alto da consagração da carreira de Machado de Assis, por exemplo, data de 1899, ano da publicação de *Dom Casmurro* (cf. Paixão, 1996, p. 21). Este e os outros títulos traduzidos já haviam sido ressaltados pelas primeiras histórias da literatura no Brasil (Sylvio Romero, 1894, e José Veríssimo, 1906) e seguramente conseguiam isso graças ao apoio de iniciativas oficiais[17]. Como objetivavam as *rodas de livraria* e os salões dos mecenas aristocratas, os mundos da literatura e da política estavam longe de uma existência dividida. Para a nascente República, livros como *Dom Casmurro* ou *Canaan* de Graça Aranha (Rio de Janeiro, Garnier, 1902), podiam representar uma das principais armas de legitimidade simbólica das modernas grandezas nacionais. Porém, além da força social acumulada no Brasil nessas obras, atentos aos interesses próprios dos âmbitos literários e políticos argentinos, sua edição em Buenos Aires não podia deixar de representar apostas de risco e dificilmente teriam sido reeditadas pela mesma Biblioteca, como no caso de muitos outros títulos da coleção popularizados na época.

Mesmo quando a início do século a presença literária do Brasil apenas encontrava condições de materialização na Argentina, sua concepção já havia sido experimentada desde meados do século XIX, como capítulo do próprio processo de invenção de uma cultura nacional *argentina*, como referência fundamental do jogo de alteridades que possibilitaria a "emancipação do espírito americano" (Echeverría, 1915, p. 177):

> No número 10 da *Minerva Brasiliense* existe um artigo sobre a literatura argentina que (você) deve levar ao Chile e publicá-lo. Há muitos aqui que desejariam ver a continuidade prometida. Procure relacionar-se com o autor desse artigo e estimulá-lo a continuar em suas indagações. Muito nos convém o juízo (que não pode ser senão imparcial) dos estrangeiros. É o modo de convencer aos invejosos e aos quadrilheiros. O autor desse artigo manifesta bom critério literário e um conhecimento pouco comum entre nós

---

16. Se para o primeiro quarto do século a busca das referências não foi tão rigorosa como a descrição a partir de 1935, cito ao menos a edição de *Os Rosais* de Arthur Lobo; *Memórias Póstumas de Bráz Cubas* e *Esaú e Jacó* de Machado de Assis; *O Mulato* de Aluísio de Azevedo; *A Esfinge* de Afrânio Peixoto e *Canaan* de Graça Aranha.
17. Em 1900, ao produzir-se o inédito contexto da visita de Campos Salles à Argentina, um dos principais políticos da comitiva era Quintino Bocaiúva, então governador do estado do Rio de Janeiro. Em 1860, quando era redator chefe do liberal *Diário do Rio de Janeiro*, Bocaiúva apadrinhou o ingresso de Machado de Assis ao mundo da cultura. Em 1864, o "redator" escreveu *Crisálidas* (Rio de Janeiro, Garnier), seu primeiro livro de poesias.

da literatura argentina. Como Indarte não reproduz esse artigo? Honra-me muito e isso lhe mortifica. Contém ainda verdades que nenhum de nós se atreveu a proclamar, para não ferir aos que não perdoaram meios para desconceituar-nos. E, entretanto, se não se diz a verdade, a literatura não pode antecipar..." (Echeverría, Dogma Socialista, La Plata, UNLP, pp. 365-367, citado em Weimberg 1961, p. 26 – ênfase acrescentado).

Essa mensagem de Echeverría (trecho de carta de 24 de dezembro de 1844) é dirigida a Juan María Gutiérrez, que residia há meses no Rio de Janeiro, na conturbada época de exílios do rosismo. As *Indagações sobre a Literatura Argentina Contemporânea*, a que se refere, foram escritas por Joaquim Norberto de Souza e Silva e publicadas pela revista *Minerva Brasiliense* (vol. 1, nº 10, 15 de março de 1844), um dos primeiros órgãos de importação do Romantismo, fundada em 1843[18]. Não é casual que pela publicação de *Modulações Poéticas Precedidas de um Esboço da História da Poesia Brasileira* (Rio de Janeiro, Typographia Franceza, 1841), Silva seja considerado ao mesmo tempo o primeiro historiador da literatura de seu país. Entre uma grande quantidade de livros "multifacetados" (cf. Weimberg 1961, pp. 18-21), o único escrito dedicado por este pioneiro à literatura de outro país é precisamente *Indagações*[19]. Ao descobri-lo, o entusiasmo de Echeverría justificava-se pela necessidade de legitimar no cenário internacional o movimento intelectual e político da Joven Generación Argentina, nos tempos de "*la tiranía*". Em seu artigo, Souza Silva prometia prosseguir o estudo avaliando a geração romântica reunida pelo Salão Literário de Marcos Sastre e especialmente a produção de Echeverría. A raridade do escrito evidentemente funcionava como confirmação autoral, da geração e da "crença social da República Argentina"[20]. Assim como Sar-

18. *Minerva Brasiliense. Jornal de Sciencias, Lettras e Artes*, revista publicada por uma Associação de Litterators, na Typographia de J. E. S. Cabral, Rua do Hospício 66. A primeira tribuna dos românticos no Brasil havia sido *Niterói, Revista Brasiliense,* que apareceu somente duas vezes em 1936.
19. "É realmente notável o conhecimento que resume as *Indagações* visto que, como indicou Echeverría, nem sequer em nosso país se fez uma análise tão séria de toda uma época da literatura argentina. Souza Silva estudou em seu artigo as letras argentinas desde a Revolução de 1810 até pouco antes do advento da geração romântica. Compreende esse período pouco mais de duas décadas, nas quais [...] admite-se que começa a literatura argentina, isto como expressão singular claramente diferenciada do período colonial antecedente" (Weimberg, 1961, p. 29).
20. O primeiro título com o que apareceu a plataforma da geração escrita por Echeverría foi "Código ou declaração do princípios que constituem a crença social da República Argentina". *Dogma Socialista [de la Asociación de Mayo]* foi o título escolhido a partir da reedição de 1846 (cf. Weimberg, 1961, p. 41).

miento em *El Mercurio* do Chile ou Cané em *El Iniciador* de Montevidéu, na *Minerva Brasiliense* do Rio de Janeiro colaborou ocasionalmente o exilado José Mármol. Se "como republicano com certeza (Weimberg 1961, p. 17) era crítico de uma monarquia responsável pela falta de sensibilidade social dos intelectuais brasileiros, Mármol foi, pouco depois de Silva, responsável por um quadro de autor argentino sobre as letras brasileiras". *Examen Crítico de la Juventud Progresista del Río de Janeiro* (Montevideo, Imprenta de la Claridad, 1847). Logo depois Juan María Gutiérrez escreveu uma resenha sobre *Confederação dos Tamoios*, poema de José Gonçalves de Magalhães.

O Brasil Intelectual: A Fórmula Mérou

Já em 1900, Martín García Mérou lamentava que na segunda metade do século XIX a presença da literatura *brasileira* na Argentina não passara dos mencionados textos, além de "alguns juízos literários de Ernesto Quesada, a soberba descrição de parte da natureza fluminense, que enquadra uma das belas cenas do *Fruto Vedado* de Groussac e as rápidas páginas que lhe dedicou Sarmiento, em suas belas *Viajes*, ampliadas e retificadas em parte, alguns anos mais tarde, depois de suas longas conversas com o jovem Imperador e sepultadas num velho livro difícil de se encontrar hoje (Mérou, 1900, p. 11)[21]. Depois de rápido quadro de antecedentes, Mérou preparou o terreno para ocupar um espaço vazio do ensaísmo no Prata: interpretar o Brasil e seu estado de civilização por meio de um estudo do movimento intelectual finissecular no vizinho país.

Publicado em 1900, *El Brasil Intelectual* parece uma raridade para as atuais possibilidades de apreciação. É, no entanto, um produto protótipo dos "oitenta", um objeto ajustado às características sociais de seu autor, a materialização de problemas da época.

21. Outras referências difusas da segunda metade do século XIX aparecem nas memórias de Carlos Guido y Spano, filho do Ministro de Rosas no Rio de Janeiro e escritas em 1940. Ao longo de seu livro, Mérou também menciona o artigo "La Literatura Brasilera. Escritores del Norte del Brasil", de Franklin Távora, traduzido na *Nueva Revista de Buenos Aires (s/d)* que dirigia Quesada (Mérou, 1900, p. 97). Na mesma também se traduziram trechos de "Ceos e Terras do Brasil" e "Quadros da Natureza Brasileira", do Visconde de Taunnay. Finalmente até fins do século encontrasse a referência de uma tradução da "Democracia Representativa. Do Voto e do Modo de Votar", de Assis Brasil, traduzido por B. Mitre y Vedia.

Livro de 470 páginas, encadernação em couro, 200 exemplares de luxo em papel vergê. Na dedicatória "Ao Tenente-General Julio A. Rocca", Mérou apresenta seu trabalho como resultado natural de sua missão...

[...] não apenas sob o aspecto político, econômico e comercial, mas também sob o aspecto intelectual, não fiz senão ressaltar o programa ao qual para você, como para mim, deve ajustar-se uma ação diplomática inspirada nas conveniências nacionais e nos sentimentos de respeito e mútua consideração que alicerçam solidamente a amizade dos povos (Mérou, 1900, p.s.n.).

Longe de qualquer especialização "intelectual", o livro é produto de um polígrafo, o clássico escritor-diplomata que povoou o cenário literário até meados do século XX. É a única peça dedicada à cultura brasileira, entre uma vintena de livros que vão desde os *Poemas* (Barcelona, Jacobsen ed.) com os que Mérou debutou em 1879 até *Historia de la Diplomacia Americana* (Buenos Aires, Félix Lajouane), sua última publicação.

Além de sua multiforme posição, Mérou encerra "As Impressões e Notas Literárias" de *El Brasil Intelectual* em refinados códigos de estética literária[22]. Apesar de escrever no quadro de sua missão diplomática, elabora mínimas apreciações sobre o "ambiente" para visualizar as brilhantes possibilidades que no vizinho país deviam estimular o "gênio nacional".

A função de crítico, isto é, a demonstração de uma metalinguagem sobre a textualidade dos autores, revela-se ao destacar, antes que a poetas ou narradores isolados, aqueles pares brasileiros que estavam fundando a crítica e a historiografia literária. Depois de resenhar a eficácia das histórias literárias de Sylvio Romero (cap. 3), de José Veríssimo (caps. 10 a 12), de Araripe Júnior (caps. 19 a 24), dedica capítulos aos fundadores da República: Joaquim Nabuco (caps. 25 a 29) e Ruy Barbosa (caps. 30 a 34). Do passado literário brasileiro somente fixa a atenção no Visconde Alfredo de Escragnolle Taunnay. Privilegia um retrato dos contemporâneos passando pela filosofia e pelo jornalismo. Do seu presente destaca a Tobias Barreto.

---

22. A crítica literária classifica Mérou como representante do "naturalismo francês" (Borré, 1982, p. I), protótipo de escritor da Generación del Ochenta: "a diferença que há entre Mérou e os demais homens dos oitenta, indica Ricardo Rojas, estabeleceu-se pela renovação intelectual e ética que instaura, exclusivamente por sua postura crítica" (Borré, 1982, p. V). Além de suas crônicas, memórias de viagens (por exemplo, *Impresiones. De Buenos Aires a Paris. Recuerdos de Venezuela y Colombia*, Madrid, Murillo, 1884) e ensaios nacionalistas, em sua relação de livros predominam *Estudios Literários* (Madrid, Murillo, 1884) trabalhos sobre *Libros y Autores* (Buenos Aires, F. Lajoaune, 1886) etc.

Apesar de seus recortes estéticos, o quadro evidencia a superposição de figuras entre "publicistas, políticos, jornalistas, historiadores, escritores", a qual é a própria imagem da esfera pública literária onde literatura e política não existiam como dimensões sociais diferenciadas (cf. Habermas, 1984). Neste estado das relações sociais, torna-se mais evidente como ao contribuir para a autonomia de uma função crítica literária, Mérou produzia uma contribuição de peso para a política simbólica da nação. É por isso que a intenção normativa do autor expressava-se, como de costume, nas primeiras e nas últimas páginas. Além de seu republicanismo liberal, Mérou encantado pelo Brasil, vinculava as riquezas "intelectuais" do país à continuidade garantida pelo Império:

> A atividade intelectual daquela nação é superior, sem dúvida alguma, à que apresentam suas irmãs do continente [...] Uma instrução metódica e séria [...], um gênero de vida mais reduzido que o nosso, menos subordinado aos atrativos do prazer [...], uma longa época de tranqüilidade e desenvolvimento pacífico, sob uma administração tranqüila e de causas elevadas, – todas estas causas unidas à inteligência natural de seus homens, às tendências artísticas da raça e às vantagens de um meio mais igual, mais interessado nas coisas do espírito, – tendem em dar ao Brasil uma cultura literária mais sólida e original que a das outras nações sul-americanas. Quanto a nós, é bem sabido que todos os impulsos progressistas de nossa história, foram marcados por longos e profundos retrocessos (Mérou, 1900, pp.18-19).

Esse tipo de apreciação lhe servia de referência para avaliar o estado de civilização alcançado na Argentina e, finalmente, no continente: "Quem pode calcular qual seria o grau de nosso desenvolvimento atual, se eliminássemos de nossa história meio século de anarquia e guerras intestinas?"(Mérou, 1900, p. 20). Como ensaio de diagnóstico, Mérou procurava erradicar visões "errôneas" baseadas no antagonismo entre a Argentina e o Brasil, identificar problemas que impediam o aflorar do gênio nacional e formular alternativas morais num tempo de crítica à vertigem tecnológica do progresso.

Com o livro de Mérou produziu-se o primeiro estudo de síntese de autor argentino, no qual o Brasil emerge como referência de alteridade fundamental. Escreveu um esquema de interpretação que posteriormente foi cristalizado por muitos dos que, ao apresentar a "real" cultura brasileira no cenário cultural argentino, buscaram herdar a posição de "embaixador literário". Ao repassar algumas sínteses escritas desde fins dos anos de 1930 (por exemplo, Levene 1937, p. 9; Sáenz Hayes, 1942, p. 17; Weimberg, 1961, p. 9; Justo, 1983, p. 9), verifica-se obrigação de mencionar Mérou e as primeiras linhas de *El Brasil Intelectual*, uma advertência que se pode chamar "fórmula Mérou" (cf. citação à p. 1).

Como se verá adiante, é natural que, inversamente a Mérou, nos posteriores "representantes" dominará a materialidade da condição de críticos e historiadores, cada vez mais profissionalizados, frente à acentuação dos simbolismo da função "diplomática" dos intérpretes do período experimental.

Diplomacia e Cultura

A favor da objetividade do produto de Mérou, o novo século marcou a primeira visita oficial de um presidente republicano do Brasil a Buenos Aires. "Além" de pessoas como Mérou, aprecia-se um movimento de circulação de pessoas e idéias diplomaticamente orientado[23]. Antes que um produto da intensificação dos intercâmbios de escritores e obras entre ambos países, a "fórmula Mérou" respondia a demandas de definição da "identidade argentina" num tempo de síntese que antecipava o centenário. É por isso que a força da recepção de *El Brasil* em Buenos Aires não necessariamente correspondia a expressões similares no Brasil.

Para representantes da esfera literária no Brasil, Buenos Aires como porto de referência e/ou tradução dos autores "nacionais" não despertava a mesma "ansiedade" coletiva para aparecer em Paris. A partir de um retrato de Brito Broca sobre *A Literatura Brasileira no Estrangeiro* (1959, pp. 245-252), observa-se que no início do século, no *Mercure de France,* começou a publicação de uma seção sobre "Lettres brésiliennes", novo capítulo de um espaço tradicional dedicado às literaturas estrangeiras. Broca, inigualável retratista da sociabilidade literária e artística brasileira no primeiro quarto do século, perguntava-se:

Até que ponto essas "Lettres" do Mercure de France poderiam ter despertado algum interesse pela literatura brasileira, já não dizemos no público, mas entre os escritores franceses? Seria difícil pesquisar a respeito. Se passamos a ter algumas obras de escritores brasileiros ou sobre os mesmos editados em francês, isso deve ser encarado

23. Poder-se-ia apreciar a partir de uma etnografia da *Crónica ilustrada y documentada das Fiestas de Confraternidad Brasilero-Argentinas,* escrita por Cipriano de la Peña, "Intendente del Palacio Devoto durante a permanência nele do Exmo. Senhor presidente do Brasil, Dr. Manuel Ferraz de Campos Salles e sua digna comitiva "(Compañia Sud-Americana de Billetes de Banco, 1901). Trata-se de precioso quadro de época escrito por um paciente funcionário que registrou para a posteridade os eventos que rodearam esse marco histórico dos vínculos políticos e culturais entre os dois países.

antes como resultado de influências diplomáticas que então começaram a movimentar-se nesse sentido (Broca, 1959, pp. 246-247).

O resultado teria sido similar ao de Buenos Aires. Até os anos de 1920, em Paris apareceram *Canaan* de Graça Aranha, contos de Machado de Assis, *O Mulato* de Aluísio de Azevedo e *O Guarani* de José de Alencar, um estudo de autor francês (Victor Orban) sobre a literatura brasileira e outras obras. Sobre a edição na outra língua possível, o castelhano, Broca afirmava: "que nos conste, ainda não haviam sido editadas, nossas obras de ficção em castelhano. Somente traduções de poesias publicadas esparsamente..." (p. 249). Nessa afirmação reconhecemos a primeira formulação de um esquema de representação de autores brasileiros que "desconhecem" a circulação de "suas" obras na Argentina e/ou em língua castelhana[24]. Alguns juízos recorrentes de autores e "diplomatas" brasileiros do período, atribuíam o obstáculo à recepção entre os vizinhos do Cone Sul para "a falta de universalidade do idioma" (1959, p. 250). No entanto, parece não haver passado desapercebido *El Brasil Intelectual* de Mérou. José Veríssimo, eminência maior da crítica literária brasileira, reproduzia as apreciações do

24. À medida que desenvolvia pesquisas sobre o mundo da edição de livros no Brasil e sobre o pensamento social brasileiro, fui observando as trajetórias editoriais de um bom número de escritores canonizados como descobridores da *brasilidade* (Euclides da Cunha, Gilberto Freyre, modernistas paulistas dos anos de 1920, romancistas sociais dos anos de 1930, cientistas sociais dos anos de 1950 etc.). Entre os fenômenos recorrentes da publicação no estrangeiro de grande parte dos autores, descobri que Buenos Aires emergia predominantemente como primeiro lugar da recepção internacional. Paris ou Nova Iorque seguiam o exemplo com alguns anos de distância. Segundo o nível de argumentação que persigo, as principais praças do exterior onde se divulgaram e divulgam autores e "problemas brasileiros" tiveram e têm pesos de significação na construção da identidade cultural deste país. Mas, como também postulo, diferentes são os significados, historicidades e dinâmicas desses processos de construção simbólica conforme sejam observados do país "Ego" (neste caso Brasil) ou o país "Alter" (Argentina, França ou Estados Unidos). O melhor indicador do peso diferencial dessas praças para autores do Brasil são os próprios valores dos autores traduzidos. No caso de Gilberto Freyre, por exemplo, se bem que suas traduções debutaram em Buenos Aires (cinco livros entre 1942 e 1945) com amplo suporte de divulgação e publicidade, nos prólogos de *Casa Grande & Senzala*, sua principal tribuna de polêmica, exalta-se a progressiva discussão de sua obra na Sorbonne, Cambridge e Stanford, enquanto a entrada no mundo da língua castelhana via Buenos Aires parece não ter despertado interesse (Sorá, 1998, p. 126). Também verifiquei esse silêncio ou memória seletiva ao entrevistar Rachel de Queiróz, outra representante do panteão que foi traduzida por primeira vez em Buenos Aires (*Sed*, Claridad, 1941). Em 1997, já com 83 anos, depois de um comentário sobre a diversidade de línguas nas que havia sido traduzida me disse: "engraçado, nunca fui publicada na Argentina...".

autor sobre as razões do desconhecimento mútuo: o eurocentrismo de cada país não somente se opunha senão que impedia internamente o desenvolvimento do "gênio nacional".

O autor [Mérou] exercera durante muitos anos, no século passado as funções de Ministro Plenipotenciário da nação vizinha no Rio de Janeiro. Já possuía grande bagagem de onze volumes nos mais diversos gêneros quando aqui se instalara. Não tardou que se relacionasse com alguns escritores, como Araripe Júnior e Taunay, e se interessasse pela nossa literatura, passando a estudá-la [...] Com esse livro ofereceu ao leitor argentino uma visão panorâmica de nossas letras já com certo sentido orgânico. Como assinala Veríssimo, interessou-se mais pelo nosso pensamento social, dando maior atenção aos ensaístas, aos críticos políticos de que os romancistas e aos poetas (Broca, 1959, pp. 251-252).

Broca consolida a hipótese sobre a dominação diplomática dos princípios de seleção literária. Embora Buenos Aires não tenha sido uma praça culturalmente descuidada pelo Itamaraty, não gozava dos privilégios de uma capital européia: "García Mérou prestou à literatura brasileira na América Espanhola um serviço idêntico ao que Ferdinand Wolf e Ferdinand Denis prestaram na Europa, estes, naturalmente, contemplados com polpudas recompensas de D. Pedro II" (p. 252). A necessária oposição de Buenos Aires e Rio de Janeiro (arriscado para a época é falar de "países" que mal estavam unificados) com relação a Europa, não deixam dúvidas da necessidade de considerar constantemente essa triangulação estrutural em todo o período. Se em princípios do século a política definia os ângulos dessa relação, até 2000 o mercado deslocaria a ingerência diplomática (sem eliminá-la; mais bem "parasitando-a") e reforçaria a fronteira entre ambos países, por força de seus diferenciais impulsos coletivos até os "verdadeiros" centros de interesse (Sorá, 1998b).

Segundo Tempo: Bibliotecas do Brasil na Argentina

Na série de traduções que resgatei, a edição da literatura brasileira na Argentina se dilui na lacuna que se estende até meados dos anos de 1930[25]. A fundação dessa nova força de interesse na literatura brasileira não pode

---

25. Quando possível afinar a cronologia com um mapa de resenhas, estudos e traduções em revistas etc., como se afirma na introdução, este estudo guia-se por efeitos da materialidade do livro como evidência maior da cristalização de estados da produção simbólica, das relações sociais e dos intercâmbios que a sustentam.

ser desconectada do modo como a literatura se "nacionalizou" no próprio Brasil. Já é lugar comum referir-se aos anos trinta como fase de "descobrimento" da *autêntica cultura brasileira*. Além do efeito *marco zero* (tudo começou em 1930) imposto pelo varguismo, reproduzido pelas elites intelectuais e incorporados pelo sistema de ensino, ao longo dos anos trinta a literatura e a edição se emanciparam do salão, da livraria e dos mecenas graças à evolução do jornalismo, a novas tecnologias, a institucionalização do Estado e a diferenciação de funções, entre as quais sobressaiu o papel dos críticos literários profissionais; profetas de uma segunda fase modernista, durante a qual se cristalizaram as obras e problemas essenciais ao país *real*, de autores que escreviam para um "público geral" (Sorá, 1998, caps. 1 e 2). A educação e a cultura passavam a ser problemas e programas políticos, como evidenciam a criação do Ministério da Saúde e Instrução Pública, a unificação de um sistema nacional de ensino secundário, a instituição das primeiras Universidades, além de instituições para a conservação do patrimônio e a evolução do rádio e do livro.

O reinante *ufanismo* intelectual, *cooptado* pelo regime de Vargas e popularizado por seu Departamento de Imprensa e Propaganda, exaltava um novo tipo humano e uma nação singular destinados a ocupar melhor lugar no concerto das nações. Ainda que livros de *debut* da "segunda geração modernista" tenham sido publicados no final dos anos de 1930[26], a idéia de uma literatura por fim genuína, autêntico retrato da identidade de um povo, sedimentou-se e foi unificada por efeito do aparecimento de um conjunto de coleções fundamentais. À medida em que se multiplicavam seus lançamentos anuais, em 1935 Jorge Amado e José Lins do Rego ganharam, ao interior do catálogo da editora José Olympio, coleções individuais como marcos para a divulgação de obras homogêneas: O Ciclo da Cana de Açúcar e os Romances da Bahia. Ambas sintetizavam os inventos culturais a caminho da consagração, na primeira metade dos anos de 1930, e passaram a ser utilizados como "marcas" de exportação (Sorá, 1998, cap.3). As seguintes apreciações da época de Raúl Navarro permitem avaliar até que ponto a unificação das obras autênticas do Brasil por meio de coleções foi um importante fator para impulsionar a apreensão de uma "literatura brasileira" por intelectuais de outros países:

26. Como exemplo do grupo do *norte*, posteriormente classificado pela crítica como *movimento do nordeste* (Carpeaux, 1958): José Américo de Almeida (*A Bagaceira*, Imprenta Ofycial da Parahyba do Norte, 1928), Rachel de Queiróz (*O Quinze*, Gráfica Urânia, Fortaleza, 1930), José Lins do Rego (*Menino de Engenho*, Rio de Janeiro, Adersen, 1932), Jorge Amado (*País do Carnaval*, Rio de Janeiro, Schmidt), e Graciliano Ramos (*Caetés*, Schmidt, 1933).

O Brasil tem no romance uma jovem geração ponderável. Penetrada de originalidade, aguçada de intuição, orientada no sentido autêntico de seus problemas. Entranha da mãe terra; angústia da própria carne dolente. Capacidade para ver, valor para mostrar. Assim se nutre esse pujante e másculo movimento. Há também fé: segurança nas forças; confiança no inesgotável da riqueza temática. Daqui nascem esses ciclos romanescos que lançam seu arco à procura do descobrimento vernáculo. Jorge Amado avança com seu ciclo da Bahia. Também José Lins do Rego tem seu extraordinário ciclo da cana de açúcar; Érico Veríssimo arquiteta o seu gaúcho. Rachel de Queiróz adianta o da seca. Um futuro pleno de talento. O moderno romance do Brasil apresenta-se encarando decididamente o problema social – que já o anunciara Graça Aranha. Seu problema social que, sendo humano, é puramente brasileiro, autenticamente americano [...]
Há muitas obras na América, irmãs às que o Brasil nos dá. *Às de Jorge Amado, José Lins do Rego, Jorge de Lima, Armando Fontes, Graciliano Ramos, Queiróz, Alfonso Schmidt, que bem vale por sus cuentos [...]* (Raúl Navarro, "Prólogo" em J. Amado, Jubiabá, Bs. As., Imán, 1937, pp. 11-12 – grifos meus.)

Um efeito similar também produziram as exitosas coleções *brasilianas*, que difundiram em inédita escala os ensaios sobre problemas do Brasil. Através delas se divulgavam em grande escala relatos de viagens dos tempos coloniais, ensaios de interpretação do país (Oliveira Vianna, Pedro Calmon, Gilberto Freyre, Fernando de Azevedo, Roquete Pinto), biografias de personagens chaves na história intelectual e política. Finalmente, totalizando e interpretando, na segunda metade dos anos de 1930 apareceu uma nova *fornada* de Histórias da Literatura Brasileira escritas por Sérgio Milliet, Ronald de Carvalho, Nelson Werneck Sodré, Tristão de Athayde e Afrânio Coutinho. Estas cumpriam o papel de incluir as novidades desse tempo na genealogia devidamente revisada de feitos marcantes na cultura e política da nação.

Nessa encruzilhada, não é casual que do lado argentino, 1937 surja como o ano mais significativo na história das relações literárias e editoriais entre o Brasil e a Argentina[27]. A Biblioteca de Novelistas Brasileños, da Editorial Claridad, e Biblioteca de Autores Brasileños Traducidos al Castellano, editada pelo Ministerio de Justicia e Instrucción Pública, marcam a fundação paralelamente de dois princípios elementares para a circulação da cultura escrita nas sociedades nacionais: um sistema de publicação era co-

27. A significação, nesses anos, para as diferentes edições, da literatura e todos os segmentos do mundo do livro está objetivada com a realização em 1936 do Primeiro Congreso de Escritores Argentinos, em 1937 a realização do *Congreso Internacional de PEN Club* em Buenos Aires.

mercial, o outro oficial. A primeira promovia romances; a segunda, obras fundamentais do *pensamento social*. A divisão de funções entre ambas não afasta a hipótese de uma estratégia planejada. No entanto, a posição explícita de *Claridad* como "Tribuna do pensamento de esquerda", seu *slogan*, torna difícil imaginar alguma ação negociada com representantes de governos conservadores movidos a fraude e autoritarismo.

Claridad:
O Brasil como um Capítulo dos Problemas Políticos e Sociais da América

Em meados da década de 1930 Claridad era uma das principais editoras de livros na Argentina e em castelhano. Junto com *Tor* e outras editoras menores, diversificoou o espaço editorial ao apostar em novas camadas de leitores: operários, estudantes, funcionários públicos e outras novas comunidades receptoras de cultura. Por oposição, as já existentes Biblioteca Argentina, dirigida por Ricardo Rojas, *La Cultura Argentina,* dirigida por José Ingenieros e La Cooperativa de Buenos Aires, dirigida por Manuel Gálvez, objetivavam a demanda de um público leitor já formado, comprometido nos debates intelectuais das décadas de 1910 e de 1920 (Romero, 1990, p. 46). Nesse sentido, Claridad alinha-se na tradição de divulgação em grande escala realizada pela Biblioteca La Nación, por meio da qual foram editados os primeiros títulos de autores brasileiros. A meados dos anos de 1930, estima-se que as tiragens da revista Claridad atingiam a 10 000 exemplares, metade dos quais se comercializava, junto aos livros, numa rede de livrarias que abarcava todo o continente.

Em termos literários, Claridad foi o motor editorial e o espaço de reunião predileto do grupo Boedo. Leónidas Barletta e César Tiempo, por exemplo, acompanhavam ao fundador Antonio Zamora na direção. Por oposição à estética pura dos "martinfierristas" da Florida, Claridad repousava sobre o realismo e a crítica social. Em sintonia de estilo, a Biblioteca de Novelistas Brasileños publicou *Rey Negro*, de Coelho Neto; *Amazona Misteriosa,* de Gastão Cruls; *Morro de Salgueiro*, de Lúcio Cardoso; *Garimpos,* de Herman Lima; *Navios Iluminados*, de Ranulfo Prata; *Chinita,* de Afrânio Peixoto; *Sed*, de Rachel de Queiróz e *Mar Muerto*, de Jorge Amado[28].

---

28. Outros títulos de brasileiros que editou Claridad até 1945: *Los Sertones* de E. da Cunha; *Vida de Luiz Carlos Prestes. El Caballero de la Esperanza* (ambos na Biblioteca de Obras Famosas); *La Vida Heroica de Juana de Arco* de E. Veríssimo (Biblioteca de Grandes Biografias); *De la Necesidad de ser Polígamo* de Silveira Sampaio; *El Padre Anchieta. Vida de un Apostol en el Brasil Primitivo* de Celso

Claridad procurava impor-se como uma "universidade popular", difundindo livros ainda raros com tiragens muito altas. Esse perfil, a venda a preços baixos e a distribuição hispano-americana, beneficiaram os autores brasileiros com uma circulação sem precedentes (em alguns casos com mais exemplares que o próprio Brasil), mesmo quando se tratara de edições arriscadas[29].

Os livros da coleção, representativos do *Brasil real*, eram classificados como espécie do gênero *americano* que Claridad difundiu tanto por meio da revista como dos livros. Diante dos temas americanistas promovidos em nível intelectual e político, os dirigentes de Claridad ofereciam uma tribuna "incontaminada, não comercializada e firme em sua orientação pacifista por excelência, laica, revolucionária e de corte eclético"[30]. Como no Brasil, todos os países latino-americanos foram tematizados em sua história contemporânea tanto na revista como com a publicação de livros representativos de "sua hora atual". Os livros da coleção de romancistas brasileiros foram precedidos e ladeados pela publicação de vários artigos sobre o Brasil na revista *Claridad*. Segundo Florencia Cassone, em comparação aos problemas de outros países, "o tema Brasil apareceu em *Claridad* tardiamente e como resultado do interesse que o Aprismo pôs em tal país na década de 1930" (Cassone, 1998, p. 241). Ainda que "El APRA no Brasil", artigo escrito por Luis Heysen (revista *Claridad* nº 208, jun. 1930), possa ser um "lançamento" do Brasil como problema, este moveu-se com motores próprios, sendo uma variante dos dilemas americanistas. Essa abordagem foi seguida por "A los revolucionarios del Brasil" (nº 219, nov. 1930), chamado de Luís Carlos Prestes, líder da coluna revolucionária dos anos vinte, desde seu exílio em Buenos Aires. Paralelamente à evolução da coleção, a revista tratou questões relativas ao Brasil de modo mais intenso até a segunda metade da década[31].

Vieira; *Eça de Queiróz. El Arquetipo del Siglo XIX* de Viana Moog e *Oswaldo Cruz. El pasteur del Brasil, Vencedor de la Fiebre Amarilla* de Phocion Serpa.

29. O livros da coleção de *Claridad* editavam-se em capas duras forradas e em formato 13x18 cm. Em geral, tratava-se de volumes com mais de 200 páginas e seu preço era apenas 1 peso, um terço da diária de um operário, proporção impensável para os atuais esquemas de formação de valor dos bens editoriais.
30. La Dirección, "Síntese da obra *Claridad* ao cumprir uma nova etapa de sua vida", *Claridad* 322, fev. 1938, citado em Cassone, 1999, p. 105.
31. Luís Carlos Prestes, "A Situação Política e Social do Brasil. A Reação e as Forças da Alianza Nacional" (nº 294, out. 1935); Juan Vargas: "Luiz Carlos Prestes. A Alianza Nacional Libertadora e a Luta pela Emancipação do Brasil" (nº 296, dez. 1935); Campio Carpio, "Figuras da Nova Geração Literária Iberoamericana; Ernani Fornari" (nº 306-307, out.-nov. 1936); Elio Colle, "Brasil: Teatro de una Violenta Lucha

O centro do americanismo como problema unificador das disputas no campo intelectual argentino, sustentavam parte do risco da aposta numa coleção nacionalmente especializada. Em favor dessa afirmação, observamos que a classificação dos autores brasileiros como subespécie americana redunda em muitos outros casos:

Autor	Ano	Título	Editorial	Coleção
Jorge Amado	1937	Jubiabá	Edições Imán	Coleção Escritores Americanos de Hoy
Érico Veríssimo		Mirad los lírios del campo	Edições Tupã Novelas Americanas	Coleção Grandes
Dinah Silveira de Queiroz	1941	Floradas en la sierra	Los Amigos del Libro Americano	
Jorge Lima	1941	Calunga	Ed. Americalee	
Gilberto Freyre	1942	Actualidad de Euclydes da Cunha	Talleres Gráficos Augusto	Coleção Problemas Americanos
	1943	Una cultura amenazada: la luso-brasileña		
Aluísio de Azevedo	1943	El conventillo	Editorial Nova	Coleção Nuestra América
Afonso Arinos de Melo Franco	1945	La literatura del Brasil	Instituto de Cultura Latino-americana	
Euclides da Cunha	1946	Los Sertones	Ed. Jackson Inc.	Coleção Panamericana
Lidia Bouschet	1946	Literatura do Brasil	Editorial Sudamericana	

Tal profusão de formas de classificação evidenciam até que ponto o americanismo, como chave simbólica da época, expressava-se numa pluralidade de variantes concorrentes. Posteriormente, essa condição foi reforçada pelo contexto dos conflitos bélicos mundiais e a condicionada "política" de aproximação entre argentinos e brasileiros.

Imperialista" (nº 321, jan. 1938); Mello Barbosa, "Qué Pasa Actualmente en Brasil?" (nº 324, abr. 1938); Pedro Motta Lima, "Los Rumbos de la Política Brasileña" (nº 325, maio 1938); Octavio Mangabeira, "Pasado y Presente de la Dictadura de Vargas" (nº 333-334, fev.-mar. 1939); Campio Carpio, "Interpretación del Brasil" (nº 335, abr.-maio 1939); José Domingo Martins, "Brasil Colonia y Brasil Império" (nº 336 jun. 1939); Bernardo Kardon, "Aspectos Históricos y Sociales de la Raza Negra en el Brasil" (nº 338, ago. 1939); Oscar Cessuto, "Panorama Americano" (nº 339, set. 1939) e José Domingo Martins, "La Tragedia Brasileña" (nº 314, nov. 1939) (cf. Cassone, 1998, pp. 241-244).

Benjamín de Garay: Representante da Literatura Brasileira

Como afirmei, por detrás dos livros há pessoas com interesses particulares para dinamizar a percepção e divulgação de temas e problemas relativos ao Brasil. O lugar de Benjamin de Garay como diretor, tradutor e prefaciador da Colección de Novelas Brasileñas da Editorial Claridad, destacou-se como principal porta-voz da revolucionária novidade intelectual que se estava gestando no Brasil. Essa posição de *passeur* foi construída desde os anos de 1920, quando circulou por uma das tantas facções modernistas de São Paulo.

Na São Paulo daquele tempo, já mitologizada e absorvida pela "notoriedade retrospectiva"[32] da Semana de Arte Moderna de 1922, os desenvolvimentos econômicos e culturais da Argentina freqüentemente eram retratados na imprensa como umbrais a atingir, mais do que exemplos a seguir. No contexto das vanguardas da *belle époque* paulistana, cada grupelho nacionalista munia-se de uma revista, uma imprensa ou uma livraria. Em suas viagens a São Paulo, Benjamín de Garay era atraído pelo Grupo Colmeia (do qual participavam Humberto Cozzo, Arlindo Barbosa, Cléomenes Campos, Léo Vaz, Cuccê, Juvenal Prado, Paim, Gastão Worms, Paulo Gonçalves, Menotti de Pichia, Corrêa Júnior, João Felizardo, Monteiro Lobato, Lellis Vieira, Affonso Schmidt) (cf. Lima, 1989, pp. 80-85). Este grupo identificou-se desde 1921 através da revista *A Novela Semanal*, símil de *La Novela Semanal* de Buenos Aires que, feita em papel jornal, publicava semanalmente um romance completo numa seção de crítica literária: "El Suplemento". De Garay havia sido o propulsor da idéia promovida por Clovis Ribeiro, filho de um jornalista e impressor de Bragança Paulista. Lima esclarece alguns aspectos da presença de Garay em São Paulo: "além de acolher e promover escritores e poetas dos países do Prata, suas obras – as dos modernistas paulistas dos anos vinte – eram prestigiados também nos meios culturais de Buenos Aires, com repercussão em revistas de Paris" (Lima, 1989, p. 85). Entre outros, de Garay começou divulgando Léo Vaz, Monteiro Lobato, Gonçalves e Couto, em Buenos Aires. Se sua ação de *passeur* da literatura brasileira em Buenos Aires rivalizou com a de outros agentes, atualmente não possuímos indícios. Esse capital de relações e fun-

---

32. Este conceito é cunhado por Mariza Corrêa, historiadora de antropologia da Unicamp. Adaptando-o ao nosso caso, faz alusão à maneira como a fama de um autor ou de um evento pode, a partir de derterminado momento, iluminar a totalidade da vida do indivíduo ou da história cultural de uma localidade, relegando à penumbra, ao mesmo tempo, outros conjuntos de valores (Mariza Corrêa, 1990, p. 3, citada por Grupioni, 1998, p. 118).

ções de representação acumulado nos anos vinte deve ter sido habilmente mobilizado segundo testemunha a presença de Garay, nas coleções argentinas de autores brasileiros. Os títulos por ele promovidos entre os anos de 1930 e de 1940 correspondem aos *romancistas* e pensadores sociais da segunda geração modernista.

O Estado Editor e o Ensaio de Interpretação Nacional

A Biblioteca de Autores Brasileños Traducidos al Castellano iniciou-se em 1937 com a publicação da *Historia de la Civilización Brasileña*, de Pedro Calmon[33]. Tratava-se de uma coleção oficial publicada pelo Ministerio de Justicia e Instrucción Pública. O projeto aparecia coordenado por uma Comissão Revisora de Textos de História e Geografia Americana. A mesma estava composta pelos acadêmicos Ricardo Levene (Presidente), Frederico Daus (Secretário) e Emilio Ravignani, Rómulo Zabala e Francisco de Aparicio (Revisores). Com outro conjunto de figuras destacadas do meio universitário argentino (Rodolfo Rivarola, Mariano de Vedia, Max Fleiuss, Octavio Amadeo, Ricardo Sáenz Hayes), eles assinaram prólogos e ensaios introdutórios.

A Biblioteca de Autores Brasileños Traducidos al Castellano e sua homóloga brasileira devem ser compreendidas como espécies oficiais de um gênero de coleções de ensaios de interpretação das realidades nacionais que em cada país apresenta sua própria genealogia e estilos. Como primeira testemunha, observa-se que o formato de Biblioteca do Ministério argentino era similar à famosa "Coleção Brasiliana" da Companhia Editora Nacional de São Paulo[34], pioneira na divulgação massiva de textos desse tipo, isto é, ensaios de interpretação nacional. Em sua primeira fase, a coleção apareceu anualmente e a meados dos anos de 1940 diluiu-se em dois volumes isolados em 1947 e 1949, completando doze títulos. Os livros, feitos na

---

33. Em 1937 também apareceu *Evolución del Pueblo Brasileño* de Oliveira Vianna; em 1938, *El Emperador D. Pedro II* de Afonso Celso e *Los Sertones* de Euclides da Cunha; em 1939, *Conferencias y Discursos* de Rui Barbosa; em 1940, *Mis Memorias de los Otros* de Rodrigo Octavio; em 1942, *Casa Grande & Senzala* de Gilberto Freyre; em 1943, *Pequeña Historia de la Literatura Brasileña* de Ronald de Carvalho; em 1947, *San Pablo en el Siglo XVI* de Afonso d'E. Taunnay e en 1949, *La Vida en la Selva* de Cândido de Melo Leitão.

34. Refiro-me ao formato 19 × 14 cm das sóbrias versões de capas duras. A apresentação da coleção comercial paulista (as sobrecapas de papel, com os coloridos desenhos com o mapa do território nacional), obviamente marca sua divergência da versão oficial, indicando conquista de um público massivo.

Imprenta Mercatali, apareciam com ou sem capas duras. Os exemplares da coleção eram distribuídos gratuitamente a escolas, instituições culturais, jornais, revistas e intelectuais do país. Portanto, pressupõe-se que as tiragens puderam ser ainda maiores que as de Claridad. Graças ao apoio oficial foi possível impulsionar a circulação em castelhano de uns gêneros acadêmicos de difícil absorção nos circuitos comerciais[35].

As condições para que uma coleção dessa natureza se tornasse possível ligam-se ao estado geral das relações argentino-brasileiras durante os anos de 1930[36]. A objetividade maior das ações de integração foi dada pela visita de Justo ao Rio de Janeiro em 1933 e de Vargas a Buenos Aires, em maio de 1935. Igual às festividades do início do século, que marcaram o desembarque de Campos Salles em Buenos Aires em 1900, esta última visita foi "precedida por importantes cerimônias" que incluíam desde comitivas culturais até ações aeronavais conjuntas.

Entre ambas visitas presidenciais foram fundadas duas instituições oficiais que até a atualidade, com outras denominações ou refundações atualizadas, monopolizam a representação oficial de um país na capital do outro. A inícios de 1934 foi fundado em Buenos Aires o Instituto Argentino Brasileño de Cultura e em julho do mesmo ano no Rio de Janeiro inaugurou-se um Instituto Brasileño Argentino. Autoridades das corporações de advogados, médicos e outros segmentos das elites culturais da época, protagonizaram "missões culturais" entre Rio de Janeiro e Buenos Aires[37]. Se as corporações profissionais garantiam o entendimento nas esferas da "alta

---

35. Somente a partir de meados dos anos de 1950 a invenção de editoras universitárias recuperou parcialmente essa herança de edições de risco publicando um punhado de títulos com fundos públicos.
36. Segundo Eduardo Madrid, "no período dos governos conservadores a Argentina iniciou um etapa de maior nível de entendimento com o Brasil. Neste sentido foi importante a influência exercida pela retração econômica nos anos de Gran Depresión y da Segunda Guerra Mundial, que permitiram aumentar o intercâmbio comercial entre ambos países ao encontrar dificuldades nos mercados tradicionais, tanto europeus quanto norte-americanos" (Madrid, 1999, p. 1).
37. Do lado argentino participavam, por exemplo, Rodolfo Rivarola, J. Horacio Silgueira (Presidente de la Federación Argentina de Abogados), Guillermo Garbarini Islas (Vice-Presidente del El Ateneo Ibero Americano) e "los doctores" César Viale y Felix Etchegayen. Do lado brasileiro, Rodrigo Octavio, Cândido de Oliveira (Reitor de Universidade do Brasil), Elviro Carrillo (Presidente de la Corte de Apelaciones), Herberto Moses e Silva Araújo (Instituto Carioca de Cultura Argentino-brasileira), Aloysio de Castro e Helio Lobo (Academia Brasileira de Letras), Miranda Jordão, Celso Bayma e Pedro Calmon (Instituto dos Advogados). As solenidades culminavam com "un himno a la amistad entre la Argentina y el Brasil (*Boletin Mensual de la Cámara de Comercio Argentino-Brasileña* nº 226, p. 43).

cultura", o planejamento da aproximação binacional fortalecia as ações por baixo". As escolas com denominações referentes ao país vizinho, passavam a ser pequenas embaixadas onde se realizaram experiências pilotos de ensino da língua do outro. Nestas atividades inculcava-se toda a hagiografia das grandezas nacionais e as manifestações oficiais de reconhecimento. Sob esse marco, na mesma época começou a funcionar a já mencionada Comissão Revisora, cuja criação foi o capítulo educativo do Convenio Argentino-brasilero de 10 de outubro de 1933. As coleções de autores brasileiros (argentinos) traduzidos para o castelhano (português) foram a materialização da circulação de idéias e pessoas; tendentes a ajustar sistemas de ensino e pensamento (cf. Bourdieu, 1967). As coleções de livros dependem desse panorama geral de missões pedagógicas, moralizantes, enfim civilizadoras. Na visão de Ricardo Levene, presidente da comissão argentina,

[...] tem enorme importância a aplicação de uma organização política cultural. Este momento de cordialidade americana pode ser explicado com uma palavra que diz tudo: a palavra revisão. Com efeito, estamos revisando o que foi feito anteriormente para ampliá-lo em alguns casos, para esquecê-lo em outros, para vivificar as verdades do passado, trazendo-as ao presente em todos os casos, levantando o sentimento público.

Para estes fins existem as Comissões Revisoras de textos e do ensino de história e geografia, para resolver problemas de forma e fundo, limpar a linguagem de palavras mortificantes e corrigir o critério unilateral que desfigura os valores históricos e para tais objetivos está destinada a servir a iniciativa de criar uma Biblioteca de autores do Brasil em ciências, letras e artes traduzidos ao castelhano e de autores argentinos traduzidos ao português.

Trata-se de divulgar livros seletos... conquistar o leitor comum [...] A educação do público – segundo Paul Valéry – efetua-se atualmente por meio de leituras apressadas ou incoerentes de efeitos brutais e imagens violentas. Esta dramática realidade obriga aos intelectuais a renovar suas armas. Antes de declarar-se vencidos por um público que não lê impõe-se reconhecer a parte do erro nos que elaboram livros em forma e medida. O incontestável é que a obra retórica nasce morta (Ricardo Levene, 1937, "Prólogo" em Pedro Calmon, *Historia de la Civilización Brasileña*, Biblioteca de Autores Brasileños Traducidos al Castellano, vol. 1, pp. 9-10).

Era explícita a intenção de que a revisão histórico-cultural representa uma política. Nela estava em jogo a construção de uma imagem de público geral que se conquistaria através da ciência; o rigor e ascetismo de uma escritura pensada como antítese da retórica simbolista, aristocrática, dos polígrafos do começo do século. Tratava-se de uma luta simbólica travada no plano da linguagem; daí que o ensino desses valores passara pelo sistema educativo e a leitura, antes de chegar ao salão e à oratória. A um mal "social", esta diferença também opõe a "política cultural" ao mal da edição "comercial" e às distorções da popularização sem a orientação do Estado e seus intelectuais porta-vozes. Para delinear o horizonte dessa missão, a "fórmula Mérou" legitimava a nova missão americana:

> Há quarenta anos Martín García Mérou escreveu um valioso estudo sobre "El Brasil Intelectual" (publicado em La Biblioteca, 1896-1899)[38] arrancando da exata afirmação segundo a qual de todas as literatura sul-americana, nenhuma era tão pouco conhecida entre nós como a do Brasil... A face deste assunto mudará fundamentalmente com enorme e orgânica empresa puramente cultural que é a tradução das obras mestras do pensamento do Brasil em castelhano e a tradução ao português das grandes obras argentinas (*op. cit.*, pp. 13-14).

A lista de autores publicados, assim como da galeria de selecionadores, tradutores, prefaciadores de títulos, evidencia o alcance dessa plataforma de ação oficial como uma alternativa para reforçar a posição de personagens já dominantes nos campos intelectuais de ambos países. Outra obra educativa monumental realizada pela Comisión e que reunia "notáveis" dos dois países e de outros do continente, foi a coleção de *História das Américas*, publicada em espanhol e português. O convênio "pedagógico" manteve-se por meio de um sistema de intercâmbios de informações sobre os programas de ensino elementar e os livros mais usados no país vizinho entre os respectivos ministérios de instrução pública. Os livros e outras "políticas" materializaram a multiplicação das missões culturais. Estas formavam tanto a futuros "delegados"[39] como consolidavam as hierarquias produtoras de poderes simbólicos[40].

O ritual dos intercâmbios ficava marcado pela celebração da semana do Brasil na Argentina (ao redor de 7 de setembro) e da Argentina no Brasil

---

38. Esta referência de Levene acrescenta uma informação adicional à origem da publicação de Mérou, que não consegui cotejar.
39. Em 12 de agosto de 1935, por exemplo, uma delegação de treze estudantes de direito argentinos visitaram o Rio de Janeiro como enviados oficiais de sua Faculdade.
40. De 8 a 22 de novembro de 1935, por exemplo, foram a Buenos Aires Rodrigo Octavio e Pedro Calmon em representação do Instituto de Geografia e História e os "doutores" Miranda Jordão, Raul Gomes Mattos, Orlando Ribeiro de Castro, Mário de Bulhões Pedreira e Lineu de Albuquerque Mello pelo Instituto dos Advogados (carta do embaixador brasileiro José Bonifácio de A. Silva ao Ministro das Relações Exteriores, datada de 23 de novembro de 1935 – Arquivo do Itamaraty. "Embaixada de Buenos Aires", documento nº 410). Um mês depois, o embaixador brasileiro José Bonifácio de Andrade e Silva foi incorporado à Junta de História e Numismática presidida por Ricardo Levene (*La Nación*, 1º/12/35).

(semana de maio). O interesse das comunidades de artistas e intelectuais se promovia por concursos como o "Prêmio à produção científica, literária e artística" que a Comisión de Instrucción Pública del Congreso (presidida pelo ex-embaixador no Brasil Miguel Ángel Cárcano) outorgava aos trabalhos relativos ao Brasil[41]. Paulatinamente, instituições de todo tipo aproximavam-se da nova fonte de recursos oficiais, completando a tarefa de disseminação e orientação dos significados dos intercâmbios[42]. Tanto os interesses oficiais como de informação por parte de um público geral diversificado[43], forçaram a ampliação das forças burocráticas destinadas para concentrar os acordos[44] (Conferencia Regional del Plata, Montevidéu, janeiro de 1941). A aproximação argentino-brasileira chegou a um clímax com a assinatura do Tratado Argentino-Brasileiro sobre Livre Câmbio Progressivo, assinado em novembro de 1941.

Sob esse quadro, é possível tratar da tradução cruzada da época como capítulo cultural do movimento geral de substituição de importações, o qual também foi responsável por um aumento do mercado de traduções como um todo. Se em matéria de bens comerciais a balança de câmbios favorecia amplamente a Argentina[45], em matéria cultural, a força exportadora do Brasil e/ou a capacidade de absorção argentina inclinaram a relação de modo inverso.

41. *Diário de Sesiones de la Cámara de Diputados*, 25 de setembro de 1935. Para reforçar o significado desta classe de distinções legitimadoras de produção cultural, observe-se, por exemplo, que o minucioso trabalho de crítica literária realizado por Weimberg (1961), ganhou um "Prêmio Brasil 1958, Bodas de Plata", estabelecido pelo Instituto Argentino Brasileño de Cultura.
42. O P.E.N. Club argentino, por exemplo, aproximou-se das autoridades para promover a fundação de uma sede no Rio de Janeiro (Arquivo do Itamaraty, "Embajada Buenos Aires", documento 397). A Associação Clorinda Mattos de Turner, por sua parte, inaugurou uma seção argentino-brasileira (*La Prensa*, 15/11/35).
43. Junto à educação e à cultura, o Brasil também era difundido através do fomento ao turismo (ver "Turismo Brasileño-argentino", *Boletín Mensual de la Cámara de Comercio Argentina Brasileña* nº 226, p. 50).
44. Em carta de 23 de setembro de 1935, um funcionário da embaixada de Buenos Aires reclamava ao Ministro a insuficiência de pessoal, "dado o notável aumento de trabalho, nos últimos tempos, decorrentes da intensificação da cordialidade brasileiro-argentina, que determina um maior interesse pelas nossas cousas, tanto sob o ponto de vista comercial, como cultural, ocasionando contínuos pedidos de informações de toda índole" (Arquivo do Itamaraty, "Embaixada de Buenos Aires", documento 376).
45. Em 1934, a Argentina exportou ao Brasil pelo valor de 61 085 990 milhões de pesos, e importou daquele país por 49 673 460. As exportações representavam 25% mais que em 1933. O trigo e suas farinhas eram o principal rótulo de exportação e a erva-mate o de importação.

A Circulação de Escritores

Uma dimensão central do estudo organiza-se ao observar a circulação de escritores entre as fronteiras nacionais, independente dos convênios e "contratos". Através de Buenos Aires uma nova geração de escritores modernistas apropriava-se da condição de representantes da cultura brasileira frente a outras comunidades do exterior. Este movimento para "fora" funcionava, como é habitual, como uma possibilidade para posteriormente redobrar as apostas e o reconhecimento no cenário cultural nacional. Como já vimos, alguns escritores beneficiaram-se pelas eleições para representar o país em missões culturais[46]. Por outra parte, ao fecharem-se as portas da Europa, Buenos Aires aparecia como uma alternativa para o exílio dos excluídos pela repressão e censura do Estado Novo. À experiência de Prestes entre as mudanças das décadas de vinte a trinta, agora somavam-se outros como o exílio do diretor do jornal *O Estado de S. Paulo* e mecenas Mesquita Filho. Monteiro Lobato pelo seu lado, a cada divergência com as autoridades políticas, ameaçava mudar-se para o Prata. Mas o caso de Jorge Amado parece haver produzido os efeitos mais duradouros para garantir intercâmbios intelectuais entre as esferas de produção literária do Brasil e da Argentina. Na Argentina, Jorge Amado encontrou um ambiente intelectual muito receptivo do qual se serviu para reforçar seus atos político-literários. Foi por seu intermédio, certamente, que se moveu ainda mais a recepção da literatura modernista na Argentina, num momento em que a indústria editorial desse país tornava-se centro editor para o mercado da língua espanhola[47]. Na Argentina, Jorge Amado testemunhou viver exclusivamente de sua escrita. Colaborou no jornal *Crítica*, na revista *Sur* e outros periódicos literários de destaque.

Se muitos companheiros de Amado estiveram longe de uma oposição ao regime de Vargas, vemos que direta ou indiretamente a maioria dos grandes nomes da época usufruíram os compromissos oficiais motivados pelo clima de integração binacional. Por exemplo, a origem do livro *Conferências no Prata (Tendências do Romance Brasileiro)* feitas por José Lins do Rego, trabalhos esparsos, é resultante de sua missão cultural encomendada pelo Ministério das Relações Exteriores do Brasil em 1943.

46. Em 1935, uma comitiva de autores brasileiros recorreu várias províncias argentinas realizando conferências. Entre eles encontrava-se, por exemplo, Agripino Grieco, um dos críticos mais respeitados do Brasil desde fins dos anos de 1920 (Lima, 1966, p. 303).
47. Alguns dados sobre a produção editorial argentina do período: em 1936, editaram-se 823 títulos e 2 880 000 exemplares; em 1939, 2 160 títulos e 9 300 000 exemplares; em 1942, 3 778 títulos e 20 700 000 exemplares; em 1945, 5 098 títulos e 30 600 000 exemplares (Rivera, 1981, p. 582).

No entanto, a oficialização que estamos considerando, antes de haver sido um processo natural longe da força da "livre concorrência" entre idéias, criadores, editores, foi um derivado das formas de participação crescente do Estado nos processos de monopolização dos capitais simbólico e informacional (cf. Bordieu, 1997, cap. 4). Em fins dos anos de 1930, as condições para que as mensagens e obras fossem consagradas passavam por um mundo de política onde os próprios autores não contavam com todos os recursos de negociação para lidar com Vargas e as barreiras que a expansão do Estado em matéria de educação e cultura levantavam.

O Departamento de Imprensa e Propaganda (DIP), fábrica de imagens e de políticas de difusão massiva das orientações corporativas e populistas do varguismo, promoveu um complexo de ações tendentes a difundir a imagem do país no exterior. Uma manifestação deste tipo que toca nossos interesses de estudo, foi o periódico *Letras Brasileñas. Cuaderno de Divulgación en Idioma Español de Literatura, Artes y Ciencias del Brasil*, editado pela seccional DIP – São Paulo. Além do D.I.P., a partir de 1937 o Itamaraty criou um Serviço de Cooperação Intelectual, "destinado a tornar-nos conhecidos lá fora" (Plínio de Mello, "Serviço de Cooperação Intelectual", *Anuário Brasileiro de Literatura*, 1937, p. 106). Seu primeiro diretor foi Ildefonso Falcão. Ao resenhar a atuação dessa dependência, Mello considerava que "a expansão cultural e artística ainda está no período da infância [...] O estrangeiro tem uma idéia vaga do que os brasileiros são capazes de produzir no terreno do pensamento e do espírito" (*idem*). Era preciso antecipar-se num contexto de crescente multiplicação dos aparelhos de "propaganda" que se ajustavam a todas as nações modernizadas entre os anos de 1920 e de 1940.

A evolução da indústria editorial argentina foi meteórica até 1946. No Brasil, ao contrário, depois de um *boom* da edição nacional entre 1935 e 1936, o mercado se retraiu, o Estado interveio autoritariamente controlando o mercado do papel de modo clientelista, provocando um processo de concentração similar ao produzido em 1929. Numerosas editoriais fecharam, outras monopolizaram nichos de edição (José Olympio – literatura nacional; Companhia Editora Nacional – didáticos; Livraria do Globo – literatura estrangeira etc.).

Graças aos programas das colaborações de editoras comerciais como Claridad, Emece e Santiago Rueda, na década de 1940 Érico Veríssimo, Monteiro Lobato e Jorge Amado foram escritores de enorme difusão na Argentina. *Mirad los Lirios del Campo* de Érico Veríssimo chegou a ter uma versão cinematográfica protagonizada por Francisco de Paula e Silvana Roth e em 1949 as edições Tupã iam pela quinta edição. Algumas de suas obras chegavam a ter tantas edições como no Brasil. Lobato, já no início da década de quarenta, editava uma similar proporção de livros na Argentina e no Brasil (Cavalheiro, 1955, p. 260).

Ao estourar a guerra, o mercado editorial argentino viu-se capacitado para suprir um setor considerável do consumo brasileiro de livros europeus. A melhor demonstração era a multiplicação dos livros de edição argentina que a partir de 1939 ganharam o Brasil como porto de exportação. De 627 quilos de livros argentinos importados em 1935, passou-se a 8 663 em 1940 e 166 969 em 1945 (Hallewell 1985, pp. 330, 422-423 e 582-583). A uma receptividade crescente do livro brasileiro em espanhol contrapõe-se uma proporção muito baixa de traduções e edições (oficiais ou comerciais) de autores argentinos no Brasil. Por outro lado, a profissionalização do setor editorial e literário argentino tornou-se modelar para a motivação de movimentos similares no Brasil e em outros países da América Latina.

Janela para a Interpretação de El Brasil Moderno

As correlações da profissionalização que estabelecemos tecem uma malha de interdependências estáveis entre o mundo do livro argentino e brasileiro. O caminho para a regularidade e a previsão ficou plasmado. Daí em diante, a ininterrupta edição de autores brasileiros na Argentina é a evidência mais segura. Diferentemente dos experimentos culturais-diplomáticos do início do século, a racionalização do sistema de intercâmbios intelectuais e editoriais passou a apresentar um problema de profissionais.

Esse espaço de possibilidades explica o aparecimento em 1942 de *El Brasil Moderno,* de Ricardo Sáenz Hayes, primeiro livro de autor argentino capaz de reclamar um lugar na genealogia que seria composta a partir de Mérou. Diferentemente deste, Sáenz Hayes (1888) é classificado entre os primeiros críticos profissionais da Argentina[48]. Em vez de cursar direito, estudou na Faculdade de Filosofia e Letras, da Universidade de Buenos Aires, e na Escola de Altos Estudos de Paris. Sua produção maior centrou-se em Sainte-Beuve, Montaigne (o que lhe valeu a obtenção da Legião de Honra francesa), Miguel Cané, Alberdi e Sarmiento. A obra de Sáenz Hayes foi um livro menor, produzido como *reportagem* do jornal *La Prensa.* Não

---

48. Entre outros, Roberto Giusti (1887), Carmelo Bonet (1886), Álvaro Melián Lafinur (1889-1958), Angel Acuñā (1892), Julio Noé (1893), Antonio Aita (1891) (Perosio, 1980, pp. 469 e ss.).

por isso, parece haver sido escrito com menos pretensão de reconhecimento intelectual[49]. Ao mesmo tempo Hayes escreveu-o com a profundidade necessária para medir as distâncias de seu tempo com o de Mérou. Em certo sentido, procurava destacar-se como um intérprete argentino do Brasil com novas raízes:

Não será redundante trazer à lembrança que os valores genuínos da literatura brasileira sempre foram celebrados na República Argentina. Os viajantes de tempos difíceis, os proscritos da tirania que se assentaram no Brasil, oásis de paz laboriosa sob o Império liberal de Dom Pedro II, familiarizaram-se com os poetas, escritores e homens de ciência que freqüentavam as veladas do rei filósofo na torre palaciana de São Cristóvão (R. Sáenz Hayes, 1942, p. 15).

Entre os nomes brasileiros que passariam a ser administrados por aqueles "nobres" argentinos, Hayes menciona o "nativista" Antonio Gonçalves Dias, o tradutor de clássicos Odorico Mendes, a poesia de Porto Alegre e José Gonçalves de Magalhães, Visconde de Araguaia e Ministro do Império em Buenos Aires.

Este marco servia a Hayes para exaltar uma raridade: a publicação em 1900 do *El Brasil Intelectual* de Martín Garcia Mérou, "diplomático viajante e homem de letras argentino". Ainda em 1930, Hayes afirmava: García Mérou é o mais qualificado comentarista da literatura brasileira na Argentina. A história intelectual do Brasil já podia ser reescrita por argentinos. Em 1942, Sáenz Hayes tinha credenciais para ser o prefaciador de *Casa Grande & Senzala*. Como expressa o título de sua apresentação de Gilberto Freyre na Argentina, sentia-se autorizado para inaugurar o "Redescobrimento da Argentina e Brasil em suas Relações Intelectuais".

Essa referência transforma nosso objeto ou desloca-o para um sistema de relações no qual a universidade e a crítica literária imporiam-se definitivamente como novo fator regulador dos intercâmbios. Correlativamente,

---

49. Roberto Giusti, outro companheiro profissional de Hayes e ex-camarada do Partido Socialista, resenhou *El Brasil Intelectual* apresentando outra visão ao processo geral que aqui procuro ressaltar: "Com seus grandes, ricos e poderosos jornais, a Argentina produziu em maior medida de quanto tinha sido feito, brilhantes repórteres [...] Verdade que Sáenz Hayes quando foi enviado ao Brasil pela direção de La Prensa em maio de 1941, já era experiente em tais inquisições, como antigo redator do mesmo jornal. Diretor de sua agência em Paris, pôde observar desde aquele elevado observador durante longos anos, até a invasão da França, os fluxos e refluxos da opinião mundial [...] Livro sério e objetivo onde se estudam, senão todos os aspectos da vida brasileira, sim os mais vitais, concernentes à formação étnica, ao desenvolvimento econômico e vicissitudes políticas" (Roberto Giusti, 1943, pp. 72-73).

seu surgimento como critério de autoridade passaria a conflitar com editoras comerciais, para as quais os valores da literatura brasileira não poderiam apenas ser captados por políticas diplomáticas, senão também pela recepção de um público geral, e os fatores de seleção de um mercado de obras estáveis, em que a circulação podia se dar, potencialmente, com independência da explicitação da origem brasileira.

Além dos juízos e critérios do gosto literário que poderiam ser levados a uma avaliação dos autores e obras de origem brasileira que circularam e circulam na Argentina, tentei expandir os sentidos dos mesmos, a partir de algumas condições que tornaram possível sua tradução e publicação em livro. O estudo da tradução e a edição abrem o olhar à compreensão da diferença da literatura como prática e gênero, ao apresentar-se como vetores privilegiados para recuperar a ação de outros agentes fundamentais que, ao lado dos escritores, estruturam o mundo literário.

Se a diplomacia do tempo de Mérou deixou de ser uma condição necessária para a circulação literária de uma "nação", a política não desapareceu do cenário da literatura. Sua presença se transforma. Às vezes é controlada por momentos de força do campo literário, às vezes se subordina aos interesses politicamente orientados. O mesmo sucede com o mercado editorial. Decanta a necessária percepção de que a diferença de cada uma dessas esferas da vida social se correlaciona a outras. Este estudo parcial abre espaço para outros complementares. Por um lado, a pesquisa sobre a tradução de autores argentinos no Brasil. Por outro, os matizes da tradução cruzada nos anos noventa, quando se aceleram os processos de internacionalização do mercado. A todo momento deparamos a ação moldada pelas diferentes forças que fazem (e desfazem) a literatura. Como já mencionei, nos anos de 1990, o Estado brasileiro potencializou de maneira sem precedentes a promoção de sua cultura no exterior. As bolsas de estudos de tradução, os subsídios para a exposição internacional dos editores, artistas plásticos, músicos, acadêmicos aumentam a cada ano. Tanto as políticas do mercado editorial como as do poder público privilegiam a presença do Brasil na França, Alemanha, Espanha. Do lado argentino, essa inversão do público-político a serviço dos mercados tem sido bem menor e quase nula em relação ao mundo do livro. Em ambos casos, de qualquer maneira, observa-se uma imperceptível política de intercâmbios culturais argentino-brasileiros. Isso se realiza por iniciativas individuais, quando muito universitárias, a partir de agentes particularmente interessados.

Além dos juízos e critérios do gosto político, o contraste histórico decanta um panorama cultural em tempos de Mercosul que afasta as possibilidades de outorgar maior porosidade às fronteiras. A negação da alteridade pode ser uma marca que excede aos problemáticos mundos do livro em ambos países.

Tradução do original em espanhol de Pedro Câncio

Referências Bibliográficas

ABREU, Estela dos Santos. *Ouvrages Brésiliens Traduits en France.* Río de Janeiro, Fundação Biblioteca Nacional, 1994.
AMADO, Jorge. *Jubiabá.* Versión directa, prólogos y notas de Raul Navarro. Buenos Aires, Imán. 1937.
BARCIA, José et al. "Claridad, Editorial del Pensamiento de Eizquierda". *Todo es Historia,* nº 177, 1981.
BORRÉ, Omar. "Prólogo". In: MÉROU, García. *Recuerdos Literarios. Selección.* Buenos Aires, Centro Editor de América Latina. Col. Capítulo nº 137, 1982.
BOURDIEU, Pierre. "Systèmes D'Enseignement et Systèmes de Pensée". *Revue Internationale des Sciences Sociales* 19 (3), 1967, pp. 367-388.
──────. "Les Conditions Sociales de la Circulation Internationale des Idées". *Romanische Zeitschrift Literaturgeschichte* n. 1-2, pp. 1-10, 1990.
BROCA, Brito. *A Vida Literária no Brasil* – 1990. Rio de Janeiro, Serviço de Documentação. Ministério de Educação e Cultura, 1956.
CASSONE, Florencia Ferreira de. *Claridad y el Internacionalismo Americano.* Buenos Aires, Claridad, 1998.
──────. "Pensamiento y Acción Socialista en *Claridad*". In: *Cuando Opinar es Actuar. Revistas Argentinas del Siglo XX.* Buenos Aires, Academia Nacional de la Historia, 1999.
CAVALHEIRO, Edgard. *Monteiro Lobato, Vida e Obra.* São Paulo, Companhia Editora Nacional, 1955.
CHARTIER, Roger & MARTIN, Henri-Jean (orgs.). *Historie de l'Édition Française,* vols. III e IV. Paris, Fayard, 1990.
DE SAGASTIZÁBAL, Leandro. *La Edición de Libros en Argentina. Una Empresa de Cultura.* Buenos Aires, Eudeba, 1995.
DIRKX, Paul. "La Presse Littéraire Parisienne et les 'Amis Belges' (1944-1960)". *Actes de la Recherche en Sciences Sociales,* nº 111-112, 1996, pp. 110-121.
──────. "Les Obstacles à la Recherche sur les Stratégies Éditoriales". *Actes de la Recherche en Sciences Sociales* nº 126-127, 1999, pp. 70-74.
ECHEVERRÍA, Esteban. *Dogma Socialista.* Buenos Aires, Librería de la Facultad, Biblioteca Argentina nº 2, 1915 [1937].
EKELUND, Fredrik. "Sobre la Literatura Brasileña en Suecia". Rio de Janeiro, Quarto Encontro de Agentes Literários. *Mimeo.,* 1997 10 p.
FOUCAULT, Michel. *L'Ordre du Discourse.* Paris, Gallimard, 1971.
──────. "Sobre a Arqueologia das Ciências. Resposta ao Círculo Epistemológico". *Estruturalismo e Teoria da Linguagem,* Petrópolis, Vozes, 1971.
FUNDAÇÃO BIBLIOTECA NACIONAL. *Brazilian Authors Translated Abroad.* Rio de Janeiro, Fundação Biblioteca Nacional, 1994.

GIUSTI, Roberto. "El Primer Congreso de los Escritores Argentinos". In: GIUSTI, R. F. *et al. La Profesionalización de la Crítica Literaria – Antología.* Buenos Aires, Centro Editor de América Latina, Biblioteca Capítulo n. 62, 1980 [1936], pp. 153-167.

_____. "El Brasil Moderno". *Nosotros* (VIII) 82, 1943, pp. 72-76.

GRUPIONI, Luís Donisete Benzi. *Coleções e Expedições Vigiadas.* São Paulo, Hucitec/Anpocs, 1998.

HABERMAS, Jügen. *Mudança Estrutural da Esfera Pública.* Rio de Janeiro, Tempo Brasileiro, 1984.

HALLEWELL, Laurence. *O Livro no Brasil. Sua História.* São Paulo. Edusp/Queiroz, 1985.

HAYES, Ricardo Sáenz. "Redescubrimiento de Argentina y Brasil en sus Relaciones Intelectuales". *Introducción a Gilberto Freyre, Casa Grande & Senzala.* Buenos Aires, Ministério de Justicia e Instrucción Pública. Biblioteca de Autores Brasileños Traducidos al Castellano, vol. VIII, 1942, pp. 15-51.

HEILBRON, Johan. "Traductions et Échanges Culturels. Notes sur le Système Mondial de Traduction". In: BROADY, D., CHMATKO, N. & SAINT-MARTIN, M. de. *Formation des Élites et Culture Transnationales.* Paris-Stockoholm s/e., 1998, pp. 247-259.

JUSTO, Liborio. *Argentina y Brasil en la Integración Continental.* Buenos Aires, Centro Editor de América Latina, Biblioteca Política Argentina nº 37, 1983.

JURT, Josep. " 'L'Intraduction' de la Littérature Française en Allemagne". *Actes de la Recherche en Sciences Sociales* 130, dez. 1999, pp. 86-89.

LEVENE, Ricardo. "Prólogo". In: CALMON, Pedro. *Historia de la Civilización Brasileña.* Buenos Aires, Ministerio de Justicia e Instrucción Pública, Biblioteca de Autores Brasileños Traducidos al Castellano, vol. I, 1937, pp. 9-16.

LIMA, Alceu Amoroso. "A Literatura Brasileira". In: *Quem é Quem nas Artes e nas Letras do Brasil (artistas e Escritores Contemporâneos ou Falecidos depois de 1945).* Ministério das Relações Exteriores. Departamento Cultural e de informações. 1966, pp. 253-349.

LIMA, Yone Soares de. *A Ilustração na Produção Literária.* São Paulo – Década de Vinte, São Paulo, Instituto de Estudos Brasileiros/USP, 1985.

MADRID, Eduardo. "La Argentina y sus Relaciones Bilaterales com Brasil 1930-1943". *Separata* del Décimo Congreso Nacional y Regional de Historia Argentina, Santa Rosa, Academia Nacional de la Historia, 1999.

MÉROU, Martín García. *El Brasil Intelectual.* Buenos Aires, Félix Lajouane Editor, 1900.

_____. *Recuerdos Literarios. Selección.* Buenos Aires, Centro Editor de América Latina. Col. Capítulo nº 137, 1982 [1894].

PAIXÃO, Fernando (coord.). *Momentos do Livro no Brasil.* São Paulo, Ática, 1996.

PEROSIO, Graciela. "La Crítica Literaria". *Capítulo. História de la Literatura Argentina.* nº 62, 1980.

RIAUDEL, Michel. "Livres d'Auteurs Brésiliens Publiés en France". *Infos Brésil* nº 132, 1998.

ROMERO, Luís Alberto. "Buenos Aires en la Entreguerra: Libros Baratos y Cultura de los Sectores Populares". In: ARMUS, Diego (comp.), *Mundo Urbano y Cultura Popular. Estudios de Historia Social Argentina.* Buenos Aires, Sudamericana, 1990, pp. 40-67.

SORÁ, Gustavo. "Os Livros do Brasil entre o Rio de Janeiro e Frankfurt". *Revista Brasileira de Informação Bibliográfica em Ciências Sociais,* 41, 1996, pp. 3-33.

_____. *Brasilianas. A Casa José Olympio e a Instituição do Livro Nacional.* Tese de doutorado, Programa de Pós-graduação em Antropologia Social, Museu Nacional, Universidade Federal do Rio de Janeiro, 1998.

UNESCO. "Anatomie d'Une Année Internationale: L'Année du Livre 1972". *Etudes et Documents d'Information* nº 71, 1975.

WEIMBERG, Félix. *La Literatura Argentina Vista por un Crítico Brasileño en 1844.* Rosario, Imprensa de la Universidad Nacional del Litora, 1961.

4
Gaúchos, Futebol e Internet

FRONTEIRIÇAS

Ruy Carlos Ostermann

A fronteira não é um fato jornalístico capaz de superar os limites dessa separação de cidades, campos, vegetação, animais, pessoas, rios, poucas pontes, essa dimensão geográfica e política que nos coloca moral e existencialmente do outro lado. Ela migra, desliza, segue por um lado, volta por outro, exalta uma convivência, relembra, e desde que os exércitos se acalmaram, a invasão de território já não faz sentido e nem tem justificativas práticas de tropa, polícia ou fiscal da aduana (um dia até os trilhos terão bitolas equivalentes e os trens vão passar de lado e ir adiante). A notícia quase sempre tem a docilidade do fato doméstico, paroquial e simples, quase trivial.

Justificam-se, assim, edições mansas de jornal e programação leve de rádio. As lonjuras favorecem o testemunho, não implicam ou exigem investigação e perguntas, e promovem a voz do dono, a versão oficial, quase sem contradição. A televisão, sediada na capital do estado e com pequenos espaços locais, processa o fenômeno dessa pacificação de fronteira com inevitável distância à generalidade.

Os únicos estremecimentos dessa placidez de campo, cercado, árvore e céu são jogos de Copa do Mundo ou equivalentes esportivos, mas só aqueles que jogam com os valores universais dos países afronteirados, o Brasil, o Uruguai, a Argentina. Desaparece, então, a interioridade das províncias lindeiras, reassumem-se na nacionalidade e num breve, às vezes consistente, estado de beligerância. Há provocações, intimidações, conflitos pessoais e familiares de tal grandeza iminente que se fecha a fronteira, antes naturalmente transitável entre Santana e Rivera, por exemplo, quebram-se coisas, xingam-se.

    Ressurge a desavença histórica dos povos sob a forma simbólica do conflito do futebol. E o desencadeado dos fatos, se não remonta às razões históricas de ocupação, pilhagem, degola e desterro, refaz a ordem dos feitos, a bravata das conquistas, o regozijo da vitória pessoal e da Nação, modulada pelo transitório dos estádios. Mas essa recriação da glória e do desafio pelo imaginário, por força de tanto se repetir, e se repetir sempre como amostragem do mesmo, acaba reduzindo a sua capacidade de sedução e impacto. Já não há populações que saem às ruas e ocupam as praças mas cada vez mais são os jovens e um tipo irremediável de desafeto e provocador que aguarda o momento do possível desentendimento para manifestar a sua permanente desconformidade de fronteira.

    A cobertura jornalística desses episódios assim datados e previamente definidos só tem uma atenção maior nos veículos de comunicação das capitais provinciais ou de Montevidéu e Buenos Aires sob a forma de uma curiosidade que só mesmo a fronteira seria capaz de gerar por sua proximidade e contingência física de limites. Nas cidades e lugarejos da fronteira só mesmo a morte ou grande profanação terá força para sensibilizar editores e repórteres. No mais, segue a pacificação da cultura de fronteira, breves notícias sobre o comércio que faz deslocar seus interesses e vendas de acordo com as insatisfações do dólar, das visitas ilustres, viagens ao exterior, o recatado dia a dia das linhas imaginárias dessa separação. Ou da aftosa.

PÁGINA DO GAÚCHO, O MAIOR *SITE* SOBRE A CULTURA GAÚCHA NA INTERNET

ROBERTO COHEN

A Página do Gaúcho – www.paginadogaucho.com.br – é o maior *site* sobre a cultura gaúcha na internet. Caracterizada como uma enciclopédia *on-line*, de livre acesso, 24 horas por dia, com mais de 1 330 páginas, 3 900 imagens, 300 arquivos musicais e oito vídeos disponíveis para *download* e cópia. Entre suas páginas encontram-se assuntos variados sobre nossa cultura como: história do Rio Grande do Sul, culinária, festas, danças típicas, músicas, lendas, indumentária, jogos folclóricos, geografia, história, personagens importantes, pintura, poesia, turismo, índios, escultura, frases, adágios, CTGs e outros temas.

O surgimento do *site* ocorreu em meados de 1996, quando necessitei explicar a uma amiga norte-americana o significado da expressão "gaúcho". Buscando economizar palavras, procurei na Internet algum *site* que expressasse tal idéia. Infelizmente, nada encontrei e jurei, como os antigos gaúchos, marcando a sangue sua promessa: preencher essa lacuna na Internet, para que os próximos que tivessem tal necessidade encontrassem referência e não passassem dificuldades.

Assim teve início o que hoje é indiscutivelmente o maior *site* sobre a cultura gaúcha na Internet. Com atualizações mensais, a "Página" foi crescendo em proporções geométricas, através do agregamento de colaborações remetidas ao seu conteúdo pelas mais variadas pessoas que perceberam a oportunidade de ajudarem a gauchada espraiada por este mundo afora;

tornando-as co-partícipes da produção do *site*. Este já não era mais do seu criador, era da gauchada. Assim, num aspecto mais amplo, em vez de permitir que a globalização (internet, tv a cabo, seriados) conduzissem a uma unificação da cultura, o que aconteceu foi exatamente o contrário com o instrumento Página do Gaúcho: conseguiu-se manter viva a memória coletiva realçando nossa identidade regional utilizando tecnologia.

O caráter pessoal dado ao *site* por seu autor permitiu às pessoas uma maior facilidade para se relacionarem pois, ao "saberem" com quem conversam, ao poderem reclamar, sugerir e expressar seus pensamentos a um indivíduo identificado – em vez de um "serviço de atendimento ao visitante" ou similar –, as pessoas se sentiram mais íntimas para apresentarem suas necessidades e colaborações.

Atualmente, o *site* agrega dentro de suas páginas conteúdos além da expectativa inicial, mas sempre identificados com a cultura gaúcha. Estão em suas páginas, por exemplo, o *site* da editora Martins Livreiro, reconhecidamente uma das maiores que tratam da cultura gaúcha. Também apresenta-se o *site* oficial de Barbosa Lessa, um dos criadores do Movimento Tradicionalista Gaúcho e recentemente eleito Patrono da Feira do Livro de Porto Alegre. Estão lá o *site* do Instituto Histórico e Geográfico do Rio Grande do Sul, disponibilizando seu índice de acervo a todos os navegantes; a Sociedade Defensor, com a lista completa de todos os museus do estado; *sites* não-oficiais de artistas como Pedro Ortaça, Teixeirinha, Jayme Caetano Braun; biografias de escritores como Apparicio Silva Rillo, Roque Callage, Apolinário Porto-Alegre, Simões Lopes Neto, Cyro Martins, dentre outros.

A estratégia utilizada foi a criação de uma comunidade que girasse em torno do *site*: gerar sempre novidades mensais, com o intuito de fazer o navegador retornar; a captura de contas de correio eletrônico para remessa das novidades para divulgação; a anotação em cada página editada com o nome de quem enviara a colaboração.

O registro turístico e pessoal de vários pontos do Estado propiciou aos "desgarrados do pago" matar a saudade de suas cidades de origem, fazendo com que gaúchos que habitam o planalto central, o nordeste e até mesmo o exterior (USA, Japão, Escócia, Israel e outros países) recordassem e, por que não dizer, chorassem ao ver novamente seus torrões de infância: a temática do saudosismo. Além disso, a distribuição de prêmios nas narrativas, os concursos para descobrir qual a música e outras promoções permitiram a garantia do retorno periódico ao *site* dos visitantes.

Até 2001 o *site* foi uma realização pessoal patrocinada exclusivamente por seu criador e mantenedor. A partir de 2002 ano, o empreendimento começou, em função de suas parcerias, a tomar ares de gente grande, abandonando sua infância e adolescência. O ingresso de um jornal cultural com circulação de 15 000 exemplares-mês e treze anos de vida exigiu um comprometimento maior com profissionalismo e angariou maior visitação ao *site*. A comercialização de camisetas com a estampa do peão-mascote vem colaborando para firmar a marca junto ao público em geral, fora da internet. Em breve, a comercialização de CDs permitirá faturamento que subsidiará ações maiores, como transmissão ao vivo, pela internet, de eventos culturais.

O plano para o futuro da Página do Gaúcho é, primeiro, continuar firme com seu propósito inicial, que sempre foi levar a cultura aos desgarrados do pago e aos iniciantes no assunto, sejam eles crianças ou pessoas com sentimentos telúricos. A segunda fase será propiciar uma maior concentração e disseminação de referências de nossa cultura, por meio de apoio a músicos, historiadores, professores, folcloristas e debatedores. Com o uso da tecnologia é possível crescer de maneira organizada e disponibilizar ainda mais informações, seja com novos conteúdos alimentados por colunistas – remotos ou não –, seja com apontadores para *sites* de instituições e outros. Um exemplo: o resgate de tradições por meio de objetos simples, como a divulgação de receitas culinárias campeiras permite impedir o que Freyre previra: "uma cozinha em crise significa uma civilização inteira em perigo: o perigo de descaracterizar-se".

A Página do Gaúcho nasceu e cresceu como um empreendimento pessoal. Seu único objetivo sempre foi disseminar nossa história e traços culturais. Nunca foi objetivo servir de esteio para debate ou questionamentos, apesar de manter uma seção exclusiva com textos sobre tais tópicos. Nunca foi um manifesto regionalista. Contudo, ela hoje é um paradouro virtual para todos aqueles que buscam um descanso e informações sobre nossa condição de gaúchos. Que buscam a valorização do autêntico, a conservação de valores regionais e tradicionais. Nossas raízes. Obviamente, aspectos mais aprofundados podem ser buscados nos âmbitos universitários, nos institutos de cultura e nas entidades governamentais mantidas para este fim.

Mas, enquanto tais organismos não conseguirem levar ao grande público o que este procura – informação fácil e rápida sem burocracia – a Página do Gaúcho continuará sendo um dos esteios nos quais a gauchada poderá contar para conhecer e se orgulhar dos traços que tão marcantemente nos caracterizam: hospitalidade, cordialidade, respeito à palavra empenhada, nativismo e cavalheirismo.

5
Pesquisando Práticas Culturais na Fronteira

PRÁTICAS COMUNICACIONAIS EM ESPAÇOS DE FRONTEIRA: OS CASOS DO BRASIL-ARGENTINA E BRASIL-URUGUAI

KARLA MARIA MÜLLER

Este *paper* visa trazer ao debate questões relativas ao tema da comunicação de fronteira. Possui como foco central a reflexão sobre conceitos fundantes como "fronteira e integração", buscando contribuir para a análise e a compreensão das práticas comunicacionais de municípios limítrofes, como Uruguaiana-Paso de Los Libres – Brasil-Argentina – e Santana do Livramento-Rivera – Brasil-Uruguai.

Fronteiras Vivas

As comunidades de Uruguaiana-Paso de Los Libres e Santana do Livramento-Rivera possuem vínculos culturais, favorecidos pela região banhada pelo Rio da Prata. O hábito de tomar chimarrão e comer churrasco, fortemente cultivado pela população fronteiriça, está entre os aspectos culturais que se transformaram em amarras de união e de interação, reforçadas pelas músicas e danças gauchescas e pelos laços de família, que nas idas e vindas dos habitantes dessas cidades e com o passar dos tempos, criaram-se e intensificaram-se naqueles espaços.

As flutuações monetárias, que ora beneficiam os moradores de um lado da fronteira, ora os do outro, tornam o espaço propício ao comércio de produtos fabricados nos países envolvidos, estimulando também a comercialização de mercadorias provenientes de outras partes do mundo, como da China e de Taiwan. O comércio é um dos motivos pelos quais as regiões fronteiriças atraem estrangeiros, caracterizando-se como espaço multicultural. Entre os imigrantes que lá se instalaram, encontram-se os turcos e os palestinos, famosos pelo seu tino comercial. Essa presença de comunidades palestinas é visível tanto do lado brasileiro como do argentino e do uruguaio. Em Uruguaiana e Livramento, o comércio direcionado aos moradores que habitam o "outro lado da linha divisória" está praticamente nas mãos destes grupos de estrangeiros que, além de manter seus costumes, ocupam brechas, inserindo-se na comunidade local, abrindo espaços e possuindo visibilidade na sociedade. Sua atividade não se limita ao comércio; trabalham como advogados, médicos, dentistas; atuam como políticos, empresários e nos meios de comunicação, na literatura, enfim, nas mais variadas áreas. Há também os que não têm uma atividade muito transparente, ou como diz a população da localidade: "...têm renda proveniente não sei de onde...". Do Rio Grande do Sul ao Paraná, a presença dos palestinos é bastante forte e, de um modo ou de outro, com seu espírito empreendedor, eles estimulam o crescimento dos municípios situados nas linhas divisórias dos territórios nacionais.

Muito embora existam semelhanças entre as duas áreas de fronteira selecionadas para a análise, há elementos peculiares a cada uma delas. Até mesmo porque, em um dos espaços de fronteira, a divisa do Brasil se dá com a Argentina em outro com o Uruguai. E, por mais que estejam carregadas de traços similares, as identidades nacionais são diferentes e as relações entre elas se dão de forma peculiar, merecendo ˙˙˙˙˙˙˙ ˙ado.

Se levarmos em conta o caso de Uruguaia˙˙˙˙˙˙˙˙˙˙˙˙˙˙˙ m acidente geográfico que pode ser identificado c˙˙˙˙˙˙˙˙˙˙˙˙ d". Entretanto, há muito tempo, este tipo de elemento n˙˙˙˙˙˙˙˙ ˙a como um limitador. Com os avanços tecnológicos, passou a ser possível a transposição desta barreira através da construção de pontes e dos laços criados pelo homem, que estabelecem a ligação permanente entre duas cidades. Assim, o fluxo de pessoas, mercadorias e veículos passou a ser uma constante. Vale ressaltar que, no exemplo aqui analisado, diferente do que ocorre no espaço do Mediterrâneo[1], onde o limite é o horizonte das águas, em Uruguaiana-Libres é visível o território que pertence a um país e o que integra o outro, pois a outra margem do rio faz pairar o sentimento de bloqueio, de limite. No entanto, nem assim o homem se sente acuado, e, na tentativa de novas conquistas, por idéias expansionistas e pela busca do

---

1. *O Mediterrâneo*, obra escrita há mais de cinqüenta anos pelo historiador Fernand Braudel (1992), é um dos estudos mais curiosos e ricos sobre fronteiras.

convívio com o semelhante, vê-se motivado a superar os desafios que a natureza lhe impôs, criando alternativas que possibilitem aproximações.

Alguns aportes funcionam como guias para compreender o avanço do conceito de fronteira. Entre eles, pode-se citar: o de "fronteiras-zonas", constituídas na organização do espaço pelo homem e caracterizadas por extensas áreas inabitadas, como florestas e montanhas; o de "fronteiras-faixas", apresentando a fronteira como muralhas e muros; e o de "fronteiras-linhas", demarcações que podem dividir organizações de grupos humanos em qualquer escala. É, assim, possível afirmar que: "as relações internacionais são redimensionadas e, conseqüentemente, vai mudando rápida e progressivamente o conceito tradicional de fronteira, e as organizações espaciais vão se tornando cada vez mais internacionalizadas" (Lehnem; Jacobs; Copstein; Gonçalves, 1990, p. 162).

Já o conceito de "zonas de fronteira", proposto por Sarquis, é um pouco mais condizente com a realidade em questão. De acordo com o autor, elas se constituem em "amplas franjas territoriais de um lado e de outro das linhas de demarcação geográfico-políticas, no qual convivem populações com particularidades próprias que as diferenciam de outras partes dos territórios nacionais" (1996, p. 60).

O que ocorre em lugares como Uruguaiana-Libres e, principalmente, em Livramento-Rivera é o que Iturriza, citado por Padrós (1994, p. 69), denomina de "fronteiras-vivas", permeáveis, de tensão ou de acumulação. São zonas isoladas e afastadas dos centros dinâmicos nacionais, com escasso e desigual desenvolvimento econômico com relação ao país a que pertencem, sem autonomia para tomar decisões locais, mas que têm recursos naturais pouco explorados e pouco conhecidos. Possuem deficientes vias de comunicação e acesso e estão próximas de áreas de países vizinhos de conformação humana e geográfica semelhantes.

Nestes espaços inexistem, com freqüência, "fronteiras-barreiras" já que existe ação e interação dos agentes fronteiriços, estimulando dinâmicas específicas e informais. É indiscutível que os enlaces que ocorrem entre os pontos de contatos, entre os países do extremo sul da América Latina, em especial os urbanos, propiciam interações. No entanto, cabe discutir se é correto afirmar que as relações ali estabelecidas configuram-se efetivamente como de integração. O direcionamento do mundo para a criação e o fortalecimentos de blocos econômicos é inevitável. Questões de diversas naturezas passam a ser pensadas sob o ponto de vista econômico e financeiro e de forma global, ultrapassando os poderes dos estados Nacionais. Conforme explica Ianni:

[...] surge uma transformação quantitativa e qualitativa do capitalismo além de todas as fronteiras, subsumindo formal ou informalmente todas as outras formas de organização social e técnica do trabalho, da produção e reprodução ampliada do capital. Toda economia nacional, seja qual for, torna-se província da economia global. O modo capitalista de produção entra em uma época propriamente global (1996, 17).

No caso do Mercado Comum do Sul – Mercosul, o discurso integracionista é forte e acompanha o fenômeno que se dá há décadas em nível mundial, mas, como nos demais blocos econômicos, está basicamente pautado em acordos referentes ao mercado. Se a idéia é alcançar êxito em um processo que busque a integração entre os povos, fortes alterações deverão ocorrer, como a criação de um organismo supranacional, com poder e legitimidade popular, que coordene, em um primeiro momento, a reforma das estruturas econômicas, políticas e financeiras, assim como aconteceu no continente europeu.

Na Europa, está estruturado um dos blocos econômicos mundiais melhor organizados: a União Européia, composta por cerca de doze países. Denominada como Comunidade Econômica Européia por vinte anos, transformou-se em União Européia em 1992, tendo em vista uma integração mais abrangente e dirigindo-se a outras instâncias além das econômicas e das comerciais. De acordo com Ginesta, a União Européia é "regida por instituições supranacionais, com um direito comunitário supranacional com primazia sobre o direito nacional, de aplicação obrigatória e normas nacionais harmonizadas em muitos aspectos, políticas econômicas comuns e um propósito comunitário para levá-las a cabo" (1999, p. 41).

Os avanços devem ser processados em mais de uma matriz, que não só a pautada pelos acertos econômicos, envolvendo acordos também na área social, cultural, de modo a se configurar como um verdadeiro processo de integração, como conceitua Padrós:

> A idéia de integração refere-se a uma projeção que visa maximizar potencialidades e recursos dos países envolvidos, que passam a fazer parte de uma unidade dimensionalmente ampliada. Não se trata simplesmente de um somatório de possibilidades, mas da criação de um novo espaço de interação e negociação. [...] Por outro lado, integrar não deve significar perda de identidade nacional, e sim, contato com outras identidades nacionais (1994, p. 66).

A integração passa a ser o resultado de uma negociação equilibrada e depende da existência de uma vontade política de todos os envolvidos. E, neste aspecto, a vida na fronteira torna-se uma peça chave que pode auxiliar na composição de uma mudança que leve à efetivação da existência de um elemento novo, integrado de fato e de direito.

Espaços de Integração

Pelo distanciamento que as zonas fronteiriças aqui destacadas, com exceção do Uruguai, têm do contexto nacional do qual fazem parte, constituem-se em espaços periféricos, margens, bordas de um todo. O Brasil e a Argentina são países com grandes dimensões onde os espaços de fronteira estão a quilômetros de distância do governo central, dos pólos de tomada de decisões da vida nacional. Se subdividirmos o Uruguai, perceberemos o quão próximo suas fronteiras estão do governo federal devido à sua pequena dimensão territorial, o que é diferente nos outros dois países. Tal fato, no entanto, não impede que a vida do homem da região da fronteira, que habita as áreas limítrofes entre os territórios citados, apresente semelhanças.

Utilizando-se ainda dos conceitos de Padrós, pode-se afirmar que este homem fronteiriço possui uma mentalidade própria à integração pois, para ele,

[...] as noções de espaço e nacionalidade muitas vezes são tão abstratas quanto a idéia da existência de uma linha demarcatória que o separa "do outro país". A fronteira integracionista não resulta de uma ação planejada, pois é anterior a isso. [...] As "fronteiras vivas", aquelas caracterizadas por uma presença demográfica relativamente importante e por uma estrutura social complexa, manifestam uma integração informal que sobrevive às conjunturas políticas de fechamento e de corte (1994, p. 76).

Correntes migratórias que, desde a época da colonização, direcionaram-se para áreas como as acima citadas, instalaram-se sobre um extenso território cujas bases eram de populações aborígenes. As trocas e o trânsito na região do Prata ocorrem desde os primeiros povos que habitaram aquele espaço. Os momentos de tensão sempre estiveram presentes, mais fortes em determinadas épocas, mas, até mesmo por meio destes movimentos sociais, os intercâmbios foram estimulados e as trocas ampliadas.

O distanciamento das áreas mais desenvolvidas, onde os centros decisórios nacionais estão instalados, e a preocupação em resolver os problemas locais levaram o homem da região a criar mecanismos para resolver suas dificuldades, estimulando interações entre os povos de ambos os lados da fronteira. Exemplos disto podem ser encontrados em diversos setores da sociedade de Uruguaiana-Paso de Los Libres e de Santana do Livramento-Rivera.

Os habitantes destas cidades não se sentiram impedidos de trocar relações pelo fato de serem componentes de nações distintas. Indiferentes a isto, interagiram e constituíram espaços comuns próprios, com configurações peculiares. Invadiram terras internacionais, trocando informações, produtos, relações, configurando um novo espaço, criando normas e articulações definidas para atender as suas necessidades, chegando em muitos casos a transgredir determinações provenientes de instâncias de poder situadas em círculos distantes, em áreas externas a eles.

Apesar de estar vivendo um momento delicado, resultado de incertezas econômicas em proporções regionais, nacionais e até mesmo internacionais, as atividades de Uruguaiana estão centradas no setor agropastoril. Embora a cidade brasileira esteja com uma média de seis mil desempregados, sua situação é melhor do que a vizinha Paso de Los Libres. No município brasileiro, habita uma população flutuante composta de estrangeiros, como espanhóis e americanos, que vieram em função das obras do gasoduto que está sendo construído para transportar gás combustível da Argentina ao Brasil.

As condições de vida da população de Paso de Los Libres são bem piores do que as dos moradores de Uruguaiana. A cidade argentina está empobrecida, com aparência de abandono. Ela está situada na Província de Corrientes, cuja capital recebe o mesmo nome, localizada no Nordeste da Argentina é considerada uma das regiões mais pobres do País. A Província está falida, possuindo uma dívida interna maior do que a dívida externa do Paraguai. Sua administração sofreu intervenção do governo federal argentino que designou um representante para pôr fim à crise financeira vivida pela Província.

Uma das medidas adotadas nos últimos meses pelos governantes de Corrientes foi a criação de uma moeda denominada Certificación de Obligaciones de la Província de Corrientes – CECACOR, um bônus destinado a pagar o funcionalismo público que estava com seus salários atrasados. Os correntinos, como são chamados os habitantes da Província, compram muitos produtos em Uruguaiana, como gêneros alimentícios, vestuário etc. Devido ao comércio intenso entre os dois povos, os comerciantes do lado brasileiro viram-se obrigados a aceitar a moeda instituída na cidade vizinha. Procedimentos como este tornam-se condição de sobrevivência para os habitantes de ambos os lados, pois só assim é possível manter as vendas em um patamar mínimo, garantindo a sobrevivência do comerciante brasileiro e atendendo a população que se desloca para Uruguaiana com o objetivo de adquirir bens de consumo, cujos preços são bem mais altos no território argentino.

Nas primeiras observações realizadas sobre o cotidiano desta comunidade fronteiriça, constatou-se que os relatos dos uruguaianenses a respeito dos moradores do país limítrofe não são nada cordiais. Todos, pelo menos do lado brasileiro, quando solicitados a falar sobre as relações entre os dois povos, ressaltaram as disputas, as discórdias e as rivalidades existentes, esquecendo-se de um forte momento que os uniu, que foi a Retomada de Uruguaiana. Por sua geografia plana, Uruguaiana é uma cidade esparramada. Um dos seus principais limites é o rio Uruguai, cuja Ponte da Integração permite o fácil, embora nem sempre livre, acesso à Argentina. Aos olhos de um visitante, a impressão que paira é a de que a cidade está de costas para o país vizinho, voltando-se para o Brasil e guarnecendo a fronteira do inimigo, como ocorria nos tempos do Brasil Colônia ou no início da República, época em que as milícias privadas dos estanceiros eram convocadas pelo governo central a resguardar a fronteira, evitando uma possível invasão. No entanto, após uma observação mais minuciosa, verifica-se a presença constante de moradores de Libres, como também é chamada a cidade argentina, em Uruguaiana e vice-versa. Embora de acordo com a Constituição argentina não seja aceito o direito de dupla cidadania, o trânsito de pessoas de um lado ao outro é permanente, até porque os laços familiares entre brasileiros e argentinos estão presentes neste e em outros espaços. Na prática, a condição de ser cidadão brasileiro ou cidadão argentino não interfere no cotidiano dos moradores da região. Da mesma forma, quebrando barreiras, verifica-se a promoção de eventos culturais e esportivos que buscam estimular a interação entre os dois povos fronteiriços, incluindo, muitas vezes, a participação de uruguaios, vizinhos próximos.

Diferente de Uruguaiana-Libres, não há acidente geográfico que separe Livramento-Rivera, muito embora isso poderia ter ocorrido devido à presença das coxilhas. O marco divisório geopolítico corre ao longo de uma rua, sinalizado por pequenas estruturas de concreto ou por um muro baixo, feito de colunas e hoje imperceptível, pois ao seu redor estão instaladas, de ambos os lados, bancas de camelôs. Este traço divisório tem como espaço privilegiado a Praça Internacional, cortada pela linha limítrofe entre as duas cidades. Neste passeio público, as pessoas transitam naturalmente sem que a separação seja contundente, muito embora se façam presentes, em cada um dos lados da praça, policiais brasileiros e uruguaios. Mesmo vestindo uniformes que identificam as nacionalidades diferentes e desempenhando a função de resguardar a fronteira, esses mais parecem guardas de praça, preocupados em preservar o patrimônio público ali comum.

Em Livramento, a primeira impressão é de que as duas cidades, Santana do Livramento-Rivera, estão abraçadas. O relevo da região onde se localizam os municípios é um pouco acidentado, tornando possível visualizar a cidade vizinha a partir de pontos de observação situados em prédios ou de pontos geográficos um pouco mais altos, dando a sensação de que as construções fazem parte da mesma cidade. O trânsito de pessoas e de mercadorias se dá normalmente, confundindo um observador desavisado. O fácil acesso de um lado para o outro causa indiferença nas idas e vindas dos habitantes locais. Diariamente, brasileiros e uruguaios misturam-se nas calçadas, nos estabelecimentos comerciais e nas empresas de ambas as cidades. Muitos deles desfrutam, inclusive, de dupla cidadania (*doble chapa*, como são chamados), pois seus pais ou avós possuem nacionalidade brasileira ou uruguaia. Há ainda trabalhadores que têm a Carteira Profissional Número Quatro, como eles mesmos dizem, que permite ao cidadão uruguaio trabalhar legalmente em Livramento.

Como ressaltam tanto os brasileiros como os uruguaios, a compreensão do que ali ocorre só pode se dar a partir da união das duas cidades. O desenvolvimento delas só foi, e continua sendo, possível graças a ações conjuntas, onde as deficiências de uma são sanadas pela outra.

Mesmo assim questões envolvendo a identidade afloram. Nos dois casos, a lusitanidade e a espanidade, presentes no período do descobrimento, conquista e colonização latino-americana, deixaram suas marcas, como a língua, que também acabou por absorver influências. Com o passar dos tempos, após tantas disputas entre forças nacionais e regionais, criou-se um território diferenciado, como é comum aos espaços de fronteira (Guazzelli, 1997), onde se desenvolveu uma cultura particular, tendo como um dos elementos constitutivos a língua, denominada nessas localidades, em particular, como "portunhol", que é diferenciado em cada um dos pontos de contato entre os países vizinhos.

Em Livramento-Rivera, as articulações estabelecidas entre seus moradores abrangem vários aspectos, e acordos vão sendo firmados, sem o menor constrangimento, entre os municípios, principalmente, através das instituições. Em algumas situações, as autoridades representativas dos órgãos oficiais em nível nacional e estadual vêem-se obrigadas a "fecharem os olhos", não por estarem coniventes com o desrespeito às leis, mas pelo fato de conhecerem a realidade local, compreendendo o quanto os acertos informais são vitais para o desenvolvimento da comunidade fronteiriça.

O próprio conceito de fronteira é empregado de modo diferenciado por quem não é morador de um desses espaços e pelos habitantes do local. Para quem vive nestes lugares, a linha divisória é tênue e não passa necessariamente pela demarcação geopolítica. Eles se dizem "da fronteira", incluindo-se em uma área diferenciada e ampla, e deixam para regiões mais distantes, além das zonas urbanas, a responsabilidade pelos contornos nacionais.

Em alguns momentos, aguçam-se as diferenças, com demonstrações de defesa de uma identidade que religa os habitantes de Livramento-Rivera às suas distintas nações. É o que ocorre, por exemplo, nas disputas futebolísticas entre times do Brasil e do Uruguai. O policiamento local vê-se obrigado a fechar as principais passagens das ruas que unem uma cidade à outra, de modo a evitar confrontos entre os torcedores mais ferrenhos. Mas até mesmo estes confrontos servem para demonstrar como o que se passa ali, onde torcedores do Brasil são mais numerosos de um lado e torcedores do Uruguai são mais numerosos de outro, é um processo interativo. Em que outros espaços esta rivalidade ficaria tão manifesta e controlada ao mesmo tempo? Se por um lado cada um quer demonstrar a superioridade de seu país a partir das equipes de futebol, por outro é o lugar onde este tipo de manifestação pode ocorrer sem que os desfechos sejam negativos. Na verdade, são irmãos/hermanos que se encontram para confraternizar.

Já em Uruguaiana e Paso de Los Libres há mais resistência com relação aos acertos, mas eles são inevitáveis. Os pactos entre as duas cidades são em áreas mais específicas, como a comercial, restringindo-se aos acordos extremamente necessários à sobrevivência, por exemplo, do mercado local. O que se verifica na fronteira entre esses dois municípios é que, por Uruguaiana ser considerada como um grande Porto Seco, conflitos ligados ao transporte de cargas por caminhões do Brasil para a Argentina e para os outros países do Cone Sul, têm seu desfecho ali, envolvendo as duas aduanas, hoje unificadas. As tensões ocorridas naquela zona de fronteira são resultado de problemas existentes nas políticas nacionais dos governos dos países envolvidos, refletidas nos acordos de ordem internacional sobre exportação e importação de produtos.

Nestes municípios os choques são mais freqüentes e também ocorrem sempre que há um enfrentamento entre times de futebol brasileiros e argentinos. Os torcedores de Libres fazem carreatas ao redor da praça central de Uruguaiana, provocando os representantes da torcida brasileira quando da derrota de uma equipe do Brasil. Já o inverso não é permitido, pois a polícia argentina proíbe a passagem dos torcedores brasileiros para o lado argentino, interditando a ponte.

Mas as discórdias não se limitam aos confrontos esportivos. Segundo depoimentos de uruguaianenses, a polícia do país vizinho é bem rígida quando um brasileiro está envolvido em um incidente "do lado de lá". Até mesmo quando se trata de questões relativas ao rio Uruguai, a guarda costeira argentina é severa com os brasileiros que cometem pequenas infrações, como passar para as águas argentinas, chegando a prendê-los e deixando-os incomunicáveis. O mesmo ocorre quando acontecem choques entre automóveis dirigidos por brasileiros em Libres. Há dificuldades para retirar o veículo e a autuação é lavrada na hora com a exigência do pagamento da multa naquele instante e com moeda argentina. Estes são apenas alguns exemplos citados pelos habitantes locais, de situações de conflito.

Tal relacionamento, onde as diferenças na legislação de cada país são ressaltadas, não deixa de demonstrar que há uma interação permanente entre as partes envolvidas e, na verdade, o que mais contribui para os desacertos são as decisões tomadas em nível nacional, por governos centrais, que ignoram a situação peculiar dos espaços fronteiriços.

Para combater tais divergências, movimentos são criados com o intuito de aproximar a comunidade fronteiriça. Um deles é a Comissão Binacional de Meio Ambiente, instituição fundada por moradores de Uruguaiana e Paso de Los Libres, preocupados com a preservação ambiental. Esta organização elege a cada dois anos seu presidente, sendo o cargo ocupado de forma alternada por brasileiros e argentinos. A sede de atuação da entidade desloca-se para a cidade da qual o dirigente é originário, Uruguaiana ou Libres.

As batalhas que a Comissão trava em favor do ambientalismo fazem com que seus membros recorram aos governos municipais, estaduais e federais, com o objetivo de transpor barreiras administrativas, políticas e de legislação em prol do meio ambiente e da comunidade local. As questões relativas a mananciais de água são as mais importantes para a instituição, pois há na região um grande lençol freático, que se estende por uma área que abrange os quatro países do Mercosul. Este lençol pode garantir o abastecimento de água para 150 milhões de pessoas num período de 2 500 anos.

Situações semelhantes ocorrem em Livramento-Rivera. Nestas cidades, uma entidade de cunho não-governamental, presente em vários países dos cinco continentes, e que tem como objetivo trabalhar com jovens e crianças, nas áreas de educação, esporte e lazer, recebe uma denominação bem peculiar. A ACM/ACJ Fronteira (Associação Cristã de Moços/ Asociasón Cristana de Jovenes) atua nas duas cidades e conta com o apoio de voluntários brasileiros e uruguaios. Indiferentes à linha divisória entre os dois países, as lideranças locais somam esforços, mas enfrentam dificuldades até mesmo para que em suas sedes regionais, situadas em Porto Alegre e Montevidéu, sejam compreendidas as situações com as quais ela se defronta. Quando da prestação de contas, a ACM/ACJ Fronteira apresenta os resultados nas três moedas correntes em Livramento-Rivera: o real, o peso e o dólar. Os administradores, distantes da comunidade fronteiriça, têm dificuldade em aceitar a realidade, que é informada pelos coordenadores locais. Da mesma forma, colaboradores de ambos os lados da divisa não medem esforços, buscando ultrapassar os empecilhos decorrentes das leis municipais, estaduais e nacionais que causam entraves para projetos que são direcionados aos habitantes do lado brasileiro e do uruguaio, firmando convênios e acordos que possam atender à comunidade local indiscriminadamente.

Estados que se propõem integracionistas deveriam dar prioridade nas suas análises ao agente local fronteiriço, pois sua vivência pode auxiliar na compreensão do que venha a ser de fato e de direito um processo de integração. Segundo Fedatto, "o processo de integração, visando a uma sociedade mundializada, devia começar na fronteira, onde seus habitantes já aprenderam o respeito pelo outro" (1996, p. 117).

Movimentos Realizados

O campo empírico escolhido, fronteira entre Brasil-Argentina e Brasil-Uruguai, consiste num recorte espacial, palco de manifestações de intersubjetividades. No caso em pauta, trata-se de levantar pistas que possam auxiliar na reflexão sobre como a fronteira, elemento definido geopoliticamente, interfere nas práticas comunicacionais ali desenvolvidas.

No trabalho de campo, foram comprovadas as particularidades decorrentes de situações específicas por tudo o que representa um ambiente fronteiriço, com hábitos, costumes e processos onde os campos se entrelaçam, configurando-se em uma experiência única, diferente das dos grandes centros urbanos e assumindo posicionamentos interioranos, mas com características muito próprias a um espaço marginal, visto, algumas vezes, como área de limite e, outras, como inferior, distante dos centros de decisão.

O tema aqui apresentado diz respeito aos processos comunicativos locais, carregados de singularidade, e é neste ponto que reside o diferencial da discussão. Em um mundo globalizado, as práticas comunicacionais são cada vez mais diversificadas. Os contatos interpessoais permanecem vivos e fortes, mas são cada vez mais permeados pelas possibilidades que as inovações tecnológicas oferecem, refletindo-se em novas formas de socialização, mediadas pelos veículos de comunicação. Nesta esfera, as relações se dão "nos" e "através" dos entrelaçamentos dos campos sociais, distintos e variáveis de acordo com o contexto onde se inserem. Sendo assim, um espaço de divisa entre países e de contato entre povos diferentes configura-se em peculiar, trazendo consigo especificidades dignas de análise.

No início dos trabalhos, definimos algumas questões como prioritárias. Nesta fase, a busca por informações que auxiliassem na construção da realidade cotidiana foi realizada. Consultas a documentos que relatam os movimentos que se desenrolaram naquele espaço fronteiriço tornaram-se fundamentais. Mas, para trazer o momento atual à cena, o ponto de partida ficou centrado na mídia impressa local das cidades de Uruguaiana e Santana do Livramento. Jornais de Paso de Los Libres e Rivera também fazem parte do estudo, mas como elementos complementares.

Um jornal impresso de cada um dos municípios brasileiros em questão, os mais representativos na comunidade, pelo tempo em que estão em circulação, um há mais de sessenta anos e outro há mais de vinte anos, foram definidos como pontos referenciais. A partir destas escolhas, está sendo realizada observação participante junto a essas indústrias culturais, compondo o perfil dessas organizações, sua estruturação e mecanismos de funcionamento. As rotinas de produção dos jornais passaram a ser acompanhadas em visitas mensais à fronteira a partir do segundo semestre de 2000. O contato e o acompanhamento da produção de notícias têm permitido construir um panorama geral sobre a participação do jornal impresso local na vida da comunidade e o modo como ele espelha a sociedade, apresenta os movimentos em curso, ou chama temas ao debate na comunidade.

Pessoas consideradas fonte de informação foram entrevistadas, a maioria dessas representantes de instituições das áreas da política, polícia, economia e cultura. A intenção com esta busca era de ampliar as ferramentas para interpretar como a mídia se articula com as instituições e os grupos. Por outro lado, mas também para construir o mosaico, foram entrevistados assinantes dos jornais que enviam material solicitando sua publicação, renovam a assinatura espontaneamente e reclamam quando o veículo não é entregue. Ou seja, leitores que dão à mídia um papel de destaque nas suas vidas, aguardando, a cada dia, as notícias sobre os acontecimentos e os moradores da comunidade. São também indivíduos que vêem nesses meios de comunicação um canal aberto para expressar seus posicionamentos, dando à mídia a incumbência de ser o veículo de divulgação de suas idéias e proposições referentes aos fatos que se desenrolam naquele ambiente. Depositam no jornal local a atribuição de levar aos habitantes dali as informações de interesse da comunidade, servindo esse como porta-voz do pensamento dos líderes de opinião da coletividade, que, por sua vez, também indicam temas a serem agendados, abrindo ao veículo a possibilidade de definir como abordá-los, que atores chamar e como estes farão parte das cenas.

As entrevistas configuraram-se em conversas informais para que cada morador consultado deixasse transparecer sua visão de como a presença da fronteira afeta as relações estabelecidas no ambiente local, como se dão as trocas entre brasileiros-argentinos e entre brasileiros-uruguaios, como vêem o outro e qual a percepção que têm sobre as diferenças do outro e os limites entre os territórios de cada país envolvido. As linhas divisórias ali demarcadas são *fronteiras-vivas*, as relações entre os povos são dinâmicas, as interações são constantes, muito embora pareça não existir uma integração completa, mas sim várias formas de cooperação e entrelaçamento entre os campos sociais presentes. As necessidades de um lado são sanadas pela participação do outro, as brechas de um são preenchidas pela ação do outro de modo a se complementarem e se apoiarem mutuamente, desenhando um ambiente diferenciado, próprio das áreas fronteiriças. As bordas naquelas localidades são ultrapassadas. Tornaram-se, graças à ação do próprio homem, porosas, onde os limites impostos a partir de definições provenientes dos centros de decisão são distantes e, muitas vezes, elaboradas por desconhecedores da realidade dos povos que habitam regiões limítrofes dos territórios nacionais.

Os intercâmbios, desenvolvidos nas cidades observadas, ocorrem de forma normal e constante e através de diversos pontos que não só os definidos pelo mercado, forte e importante para a economia local de ambos os países ligados na linha de fronteira. Vários são os tipos de trocas, desenvolvendo no âmbito cultural, social, esportivo, político e até mesmo militar.

Por outro lado, mas não deixando de representar momentos de interação, os choques e tensões entre brasileiros-argentinos e entre brasileirosuruguaios são comuns e ocorrem de vários modos. O que se verifica é o fato de as práticas destinadas a impulsionar o desenvolvimento dos processos de integração ocorrerem em maior número e sempre acionadas para contornar momentos de conflito entre as forças dos países envolvidos.

A idéia que move a continuidade do estudo, além do prosseguimento das observações do ambiente fronteiriço, é de analisar os textos trazidos pela mídia impressa local, tentando estruturar um quadro final, embora parcial, do que representa a presença da fronteira em processos midiáticos locais, em especial, nas práticas comunicacionais entre Brasil-Argentina e entre Brasil-Uruguai. Conclusões começam a se delinear, permitindo, mesmo que de forma provisória, alguns posicionamentos e afirmações como as apresentadas no decorrer deste texto. Por outro lado, novas solicitações surgem, exigindo redirecionar encaminhamentos que possam ainda ser realizados e irão contribuir para a conclusão do estudo sobre a comunicação de fronteira.

Referências Bibliográficas

BRAUDEL, Fernand. *El Mediterráneo y el Mundo Mediteráneo en la Época de Felipe II.* 2 vols. México, Fondo de Cultura Económica, 1992.
FEDATTO, Nilce Aparecida da S.F. "Educação/Cultura/Fronteira: Um Estudo do Processo Educativo-cultural na Fronteira Brasil-Paraguai". In: TRINDADE, Aldema Menine; BEHARES, Luis Ernesto (orgs.). *Fronteiras, Educação, Integração.* Santa Maria, Pallotti, 1996.
GINESTA, Jacques. *El Mercosur y su Contexto Regional e Internacional.* Porto Alegre, Ed. da UFRGS, 1999.

GUAZZELLI, César A. Barcellos. *O Horizonte da Província: A República Rio-Grandense e os Caudilhos do Rio da Prata (1835-1845)*. Tese de Doutorado, Programa de Pós-Graduação em História Social. Rio de Janeiro, IFCS/ UFRJ, 1997.

IANNI, Octávio. *Teorias da Globalização*. 2 ed. Rio de Janeiro, Civilização Brasileira,1996.

LEHNEM, Arno Carlos; JACOBS, Casimiro Medeiros; COPSTEIN, Gisela; GONÇALVES, Jussara Maria Siqueira. "O Espaço Fronteira Brasil-Uruguai". In: *Temas da Integração Latino Americana*. Petrópolis, Vozes, 1990.

PADRÓS, Enrique Serra. "Fronteiras e Integração Fronteiriça: Elementos para uma Abordagem Conceitual". *Revista do Instituto de Filosofia e Ciências Sociais*. Vol. 17, n.º 1/2, jan.-fev., Porto Alegre, 1994.

SARQUIS, Patrícia. "La Educación en Zonas de Frontera: Síntese de Investigaciones Realizadas en Argentina. In: TRINDADE, Aldema Menine; BEHARES, Luis Ernesto (orgs.). *Fronteiras, Educação, Integração*. Santa Maria, Pallotti, 1996.

PAGOS, PASSAGENS, INCERTEZAS...
O DRAMA DA FRONTEIRA*

MARIA HELENA MARTINS

> *E cada um tinha que ser um rei pequeno...*
> *e agüentar-se com as balas, as lunares e os*
> *chifarotes que tinha em casa!...*
> *Foi o tempo do manda-quem-pode!...*
> *E foi o tempo em que o gaúcho,*
> *o seu cavalo e o seu facão, sozinhos,*
> *conquistaram e defenderam estes pagos...*
>
> SIMÕES LOPES NETO, "Contrabandista".
> Contos Gauchescos e Lendas do Sul

Contexto Fronteiriço e Fronteiras Culturais

A situação geopolítica do território sulino brasileiro diferencia muito seu desenvolvimento histórico, social, econômico e cultural do restante

---

* Íntegra de texto desenvolvido a partir do apresentado na Abertura do 1º Encontro Fronteiras Culturais (Brasil-Uruguai-Argentina). Porto Alegre, dez de 2001. Foi publicada uma síntese, com esse título, em *CULT* – Revista Brasileira de Literatura. São Paulo, 49, ago. 2001. Como se verá, repetem-se aqui informações e algumas observações feitas pelos autores que me antecedem neste livro. Isso é mais ou menos inevitável, em se tratando de temas afins. Mas preferi correr o risco da repetição a tentar dar outro traçado ao que exponho, pois certamente iria desfigurar o escrito, ficando "a emenda pior que soneto". Ao contrário, procuro indicar algumas aproximações que, na retomada, poderão levar a outras relações significativas.

do país. Primeiramente, interessa à Metrópole portuguesa como potencial produtivo, depois, como espaço estratégico, limítrofe com as terras espanholas do Prata. Mas permanece espécie de terra-de-ninguém até 1737, quando o Brigadeiro Silva Pais funda o Rio Grande de São Pedro. Esse ato, contudo, não impede a persistência de lutas e desacertos, tampouco arrefece o sentimento de território periférico. O Rio Grande forja-se, pois, a partir da necessidade de afirmação, em face do poder central luso-brasileiro e da proximidade ora ameaçadora ora atraente dos castelhanos. Estes, aliás, em condições assemelhadas[1].

A lhanura dos campos e o ondulado das coxilhas, ao extremo sul e sudoeste brasileiro, ainda hoje fazem a campanha parecer ilimitada, sem fronteiras. Há cerca de três séculos, muito mais. Percebendo isso, e diante das investidas espanholas, a Coroa envia para lá militares portugueses, que recebem sesmarias para nelas se estabelecerem, criarem gado e, sendo militares, ocuparem o território garantindo-o por sua conta e risco, com a força e desenvoltura dos homens da terra, os gaúchos.

Seria essa a causa da região se tornar "emblemática do Estado"? Ruben Oliven levanta a possibilidade. Também relembra voz corrente de nessas terras se ter forjado "uma democracia social", em que o dono da estância trabalhava junto com a peonada, todos gaúchos. Por fim, apresenta a hipótese de tal caracterização estar no fato de o Rio Grande ser visto como uma "situação limítrofe",

> tomado como una frontera en sí, como si todo el estado fuese una frontera, una barrera, y también como teniendo una situación ambigua, una región que podría formar parte de Brasil, o del mundo portugués, o del mundo español, como vamos a ver después en la carta de la Revolución Farroupilha [1835-1845], como una república independiente. Esto es una situación de mucha ambigüedad, de mucha liminaridad[2].

O antropólogo sul-rio-grandense observa então que de todos esses possíveis emerge "um clima de adversidade", enfrentado pelos habitantes da região.

---

1. Cláudio Laks Eizirik relaciona essa tendência ora de aproximação ora de distanciamento entre luso-brasileiros e castelhanos com o que Freud descreve como "narcisismo das pequenas diferenças", no qual "se mesclam amizade, competição, rivalidade e admiração" (cf. texto do autor neste livro).
2. Ruben G. Oliven, "Algunas Clavez Socioculturales para Entender Rio Grande do Sul". *Cuadernos para el Debate* nº 5. Programa de Investigaciones Socioculturales en el MERCOSUR. Instituto de desarrollo Económico y Social (IDES). Buenos Aires, set. 1999, p. 7.

É fácil relacionar essa "adversidade" com a vivência do "drama da fronteira", especialmente experimentado nos espaços lindeiros do Rio Grande do Sul, do Uruguai e da Argentina. Com a militarização, a área passa de terra-de-ninguém a posse de uns poucos; as sesmarias se expandem até o final do século XIX, mais ou menos, independentes de determinações oficiais e limites geopolíticos. A interação de nacionalidades e as lutas internas pelo poder aumentam a necessidade de afirmação. Tais componentes seriam o germe de um amálgama cultural respeitável, a propor mais e mais aspectos a considerar, com o passar do tempo.

Periferia e fronteira estão fadadas a compartilhar desditas, desvantagens. Mas não só isso. Devido à condição de marginalidade, as populações nessa situação tendem a usufruir uma liberdade impossível para aquelas próximas da "lei e da ordem". Dessa conjunção emergem duas características que se interagem, que o senso comum impregna à cultura local: "ideologia vigorosa" e "senso de possibilidade".

A formação de uma ideologia vigorosa de luta por valores libertários leva os fronteiriços a identificarem-se e passarem a ser vistos como contestadores, com tendências autonomistas[3]. "La dura vida impuso a los gauchos la obligación de ser valientes", afirma Jorge Luis Borges, corroborando a tradição oral, que fixa a imagem heróica do gaúcho[4]. O "senso de possibilidade" não considera a fronteira como delimitação, mas como abertura para outros horizontes. Assim, o que significaria um impedimento, ou mesmo uma ameaça, resulta em perspectiva de algo mais: desafio, conquista ou alternativa[5]. A tal senso se ligaria a "opção" de – território e seus habitantes disputados por portugueses e espanhóis – permanecerem brasileiros[6].

3. César Guazzeli, historiador, reporta-se à literatura para mostrar "o papel dos gaúchos dando um sentido próprio, autônomo, ao seu espaço, apesar das intromissões do Império". Da mesma forma, vê retratada na ficção a transformação do mundo em que esse homem vive: o gaúcho "poderá ainda fazer seu destino, mas não mais com a adaga e a lança dos *materros*, ou guerreiros de antes, e sim resignando-se aos tempos e deles retirando "sabedoria". (Cf. texto do autor, neste livro).
4. Jorge Luís Borges, "El Gaúcho", *Prólogos; Com um Prólogo de Prólogos*, Buenos Aires, Torres Aguero, 1975, pp. 62 e ss.
5. Seria algo semelhante ao "universo das *faceries*", a que se refere Jacques Leenhardt em seu texto neste livro: "muito mais uma maneira de arranjar saídas e vantagens externas do que o sinal de um encerramento ou fechamento"?
6. Ruben Oliven, *op. cit.*, pp. 7 e 8. O autor observa que essa situação é *sui generis*. E cita Érico Veríssimo para ilustrar essa escolha por ser brasileiro: "No século XVIII, quando soldados de Portugal e Espanha disputavam a posse definitiva deste então imenso deserto, tivemos de fazer a nossa opção: ficar com os portugueses ou com os castelhanos. Pagamos um pesado tributo de sofrimento e sangue para continuar deste lado da fronteira meridional do Brasil" (Érico Veríssimo, "Um Romancista

Corolário de tais características, encontra-se em algo, digamos, mais pragmático. Trata-se da tendência persistente de orientar a vida na região pela "busca de conveniências", de operacionalização daquilo que psicanalistas talvez chamassem de "benefícios secundários". Há décadas o cotidiano fronteiriço se abala e se conforma a cada volteio de câmbio – bom ou mau para o lado de cá ou para o "outro lado". Uma questão de trânsito... de gente, de negócios, de gado, também de gêneros, de subsistência diária. Compensam-se precariedades da situação, geralmente, por meio do contrabando puro e simples, da lei de oferta e procura, do trânsito fácil entre os "dois lados", da alternância cambial propícia. Contingências, enfim, que modulam o cotidiano do "lado de cá" e do "lado de lá".

Importa salientar que ainda não foi "descoberta" a conveniência do cultivo bilateral "do ser fronteiriço" e a transformação dessa riqueza cultural em benefícios para a auto-estima e em desenvolvimento calcado nas demandas da sociedade, indo além do exercício imediatista de sobrevivência.

Fato é que o homem comum do campo começa o aprendizado de sobrevivência na Campanha primitiva da forma mais rústica, abandonado à sua sorte. Posteriormente, torna-se indispensável a estancieiros e coronéis, para defender terras e ideais, combater ódios políticos, provendo com seu trabalho a subsistência da região. Se, no primitivismo de suas ações e na fidelidade a seus chefes, compreende-se a sua heroicidade, sem dúvida, o gaúcho faz jus à mitologia que o envolve. Conforme os tempos mais nebulosos de nossa história passam a ser estudados sem as implicações que compõem o cânone das tradições, aumenta o anseio de muitos pelo cultivo do passado através da ideologia heróica, num processo de sublimação que mascara a difícil tarefa de encarar e transformar a realidade[7].

Os intelectuais poetas sul-rio-grandenses do *Partenon Literário* (1868), no rastro de *O Gaúcho* (1870), de José de Alencar, são os primeiros, entre nós, que se empenham em enaltecer a figura do "monarca das coxilhas", expressão cunhada por Apolinário Porto Alegre para identificar romântica e aristocraticamente a quem até bem pouco tempo era visto como

---

Apresenta sua Terra", *Rio Grande do Sul. Terra e Povo*, Porto Alegre, Globo, 1969, pp. 3-4. *Apud* R. Oliven).

7. Maria Helena Martins, *Agonia do Heroísmo; Contexto e Trajetória de Antônio Chimango*, Porto Alegre, URGS/L&PM, 1980, pp. 25 e ss. Esse livro origina-se em Dissertação de Mestrado, em que estudo o poema *Antônio Chimango*, sua estrutura narrativa peculiar, seus vínculos com o contexto sócio-histórico, sua recepção pela crítica e o público. Nesse trabalho se originam vários aspectos da pesquisa e indagações que retomo no projeto Fronteiras Culturais (Brasil-Uruguai-Argentina) e estão no presente texto.

"antipoético", senão "escuso", vivendo as durezas da realidade campeira[8]. Na Argentina, a literatura gauchesca de cunho político, corrente inaugurada por Bartolomé Hidalgo e Hilário Ascasubi, culmina com o aparecimento de *Martín Fierro* (1872), de José Hernández. Essa imagem épico-romântica, não raro perpassada pelo humor tosco, vai contagiar toda a gauchesca especialmente o populário, firmando-se na cultura do Rio Grande mais que nos países do Prata. Aliás, não de graça, na Argentina, no Uruguai e no Brasil, entusiastas reivindicam a "nacionalidade" do poema de Hernández, ou do autor ou da própria personagem Martín Fierro, numa simbiose que sublinha as inter-relações socioculturais da região, as intersecções na visão de mundo, as influências no cantar.

35
Ricuerdo ¡qué maravilla!
Cómo andaba la gauchada
siempre alegre y bien montada
y dispuesta pa el trabajo...
pero hoy en día... ¡barajo!
No se la ve de aporriada.

36
El gaucho más infeliz
tenía tropilla de un pelo,
no le faltaba un consuelo
y andaba la gente lista...
teniendo al campo la vista,
sólo vía hacienda y cielo[9].

Nessa linha, vai uma das contribuições mais significativas da literatura do Rio Grande, *Antônio Chimango*, de Amaro Juvenal(1915)[10]. O "poe-

8. Inventariando o contexto semântico da palavra *gaúcho*, Augusto Meyer vê no vocábulo "guasca", síntese de toda a vivência do primitivo homem do campo. De início, era empregado para indicar sua rudeza, depois passou a 'símbolo de hombridade e destemor': 'falava-se em 'guasca largado' como quem dissesse 'quebra lagarto', 'torena', 'monarca das cochilhas' (*sic*). Como quem diz – gaúcho' ". Augusto Meyer, "Gaúcho, História de uma Palavra", em *Prosa dos Pagos*, Rio de Janeiro, Livraria São José, 1960, pp. 3 e ss.
9. José Hernández, *El Gaucho Martín Fierro*, Buenos Aires, Editorial Universitaria de Buenos Aires, 1962. Martín Fierro – I I Ayer y Hoy – 35-36.
10. Amaro Juvenal, *Antônio Chimango*, em Augusto Meyer (org.), Porto Alegre, Globo, 1961. Ed. crítica do poemeto de autoria de Ramiro Barcellos, publicado com o

meto campestre", como o identifica o autor, na verdade se revela uma sátira política contra Borges de Medeiros, então Presidente do Rio Grande do Sul[11]. Em seus versos, o amor pela terra e pelo homem de um tempo agonizante se mesclam ao espírito crítico humorado:

> 84
> E a peonada da Estância!...
> Isso é que era de se ver!
> Moçada guapa a valer,
> Na porteira do curral,
> Cada qual, com seu bagual,
> Á espera do amanhecer.
>
> 85
> Gente campeira, daquela
> Que trabalha e não se aguacha,
> Destorcida e buenacha,
> Não era como a de agora,
> Que só vai a relho e espora,
> Lerda como mula guaxa[12].

Indubitavelmente, as fronteiras culturais, com suas ambivalências e ambigüidades, similitudes e especificidades de ordem social, lingüística, existencial, enriquecem sobremodo a fronteira sulina. Guilhermino César afirma que no Rio Grande do Sul o problema literário, a fronteira física e a fronteira lingüística colocam-se simultaneamente, e que, mesmo depois de resolvidas as questões geopolíticas, persistiram as questões culturais[13]. Estas, como assinalado acima, antes de problemáticas, podem se transformar em alavanca para fortalecer a fragilidade socioeconômica. Enquanto não se considere essa possibilidade, persistirá o "drama da fronteira".

> pseudônimo de Amaro Juvenal. Inúmeras edições, desde a primeira – 1915 – correram clandestinas e depois abertamente pelo Rio Grande. O poemeto tornou-se conhecido de boca em boca.
> 11. Maria Helena Martins, *op. cit.* Contrariando o costume de enfatizar o perfil do gaúcho – por seu temperamento façanhudo, sua vida rude mas plena de atos de bravura e altivez, seu amor pela terra e pela liberdade – o poema apresenta um protótipo de antigaúcho, na figura insólita do Chimango, caricatura de Borges de Medeiros, inimigo político do autor, que governou o Rio Grande autoritariamente de 1903 a 1928, com curta interrupção, constituindo-se esse governo no mais longo de toda a história republicana do país.
> 12. Amaro Juvenal, *Antônio Chimango, op. cit.*, 84, pp. 449-504, 85, pp. 505-510.
> 13. Guilhermino Cesar, *História da Literatura do Rio Grande do Sul (1737-1902)*, Porto Alegre, Globo, 1971, p. 31.

A meu ver, é nas cidades que a "dramaticidade" tem uma pungência social quem sabe insuspeitada pelo historiador Othelo Rosa, quando usou a expressão "drama da fronteira", referindo-se à formação do Rio Grande[14]. É a cidade – pequena e pobre, em geral – que decreta o desacerto terminante do homem comum do campo com o mundo em que vive[15].

Num relance, vislumbra-se uma trajetória de lutas e poucas glórias, em cerca de três séculos. Boa parte dos antepassados de moradores dessas cidades literalmente batalhou pela sobrevivência, em espaço sem cercas, na Campanha, num "manda – quem – pode", no dizer de Simões Lopes Neto, pouco importando se castelhano ou luso-brasileiro. Mais tarde, os homens passam a lutar no e pelo naco de terra que lhes "concedem" os donos dela. Depois, uns poucos conseguem conquistar, na ponta da espada, a laço e no lombo do cavalo ou pelos enlaces, sua parte nas sesmarias, que defendem e fazem prosperar na medida da sua e da tenacidade dos seus. Nesse interregno das tantas pendências e revoltas políticas tudo parece se harmonizar. Logo, porém, a Campanha e seus latifúndios crescentes passam por sua primeira "reforma agrária – a feita na cama", na irônica síntese de estancieira descendente de sesmeiros, mãe de muitos filhos[16].

Se os bem-nascidos já herdam um patrimônio fragmentado, que dirá os posteros, agregados, peões, que nada têm e vivem na ilusão de pertencer àquelas terras, que sequer lhes pertencem? Sua debandada do campo é inexorável. Enxotados, esses homens e suas famílias, já em processo de dilaceramento, vão dar na periferia urbana mais próxima. Nas vilas fronteiriças, alguns conseguem resistir, outros "se fazem", mas muitos vão minguando e definitivamente se marginalizam. Aí se identifica a figura do "gaúcho a pé – campeiro, que perdeu o cavalo e a distância" e se vê obrigado a fazer parte das "coroas de miséria" das cidadezinhas:

14. Ao apontar as diferenças entre "limites "e "fronteiras", diz o autor que os primeiros são frutos de tratados e decisões diplomáticas, enquanto as segundas determinam-se pela efetiva posse das terras. Othelo Rosa, *Formação do Rio Grande do Sul / Fundamentos da Cultura Rio-grandense*, Porto Alegre, Faculdade de Filosofia da URGS (2): 13, 1957.
15. Luiz Antonio de Assis Brasil desenvolve reflexões sobre a dicotomia campo/Pampa – cidade, que tende a projetar visões maniqueístas: o campo, visto nostalgicamente, como espaço de harmonia idílica do homem com o mundo ao redor; a cidade, como o lugar da desconfiança, medo, insegurança. Mas a literatura que foge às idealizações explora na relação campo-cidade "a busca de uma convivência transitiva e enriquecedora, enquanto as diferenças existirem" (cf. texto do neste livro).
16. Numa série de quatro reportagens, significativamente intitulada "Ocaso no Campo", Moisés Mendes registra depoimentos de descendentes de sesmeiros originalmente proprietários de imensas extensões de terra. Hoje estão sem campo ou com poucos hectares, sendo a primeira razão disso as grandes famílias e a natural partilha das heranças. *Zero Hora*, Caderno Campo e Lavoura, Porto Alegre, 10.2.2001.

Trata-se duma expressão [gaúcho a pé] abreviada e metafórica que alude aos efeitos de transformação sofrida pelo campeiro rio-grandense, devida ao deslocamento forçado pelas alterações do gênero de vida que ocorreram no seu ambiente natural. Essa situação acelerou-se nos últimos sessenta anos, mas o processo social já vinha de mais longe, conforme podemos constatar no romance *Ruínas Vivas*, de Alcides Maya, publicado em 1907. Na realidade, começou em seguida à revolução de 93-95, o que, aliás, não é nada de estranhar. Todos conhecem a complexidade dos processos sociais e sabem das suas multi-causalidades[17].

Esse quadro inspira a chamada Trilogia do Gaúcho a Pé (*Sem Rumo, Porteira Fechada, Estrada Nova*), de Cyro Martins, que registra ficcionalmente o descenso da "brava gente", "empurrada, como ressaca humana, para os arredores das cidades"[18].

Apesar da notável transformação – ou talvez até por isso –, a imagem do gaúcho "centauro dos pampas "continua fascinando, alimentando o imaginário, tanto de quem tem quanto de quem não tem vivência campeira. Sejam "despossados, remediados ou abonados". Altivez e valentia permanecem como atributos, decantados especialmente por meio de um aparato institucionalizado pelos Centros de Tradições Gaúchas (CTGs) desde a década de 1950, que se alonga no tempo e hoje se espalha pelo mundo. Por isso, um fenômeno há muito reclamando estudo. Como observa Lea Masina práticas gauchescas antes considerados focos de reacionarismos e saudosismo, "podem ser vistas, hoje, como formas de resistência e diálogo" face a expressões homogeneizantes[19]. Como, aliás, as tantas manifestações literárias com essa temática consideradas "ruins" ou "medíocres" pela crítica, pois, na observação de Ligia Chiappini, recapitulam "verdades elementares mas freqüentemente esquecidas ou escamoteadas"[20]. Afinal, mitos, lendas e façanhas são mais que adereço da história, matéria de poesia e sempre desafiam à reflexão.

17. Cyro Martins, "O Mundo em que Vivemos", *O Mundo em que Vivemos*, Porto Alegre, Movimento, 1983.
18. Cyro Martins, *Sem Rumo*, Rio de Janeiro, Ariel, 1937; *Porteira Fechada*, Porto Alegre, Globo, 1934; Idem, *Estrada Nova*, Porto Alegre, Globo, 1954; e "O Mundo em que Vivemos", Porto Alegre, Globo, 1954.
19. Léa Masina, em seu texto neste livro, aponta perspectivas importantes para esse e o estudo de manifestações correlatas.
20. Ligia Chiappini, "Amarrando o Pingo nos ii", *Almanaque*, Cadernos de Literatura e Ensaio. São Paulo, Brasiliense, 2, 1976, p. 66. O citado artigo é síntese de sua tese de doutorado: *Regionalismo e Modernismo; O "Caso" Gaúcho*, São Paulo, Ática, 1978. O intento de estudar a produção literária marginalizada pela crítica deve ser contemplado no projeto da autora, Fronteiras Culturais na Comarca Pampeana: Obras Exemplares, referido mais adiante neste texto.

Motivações de Um Projeto

Pelo visto, o Rio Grande do Sul constitui espaço privilegiado para conhecer e compreender as relações entre as populações fronteiriças; para firmar a "trança cultural" entre Brasil, Uruguai e Argentina[21]. A investigação de tal realidade pode potencializar essa "trança", por meio de pesquisa sistemática e ações de incentivo à auto-estima das comunidades. Assim, possivelmente se criem também condições favoráveis para acordos governamentais e empreendimentos empresariais, sem os sobressaltos a que hoje estão sujeitos, em função de circunstâncias políticas e econômicas (caso do Mercosul). Enfim, preconiza-se uma integração, não a homogeinização cultural[22].

Cabe aqui outra consideração. A colonização maciça, após os açorianos, levou principalmente alemães (1824) e depois italianos (1872) a áreas até então desprezadas, no centro-norte e nordeste do Estado. Lá, organizaram-se em pequenas propriedades, com um sistema produtivo diferenciado, dedicando-se preferencialmente à agricultura e com mentalidade empreendedora. Isso os levou à comercialização sistemática e à industrialização diversificada, até então só significativa quanto às charqueadas e frigoríficos, na fronteira[23]. O dinamismo dos colonos ("gringos" para os fronteiriços) leva a região da serra e seu entorno, em pouco mais de cinqüenta anos, a se firmar como a mais produtiva e rica do Estado.

Por ironia, a fronteira, embora conserve uma aura de culturalmente "emblemática do estado", é hoje chamada, pelos meios produtivos, de "Metade Sul", um eufemismo para designar a parte atrasada do Rio Grande, desprovida de empreendimentos, com economia decadente. Mais uma razão para se investir na riqueza cultural da região e transformá-la em fator de desenvolvimento. Um possível "caminho nos rumos da utopia"?[24]

---

21. "Trança cultural" é expressão usada pelo Governador Olívio Dutra para caracterizar a cultura fronteiriça do Rio Grande, Uruguai e Argentina.
22. É importante a observação de Aldyr Schlee nesse sentido, alertando para a necessidade de que essa integração seja entendida democraticamente, como "espaço de reconhecimento das diferenças". Como bom ficcionista que é, trespassa a evidência e a mostra pelo avesso: o Mercosul que conhecemos é ficção que só interessa a burocratas; cabe a nós recriá-lo como realidade (cf. texto neste livro).
23. O ciclo da industrialização da carne, na primeira metade do século XX, foi decisivo para o desenvolvimento e fator importante da decaída sócio-econômica da região fronteiriça. A vinda de empresas estrangeiras, para a instalação de frigoríficos, deixou marcas culturais persistentes, na arquitetura, no idioma, em certos hábitos. Vera do Prado Lima Albornoz, *Armour – Uma Aposta no Pampa*, Santa Maria, Pallotti, 2000.
24. A expressão é de Sandra Jatahy Pesavento, comentando e seguindo o pensamento de Jacques Leenhardt, em texto neste livro.

Laços culturais são profundamente arraigados, avessos a determinações contratuais. Constroem-se passo a passo na convivência, nas esperanças e nas frustrações cotidianas das comunidades envolvidas. Principalmente na fronteira, são frutos do esforço de gerações, enfrentando adversidades e cimentando a integração. Difícil dizer em que grau seus habitantes têm consciência disso. Um "olhar forasteiro" talvez lhes provoque outra leitura de si, do mundo em que vivem e, assim, reconheçam o diferencial de sua própria existência[25].

Há particularidades que afloram das/nas suas práticas culturais, talvez pouco valorizadas pela população, mas evidentes para quem é de fora. Também ressaltam certos costumes, o falar, o trânsito entre "o lado de cá" e o de lá, a arquitetura, o cotidiano, as relações, as ocupações, o lazer, o comércio – todos permeados por um modo de ser "fronteiriço", algo que foge a delimitações dos mapas e formulações teóricas. O convívio das pessoas parece fluido e fácil – "natural". No entanto, essa transparência talvez não corresponda, para a maioria dos habitantes, a conhecimento maior de significados e implicações que o viver na fronteira gera e atualiza constantemente.

Ser periférico e *valiente* é "do gaúcho"; algo sabido e alardeado ("Ah! Eu sou gaúcho!" é o grito de guerra das torcidas de futebol frente a adversários de outros estados brasileiros). Mas em que medida a trajetória que forjou essa imagem pertence à história pessoal e familiar dos moradores atuais das cidades fronteiriças? Como as marcas históricas se manifestam hoje? Essa população urbana seria menos afoita que os campeiros da primeira hora, na luta pela obtenção de seus direitos sociais e políticos, pela sua cidadania? Como se processam os entrecruzamentos de tantas componentes contextuais e até que ponto o "drama da fronteira" persiste ou foi superado, transformando prejuízos em vantagens e possibilidades a serem desenvolvidas? Que relações significativas os leitores estabelecem com a literatura e a história que tomou o cenário e a gente da Campanha ou de sua própria cidade como referenciais? Como as representações ficcionais do gaúcho – o "centauro dos pampas" e seu oposto, o "gaúcho a pé" – são incorporadas ao imaginário, se mesclam à realidade, impregnam mentalidades, interferem na linguagem, nos costumes, nas relações sociais, nos procedimentos dos cidadãos, na auto-estima dessas populações? Até que ponto a piora nas condições de vida da população urbana da fronteira afetaria seu senso de identidade nacional? A cada nacionalidade se somaria uma identidade fronteiriça? Apesar de definições espaciais às vezes indistintas,

---

25. Estaria aí o germe do que Flávio Aguiar prenuncia como vislumbre de "futuros imprevisíveis"? (cf. texto neste livro).

semoventes, haveria um tácito acordo quanto a "cada lado a seu modo", sem que uma cultura subjugue outra? Na confluência de imaginário e realidade, passado e presente; nas visões de velhos e jovens – que vivências acontecem? que futuro se projeta?

Projeto Fronteiras Culturais (Brasil-Uruguai-Argentina)

As questões acima levaram-me, em 1999, a projetar o Fronteiras Culturais (Brasil-Uruguai-Argentina), para desenvolvermos no Centro de Estudos de Literatura e Psicanálise Cyro Martins. Trata-se de identificar, fomentar e difundir características das populações de cidades fronteiriças do Rio Grande do Sul com uruguaias e argentinas; realizar simultaneamente pesquisa e incentivo de práticas culturais, investigação de suas especificidades e similitudes, promovendo o autoconhecimento, o intercâmbio. Tal proposta pretende assinalar aspectos da vida na região, cultivados através da história compartilhada e de laços sociais (quando não familiares), abordando-os a partir de sua literatura, sua linguagem, seus costumes, sua geografia, seu imaginário, suas fronteiras culturais, enfim.

No horizonte do projeto, vislumbra-se uma "ação integradora", que diminua distâncias sociais, políticas, econômicas entre os cidadãos dessa grande "comarca pampeana", no dizer de Ángel Rama. Algo enraizado na sua formação e clamando por seu (re)conhecimento cultural, alavanca para o desenvolvimento social almejado[26].

Não obstante o forasteiro/pesquisador possa provocar, objetivamente, um deslocamento de perspectiva, um estranhamento das evidências que permita obter respostas a essas indagações e propósitos, é o toque emocional que mobiliza as pessoas. Daí a importância de um desencadeante afetivo do processo. Daí também considerarmos essa etapa do projeto como de sensibilização para a realidade fronteiriça.

Mesmo uma visão realista, como a de Cyro Martins, nascido há quase um século na fronteira do Rio Grande com o Uruguai, deixa transparecer um afeto grande pelo valoroso homem do campo de outros e de nossos tempos. Nos contos de seu primeiro livro, *Campo Fora* (1934), o jovem autor percorre as vivências da Campanha prenunciando o que o escritor maduro chamaria de "humanismo psicanalítico", que leva a refletir sobre

---

26. Como observa Flávio Aguiar, amparado em Ángel Rama, "o estudo das comarcas faz parte necessária desse projeto da América Latina por fazer" (cf. texto do autor, neste livro).

nossas "mais profundas e duradouras gratificações" e vicissitudes, impulsionando nosso "compromisso com o destino coletivo", numa aproximação realista e amorosa da humanidade[27]. Assim, o conjunto dessas narrativas configura um painel temático e de perfis humanos gauchescamente universais, contendo a essência do mundo ficcional e da trajetória que iria trilhar o autor em sua profícua obra[28].

Esse o motivo da escolha de *Campo Fora* para desencadear o projeto Fronteiras Culturais (Brasil-Uruguai-Argentina), pois o livro é fértil propulsor de memória e imaginário, ponte vibrante e incentivo para pensar a realidade atual de leitores da fronteira e para entender personagens que a região inspira.

Apresentado ao público de Porto Alegre, em 2000, no 1º Encontro Fronteiras Culturais (Brasil-Uruguai-Argentina), de então para cá o projeto se desenvolve ora confirmando hipóteses ora subvertendo-as, principalmente em face da investigação em campo, iniciada em 2001. Outras perguntas têm surgido, antes mesmo de se encontrarem algumas respostas. Até porque, ao nos aproximarmos mais do contexto a estudar, questões prepostas se desfiguram, tornando ainda mais complexo o que se pretenda esclarecer.

Fronteiras Culturais em Livramento (BR) e Rivera (UY)

O Fronteiras Culturais (Brasil-Uruguai-Argentina) foi apresentado a representantes das comunidades santanense e riverense durante o I Encontro Internacional de Comunicação Sem Fronteiras: Diálogo das Culturas. Esse evento foi realizado em Sant'Ana do Livramento, na fronteira do Rio Grande do Sul com o Uruguai, pelo Instituto de Comunicação, Cultura, Educação e Formação Política Alberto André – IAA, Órgão da Associação Riograndense de Imprensa, de 20 a 22 de abril de 2001. O convite, feito pela Profa. Karla Müller, permitiu-nos o privilégio de uma platéia especialíssima, que recebeu o projeto muito bem[29]. Foi um encontro rápido e alvissareiro. Só em junho iniciamos os trabalhos.

---

27. Cyro Martins, *Campo Fora, op. cit.*, e *O Mundo em que Vivemos, op. cit.*
28. O site www.celpcyro.org.br traz farto material ilustrativo, informativo e crítico sobre essa obra.
29. Compunham a platéia e eram palestrantes do evento autoridades de ambas as cidades, desde o Prefeito de Livramento, Prof. Guilherme Bassedas Costa, e o Intendente de Rivera, Prof. Tabaré Vieira, acompanhados por membros dos respectivos Secretariados, pelo corpo consular encabeçado pelo Dr. Oscar Demaria, Cônsul Geral do Uruguai no

Já então o feitiço dessa fronteira tinha envolvido esta forasteira (aos poucos descubro muitos cativos dela). A começar, por algo extraordinário: uma fronteira seca cujos limites – citadinos e dos dois países – são quase invisíveis, pois a própria configuração urbana "dissolve" a linha divisória, confundindo o forasteiro incauto. No centro do Parque Internacional, um obelisco ladeado pelas bandeiras dos dois países é um monumento à união, longe de marco delimitador. Já aí se entende porque é chamada *Fronteira da Paz*. Ao andar para um lado ou para outro da demarcação quase virtual, observam-se peculiaridades, indiciando serem cidades irmanadas não por identidade, mas por complementaridade.

Instituições e formadores de opinião acolhem o projeto com simpatia e disponibilidade, como atestam as parcerias feitas com a Associação Cristã de Moços/ Asociación Cristiana de Jóvenes (ACM/ACJ) Fronteira, binacional; Prefeitura de Livramento; Intendencia de Rivera. Com essas instituições e o apoio do SESI/FIERGS, em agosto, as atividades já em andamento, firmamos Carta de Intenções para realizar um trabalho com participação abrangente. Atraímos os órgãos de comunicação, a começar pelo jornal *A Platéia*, o de maior circulação na fronteira. Principalmente, nos "dois lados" conquistamos parceiros – professores, jornalistas, artistas, escritores, profissionais liberais – decisivos para começar e tocar o processo, tornando-se seus mediadores, melhor, suas locomotivas. A equipe mínima – eu e a Profa. Aymara Celia – se fortalece pela qualidade dos participantes, aos quais se devem realizações significativas em pouquíssimo tempo[30].

Mas o confronto de conjeturas e realidades, do que se pretende com o que é possível realizar leva a reformulações da proposta inicial, o que é feito com os parceiros locais. Tanto por conta do propósito de se dar aos participantes liberdade para o desenvolvimento do trabalho (lançar idéias com alguma orientação e incentivá-los a realizar atividades a seu modo, testando seus potenciais), quanto devido à carência de tempo (nosso prazo

Brasil, bem como representantes de outras instituições de ambas comunidades, como a Associação Cristã de Moços – binacional –, de profissionais ligados ao ensino, às artes e à cultura em geral, além de expressivo número de jornalistas das duas cidades.

30. Aymara Célia – antroplóloga que lecionou na UFRGS – assessora o projeto desde seus primeiros passos, contribuindo para seu sucesso. Cláudia Cartana, Presidente da ACM/ ACJ, se tornou parceira decisiva para articulações e contatos dos "dois lados; Carlos Potoko, Carlos Maria Lima, Maria Luiza B. Mattos, Prof. Guilherme Elgui, Dr. Antônio Badra, Noemi Kurtz, Andrea Ilha, Carmen Maria Serralta e demais participantes do Club de Lectoras, Graciela da Cruz, Profa. Zélia Mendina; Profa. Alma Galup, Profa. Carmen Pedrozo, Velocínio Silveira (Lenço Branco); Profa. Vera Albornoz, Prof. Müller, Dr. Marcelo D'Ávila, Edda Serpa, Profa. Maria Luiza Lay, Antônio Planella destacam-se entre nossos parceiros.

para essa etapa findaria em novembro) e de escassos recursos financeiros para execução do planejado originalmente.

Em consonância aos objetivos do projeto, iniciamos sugerindo a participação em pesquisas e práticas criativas, desencadeadas por leituras de contos de *Campo fora/Campo afuera*, edição bilíngüe especialmente publicada para esse trabalho[31]. As leituras e a troca de idéias sobre o universo fronteiriço mobilizam grupos, escolas, indivíduos, em todas as faixas etárias, num processo surpreendente, pela adesão e iniciativas.

Fundamenta a proposta o intento de motivar as comunidades santanense e riverense a revelar valores e qualidades, artes e ofícios – as peculiaridades fronteiriças, enfim, num movimento para transformá-las em produções suas, para seu próprio desfrute, para oferecer a vizinhos e a forasteiros, enquanto fornecem elementos para a investigação.

Trata-se, portanto, de investigação qualitativa, com caráter pragmático, sem moldes rígidos, mas sistemática. Vale-se de alguns recursos, técnicas, procedimentos de pesquisa de campo, de pesquisa-ação; está mais próxima de pesquisas etnográficas, recorrendo também a elementos de pesquisa de opinião[32]. Norteia o trabalho um roteiro consensual elaborado e discutido pela coordenação do projeto com seus interlocutores, colaboradores e pesquisadores[33].

Partindo da hipótese de influências recíprocas nas fronteiras dos três países, se pontuam tópicos ligados a interações história e literatura, literatura e outras artes, costumes regionais (de cada país); aspectos lingüísticos, sócio-históricos, geopolíticos, imaginário. Esses tópicos são referenciais para análise do material colhido em depoimentos, criações, registros de dados objetivos e subjetivos dos participantes do processo, durante as atividades desenvolvidas e nos trabalhos realizados. A dinâmica adotada incentiva ao

31. Cyro Martins, *Campo Fora/Campo Afuera*, Porto Alegre, IEL/CELP Cyro Martins, 2000.
32. A metodologia adotada decorre de experiências anteriores em pesquisa de campo, desde a realizada sobre a recepção do poemeto gauchesco *Antônio Chimango* (In: Maria Helena Martins, *Agonia do Heroísmo; Contexto e Trajetória de Antônio Chimango*, Porto Alegre, URGS/L&PM, 1980), passando pela observação da leitura de crianças (In: Maria Helena Martins, *Crônica de uma Utopia; Leitura e Literatura Infantil em Trânsito*, São Paulo, Brasiliense, 1989) e a desenvolvida sobre leitura e jovens-adultos, relações texto-imagem (Maria Helena Martins. Encruzilhada de Leituras. In: Mary Júlia Dietzsch (org.), *Espaços da Linguagem na Educaçao*, São Paulo, Humanitas/FFLCH-USP, 1999, pp. 85 a 113).
33. Dentre eles, destacam-se Ligia Chiappini (Universidade de Berlim), Flávio Aguiar (Universidade de São Paulo – USP), Jacques Leenhardt (EHESS-Paris), Léa Masina (Universidade Federal do Rio Grande do Sul – UFRGS), Sandra Pesavento (UFRGS), Pablo Rocca (Universidad de La República de Montevideo).

autoconhecimento e à permuta, se relaciona com a identificação de traços da vida dos participantes e das comunidades fronteiriças, ativa sua auto-estima em troca do que fornecem/oferecem para a pesquisa.

Também se pretende que os estudos comparativos e leituras contrastivas dos textos de Cyro Martins, os relatos e depoimentos colhidos indiquem outros níveis e direções de investigação, para valorização local e demais cidades participantes do projeto. Para tanto, se prevê, numa próxima etapa, a escolha de obras de autores uruguaios e argentinos. Da mesma forma, se planeja, em 2002, iniciar o projeto em Quaraí (BR) e Artigas (UY). Quiçá, Uruguaiana (BR) e Paso de los Libres (AR).

Fronteiras em Três Módulos Interagentes e Complementares

Três módulos compõem a primeira etapa do trabalho em campo, com atividades apenas sugeridas, propositalmente com orientação geral: Oficinas de Criação e Leitura (objetivam o resgate sócio-histórico via literatura, relacionando imaginário e realidade); Charlas Fronteiriças (objetivam recuperar momentos da história pessoal, entrevistando personalidades da fronteira, de estancieiro a peão, de acadêmico a tradicionalista); Fronteira em Rede (objetiva colher e registrar depoimentos sobre "O que é viver na fronteira").

Supérfluo seria dizer que não há no projeto intento saudosista, pelo contrário. Por isso sublinho: o resgate, a retomada de práticas culturais pretendem propiciar um mapeamento que situe a fronteira e os fronteiriços, a partir de seu aqui-e-agora, com vistas à avaliação da realidade em que vivem e sua cultura. Implica a busca de vínculos e sua valorização, requer olhar percuciente para o passado com vistas à interferência conseqüente no contexto atual. Principalmente se se trata de procedimento em que a pesquisa está a serviço da vida prática tanto quanto da reflexão teórica, para a compreensão de um universo cultural.

Unem-se esses três módulos pelas linguagens verbais e não-verbais, pelas modulações da palavra como ponte para muitas formas de expressão, desafiando o estudioso. Assim se antevê, principalmente no idioma falado, um elo, uma pedra de toque para compreender melhor essa realidade. Na eufonia vocabular, na estrutura das frases, na entonação de cada fronteiriço se revelam uma descoberta, um novo mistério. É o "portunõl" que nos embala? Num primeiro momento, pode parecer. Mas observação atenta vai mostrando que esse idioma híbrido não é o mesmo de um forasteiro tentando falar português ou espanhol e fatalmente caindo no "portunõl". Trata-se de linguajar substancioso no vocabulário, forte na sonoridade, com sintaxe cheia de volteios, expressões compartilhadas do espanhol e do português completamente integradas a ele – dir-se-ia que tomadas por sua língua nativa pelos falantes dos "dois lados" da linha divisória. É o "fronteiriço". Vivo e, aparentemente, atualizando os escritos de Simões Lopes, uma agachada de Martín Fierro (Hernández) ou do campeiro Lautério (Amaro Juvenal), expressões e frases da ficção de Cyro Martins. Mas nada literário na intenção de seus falantes nativos e mesmo de forasteiros adotados, viventes da fronteira que nada têm de "um gaúcho de papel"[34]. Assim, o que estou chamando de "fronteiriço" apenas "parece" se aproximar do "'vivo e colorido dialeto gauchesco' (como diria um João Simões Lopes)", na observação de Ligia Chiappini[35].

Mesmo antes de uma investigação lingüística, se bem observado, esse linguajar "fronteiriço" vai se revelar como uma mescla dos dois idiomas, mas que, curiosamente, é identificado como português ou espanhol conforme o falante tenha, respectivamente, uma ou outra dessas línguas como nativa (às vezes eles mesmos identificam-no como "portunõl"). Desse modo, tampouco se trata de bilingüismo tal qual se costuma identificar a quem domine os dois idiomas cultos, o que de fato também existe. No caso, refiro-me a uma fala coloquial mais próxima de um *entrevero* de idiomas que reitera o entrelaçamento cultural, com prevalência de um ou de outro, conforme o "lado" do falante[36]. A análise do material colhido nos três módulos em desenvolvimento – escrito e em áudio – talvez permita, no cotejo com observações de lingüistas, chegar a dados mais precisos.

Oficinas de Criação e Leitura

Com a leitura e discussão dos contos de *Campo Fora/Campo Afuera*, cada Oficina engendra um modo próprio para verificar relações entre esses textos e a história geral da região; as histórias familiares; o modo de falar de santanenses e riverenses; os costumes e as tradições; o dia-a-dia da fronteira de hoje. Sugerem-se formas variadas para expressar a experiência

---

34 Como Ligia Chiappini, Pablo Rocca em seu texto neste livro ajuda a refletir sobre essa questão crucial.
35. Observação feita pela autora em texto neste livro.
36. "Em líneas generales, nosotros consideramos al biligüismo individual y social, desde el punto de vista lingüístico, como um fenómeno 'natural', teniendo en cuenta que todo pueblo habla su propia lengua, y que esto contacto entre dos pueblos bien diferenciados lingüísticamente, deviene de modo automático un problema de dos lenguas en contacto"[...]. "Todo indivíduo bilingüe, aunque no tenga um dominio total de una de las lenguas, es también 'bicultural'". Graciela Alisedo, "Aspectos Teóricos de un Bilingüismo de Frontera: el Caso de Rivera", em M. Marín e D. Cazarré, *La Mirada del Tiempo*, Montevideo, Asociación de Literatura Femenina Hispánica, 199, pp. 143 e ss.

da Oficina: escrevendo textos de ficção ou poemas, artigos ou reportagens; compondo peças musicais e canções; criando cenas para representação teatral ou apresentação em rádio e televisão; fazendo vídeos, tirando fotos, desenhando, pintando. Enfim, espera-se que a experiência leve a diferentes manifestações, individuais ou em grupo.

Charlas Fronteiriças

O módulo surgiu da vontade de tornar o projeto, desde logo, conhecido por muita gente e porque a recepção favorável inicial que tivemos da mídia nos incentivou a pensar numa parceria também com rádio e jornal – meios decisivos para abranger mais a população. Assim, abre-se espaço radiofônico para leitura de contos de *Campo Fora/Campo Afuera*, bem como para sua publicação na imprensa, em Livramento e Rivera, acompanhados de comentários. Desse modo, além de entrevistas pelo rádio, as pessoas podem ouvir e ler os contos, avaliar as leituras de professores, críticos, escritores, tradicionalistas, jornalistas.

Fronteira em Rede

Nesse módulo os habitantes de Livramento e Rivera estão convidados a participar, dando seu depoimento sobre "O que é viver na fronteira", a partir de um formulário em que se pedem alguns dados pessoais, mas não se solicita o nome do depoente. Isso pode ser feito em papel ou via Internet, em locais divulgados nas duas cidades. Quem tem acesso direto à Internet pode registrar seu depoimento através de seu próprio equipamento. Nosso site www.celpcyro.org.br reserva espaço específico para isso. O propósito aqui é duplo: verificar a visão dos fronteiriços sobre sua situação e iniciar uma rede eletrônica de experiências da/sobre a região. Aqui ressalta a intenção de "atualizar" a cultura fronteiriça também no sentido da inclusão digital/inclusão social extensiva à oportunidade de iniciação a esse recurso para jovens, realizando atividades orientadas para utilização da informática como meio de comunicação, expressão, pesquisa, lazer e possibilidade de profissionalização. Integrando em lugar de fragmentar ou dissolver interesse por práticas culturais locais[37].

---

37. Importante considerar o que observa Roberto Cohen a respeito do site Página do Gaúcho, em seu texto neste livro: "[...] num aspecto mais amplo, em vez de

Até agora tivemos apoio do SESI/FIERGS, adesão de voluntários e parcerias importantíssimos. O sucesso do projeto dependerá tanto de nosso próprio empenho quanto da continuidade dessa disponibilidade, agregada à imaginação, memória, criatividade, habilidade de cada um individualmente ou de grupos que se formem em escolas, agremiações culturais, bibliotecas, instituições. Há, portanto, inúmeros fatores interagindo para manter o projeto. Também se considera a colaboração da mídia para realimentá-lo. Principalmente, importa que a idéia inicial, forasteira, não seja vista como intrusa, mas tomada como mote para cada fronteiriço se adonar dela e tirar o melhor proveito para suas próprias realizações e para a cidade em que vive, para essa "fronteira viva"[38].

As revelações que vêm sendo apresentadas, em trabalhos de criação e em depoimentos, confirmam a validade de nossos propósitos e dão um passo além deles, também nos ensinando caminhos, lançando novas questões e propostas que esperamos trazer a público, em 2002, quando do lançamento deste livro, possivelmente em Berlim. Berlim?!

No andamento do processo, expandem-se e estreitam-se relações com projetos semelhantes ou complementares. Refiro-me especialmente ao Fronteiras Culturais na Comarca Pampeana: Obras Exemplares, da Universidade Livre de Berlim, Instituto Latinoamericano, concebido e coordenado pela profa. Dra. Ligia Chiappini, titular da cátedra de Literatura e Cultura Brasileira. As afinidades entre esse e nosso projeto tendem a fortalecê-los enquanto fornecem elementos para se iluminarem mutuamente. Isso pode ser percebido já na síntese da proposta de Ligia Chiappini:

> Atualizar o tema da literatura e cultura gaúchas em tempo de globalização, através de estudos teóricos e analíticos, apoiados em pesquisas empíricas a serem realizadas na América Latina.
>
> Como são produzidas e desconstruídas as identidades nacionais e regionais na comarca pampeana? Essa é a pergunta que será investigada, através de obras e autores brasileiros, uruguaios e argentinos, canônicos ou não. Esses autores, suas

---

permitir que a globalização (internet, tv a cabo, seriados) conduzissem a uma unificação da cultura, o que aconteceu foi exatamente o contrário com o instrumento Página do Gaúcho: conseguiu-se manter viva a memória coletiva realçando nossa identidade regional através do uso da tecnologia".

38. Lembre-se aqui o que observa Karla Müller, em seu texto neste livro, sobre as fronteiras vivas caracterizadas por "várias formas de cooperação e entrelaçamento entre os campos sociais presentes", em que mesmo os confrontos são superados por práticas que podem levar à integração.

obras, figuras [personagens], paisagens, assim como seus leitores podem ser vistos como fronteiriços. O ponto de partida para estudar as identidades culturais de fronteira é a obra exemplar, *Martín Fierro*, de José Hernández. O estudo comparativo de algumas obras poéticas e ficcionais dos três países acima nomeados pretende identificar [buscar, investigar] nelas vestígios de um mundo que Hernández expressou e popularizou no século XIX e que, no século XX, sobrevive, mesmo que sob a forma de paródia. Além de obras já consagradas pela crítica, serão considerados contos e poesias de autores não canônicos (coletâneas locais) assim como obras que não se limitam à linguagem escrita, como, por exemplo, CD's, vídeos, fotos, gravuras, pinturas, filmes e peças musicais (cf. texto inédito original do projeto).

Tais perspectivas levaram-nos a planejar o evento Cultura Fronteiriça: Brasil, Uruguay e Argentina, a se realizar em Berlim, de 1º a 14 julho de 2002. Inserido no quadro dos projetos Fronteiras Culturais na Comarca Pampeana: Obras Exemplares e Fronteiras Culturais (Brasil-Uruguai-Argentina), esse evento mostrará ao público alemão expressões artísticas e culturais, juntamente com os projetos que o motivaram, se desenvolvem na Alemanha, no Brasil, no Uruguai e na Argentina. Todos têm na gauchesca um eixo importante para o estudo da cultura fronteiriça. Essa questão, de interesse regional, passa a ter destaque e significação mais ampla nos dias atuais, em que se discutem questões como globalização, identidade nacional, Mercosul, dentro e fora desses três países. Os pesquisadores da região reunidos e pesquisadores de "outras fronteiras" poderão chegar a visões amplas e frutíferas.

Para fortalecer a continuidade dos projetos e intensificar seu intercâmbio, pretende-se que o evento em Berlim inicie um ciclo a se desdobrar em São Paulo, Porto Alegre, possivelmente em Montevidéu e Buenos Aires. Esse ciclo deve acompanhar projetos sobre fronteiras culturais em desenvolvimento nesses países, em diversas áreas do conhecimento e manifestações artísticas. Em cada realização se esperam contribuições locais e visões forasteiras, de modo a se imprimir ao processo dinâmica que atualize proposições, apresente novos desafios aos pesquisadores, sugestões e suporte a empreendimentos fronteiriços. Talvez se esteja, assim, iniciando um Programa de Integração Fronteiras Culturais, que valorize e beneficie a região pela cultura, seu grande patrimônio.

SOBRE OS AUTORES

1. RUY CARLOS OSTERMANN
Primeiro secretário de Ciência e Tecnologia do Rio Grande do Sul e Secretário de Educação, logo a seguir. Deputado estadual, duas vezes, de 1983 a 1990. Começou no jornalismo no fim da década de 1950, na *Folha da Tarde* e no *Correio do Povo*, da Cia. Jornalística Caldas Júnior. Fez parte do grupo que remodelou a *Folha da Manhã*, foi seu diretor em 1974. Formou-se em Filosofia na Universidade Federal do Rio Grande do Sul, onde foi assistente do professor Ernani Maria Fiori. Foi professor, é autor (o último livro é uma seleção de autores gaúchos, de Simões Lopes Neto a Sérgio Faraco), conferencista e cronista esportivo. É Cidadão de Porto Alegre, nasceu em São Leopoldo e não pretende se aposentar.

2. CÉSAR AUGUSTO BARCELLOS GUAZZELI
Professor Adjunto do Departamento de História e do Programa de Pós-Graduação em História da UFRGS. Doutor em História pela UFRJ. Professor de Teoria e Metodologia da História e História da América. Autor de quatro livros e de vários artigos especializados.

3. LIGIA CHIAPPINI
Professora de Literatura e Cultura Brasileira no Instituto Latinoamericano da Universidade Livre de Berlim. Prêmio Casa de Las Américas/ensaio/1983. Tem vários livros publicados e muitos ensaios em livros coletivos e revistas especializadas. Orientou mais de quarenta mestrados e doutorados em Teoria Literária e Literatura Comparada e em Literatura Brasileira, na USP e na FU-Berlim. Últimas publicações: *Brasil, País do Passado?* (org. com Antônio Dimas e Berthold Zilly), São Paulo, Boitempo/Edusp, 2000; *Érico Veríssimo: o Romance da História* (org. com Sandra Jatahy Pesavento, Jacques Leenhardt e Flávio Aguiar, São Paulo, Nova Alexandria, 2001; "Martín Fierro e a Cultura Gaúcha no Brasil", em José Hernández, *Martín Fierro*, edición crítica org. por Élida Lois y Ángel Núñez, Col. Archivos, Buenos Aires, 2001.

4. MARIA HELENA MARTINS
Criadora (1997) e Diretora-presidente do Centro de Estudos de Literatura e Psicanálise "Cyro Martins", onde trabalha com a obra desse autor, elabora e coordena projetos como o Fronteiras Culturais (Brasil-Uruguai-Argentina). Doutora em Teoria Literária e Literatura Comparada pela FFLCH-USP. Docente e coordenadora de projetos na UFRGS e USP, na área de Letras(1973-1991). Docente e palestrante em cursos de universidades brasileiras, Congressos e Seminários. Consultora no Itaú Cultural. Principais livros: *Agonia do Heroísmo: Contexto e Trajetória de 'Antônio Chimango'*, 1980. *O que é Leitura*,1982. *Crônica de uma Utopia: Leitura e Literatura Infantil em Trânsito*, 1989. *Questões de Linguagem*, org. e co-autora,1997. *Cyro Martins 90 Anos*, org. e co-autora, 1999. *Rumos da Crítica*, org., 2000; *Outras Leituras*, org., 2000.

5. MARGARETE COSTA MORAES
Especialista em Artes Plásticas e docente do 1º e 2º graus. Coordenadora de Artes Plásticas da Secretaria Municipal da Cultura (1989), onde criou as oficinas de Artes Plásticas do Projeto de Descentralização, o Concurso Espaço Urbano Espaço Arte, o Salão Internacional de Desenho para Imprensa, o Simpósio de Artes Plásticas, o Salão de Pintura de Porto Alegre e as exposições de Vasco Prado e Iberê Camargo em Porto Alegre e no Rio de Janeiro. Secretária Municipal da Cultura de Porto Alegre em 1995 e reconduzida em 1999. À frente da SMC, na 1ª Conferência Municipal da Cultura, cria o Conselho Municipal da Cultura; dá início aos projetos de Integração (POA em Buenos Aires, POA em Montevidéu, Projeto Girona/ França – Porto Alegre, POA em Santo André/ SP, entre outros). Licenciada da Secretaria, em 2000, concorre à Câmara de Vereadores e é eleita. Em 2001, volta à Secretaria da Cultura.

6. ROBERTO COHEN
Engenheiro, diretor da empresa SIAL Software, dedica-se desde 1976 a manter o site www.paginadogaucho.com.br, destinado a divulgar a cultura gaúcha pela internet, envolvendo desde informações sobre o tradicionalismo, CTGs, tipos de danças e jogos até fórum de debates, biografia de escritores regionalistas, datas de eventos importantes e histórias. Recebeu a medalha de Jayme Caetano Braun, da União Brasileira de Trovadores, no ano de 2001, por méritos na divulgação da cultura gaúcha.

7. OLÍVIO DUTRA
Nasceu no dia 10 de junho de 1941 no município de Bossoroca/RS. Formado em Letras pela Universidade Federal do Rio Grande do Sul, desenvolveu desde a juventude ativa militância política e social. Funcionário do Banrisul desde 1961, foi eleito presidente do Sindicato dos Bancários da capital Gaúcha. Liderou a primeira greve de trabalhadores no Rio Grande do Sul sob a ditadura militar. Foi preso e teve seu mandato cassado. Foi um dos fundadores da CUT e, em 1979, participou da fundação do Partido dos Trabalhadores, do qual exerceu a presidência estadual até 1986. Em 1987 foi eleito presidente nacional do partido. Em 1986 elegeu-se deputado federal constituinte. Foi prefeito de Porto Alegre de 1988 a 1991. Foi candidato ao Governo do estado, em 1994, e elegeu-se governador em 1998.

8. GUSTAVO SORÁ
Mestre e Doutor em Antropologia Social pelo Museu Nacional (UFRJ). No Brasil, tem desenvolvido pesquisas sobre o mundo do livro, centrando suas análises no campo editorial e suas transformações históricas. Atualmente, é Pesquisador do CONICET e

Professor do Mestrado em Antropologia da Faculdade de Filosofia e Humanidades da Universidade Nacional de Córdoba. Na Argentina, sua atual pesquisa compara desenvolvimentos do mundo do livro em perspectiva Ibero-americana.

9. KARLA MARIA MÜLLER
Professora Assistente da Faculdade de Biblioteconomia e Comunicação/UFRGS. Pesquisadora, membro do Núcleo de Pesquisa em Mídia junto ao PPGCom/ UFRGS. Doutoranda do PPGCCom/UNISINOS. Mestre em Comunicação Social pelo PPGCom/ PUCRS. Professora há mais de vinte anos. Autora de trabalhos em congressos e seminários nacionais e internacionais, e de publicações em livros e periódicos da área: Contextos para pensar uma identidade fronteiriça. *Tendências da Comunicação*, vol. 4. Porto Alegre, RBS e L&PM, 2001. *Práticas Comunicacionais em Espaços de Fronteiras. O Campo das Mídias: Estratégias e Representações*, vol. 7, São Leopoldo, UNISINOS, 2001. *Cenários para Pensar a Comunicação Fronteiriça: Uruguaiana-Libres e Livramento-Rivera*. Anais do I Colóquio Comunicação Transfronteiras: Brasil, Bolívia e Paraguai do XXIV Congresso Brasileiro de Ciências da Comunicação, Campo Grande, INTERCOM e UNIDERP, 2001. Processos Midiáticos e Comunidades Fronteiriças: Problemas e Perspectivas. *Mídia, Imagem e Cultura*, vol. 8. Porto Alegre, EDIPUCRS, 2000.

10. CLÁUDIO LAKS EIZIRIK
Médico, psiquiatra e psicanalista. Membro Efetivo e Analista Didata da Sociedade Psicanalítica de Porto Alegre. Professor Adjunto do Departamento de Psiquiatria e Medicina Legal da UFRGS e coordenador de seu Programa de Pós-Graduação em Ciências Médicas: Psiquiatria. Ex-Presidente da Federação Psicanalítica da América Latina, atual Vice-Presidente da Associação Psicanalítica Internacional. Autor de inúmeros trabalhos sobre psicanálise e psicoterapia psicanalítica e organizador, com outros colegas, dos livros *Psicoterapia de Orientação Analítica: Teoria e Prática* (1989) e *O Ciclo da Vida Humana: Uma Perspectiva Psicodinâmica* (2001).

11. CLÁUDIO MENEGHELLO MARTINS
Médico formado pela Faculdade de Medicina da PUCRS (1979). Especialista em Psiquiatria pela UFRGS (1982). Mestre em Psiquiatria pela University of London (1990). Coordenou a Secretaria de Saúde Mental da Secretaria de Saúde e Meio ambiente do Rio Grande do Sul (1994-1995). Atualmente é preceptor e professor de Residência em Psiquiatria do Hospital Materno-Infantil "Presidente Vargas" e na Fundação Federal da Faculdade de Ciências Médicas (RS). Exerce clínica privada em psicoterapia e clínica psiquiátrica há vinte anos. Tem trabalhos publicados em revistas especializadas nacionais e estrangeiras.

12. THEOBALDO OLIVEIRA THOMAZ
Nasceu em Porto Alegre (1946). Formado em Medicina, pela Faculdade de Ciências Médicas de Porto Alegre, em 1973. Psiquiatra com formação psicanalítica, tem vários trabalhos publicados, na especialidade e em Psicanálise Aplicada à Cultura. Organizador e co-autor do livro *Psicanálise Brasileira* e autor de capítulos dos livros: *Psicanálise Hoje – Uma Revolução do Olhar; Filosofia e Psicanálise; Técnica Psicoterápica na Adolescência; Médicos (Pré) Escrevem* (vols. 3, 4 e 5); *Cyro Martins 90 Anos*.

13. LÉA MASINA
Ensaísta e crítica literária, professora de Teoria Literária, Crítica Literária e Literatura

Comparada nos cursos de Graduação e Pós-Graduação do Instituto de Letras da Universidade Federal do Rio Grande do Sul. Formada em Letras e Direito pela Universidade Federal do Rio Grande do Sul, onde obteve o título de Mestre em Letras (1980) e Doutora em Literatura Comparada (1998). Publicou os livros de ensaios *Percursos de Leitura* (Porto Alegre: IEL, 1994) e *Alcides Maya, um Sátiro na Terra do Currupira* (IEL/Unisinos, 1998). Possui textos publicados em obras coletivas, no país e exterior. Organizou os livros *Autores Gaúchos* (1997) e *A Geração Gaúcha de Trinta: Literatura e Artes Plásticas* (2000), este com Myrna Appel. Colabora em periódicos e editoras da capital e do país. Além do magistério e da pesquisa acadêmica, faz crítica literária, participando do Conselho Editorial e Consultivo do Instituto Estadual do Livro do Rio Grande do Sul.

14. LUIZ PILLA VARES
Formado em Ciências Jurídicas e Sociais pela Universidade Federal do Rio Grande do Sul (UFRGS). Desde 1966, exerceu o jornalismo profissional nos jornais *Zero Hora* (RS), *Diário de Notícias* (RS), *O Jornal* (RS), *Jornal do Comércio* (RJ), *Correio da Manhã* (RJ) e *Última Hora* (RJ). É também ensaísta, tendo publicado os livros *Socialismo e Liberdade* (Ed. Mercado Aberto), *O Pescador de Pérolas* (Ed. Tchê), *Rosa, a Vermelha* (Ed. BuscaVida), *Anarquismo, Promessas de Liberdade* (Ed. UFRGS). Foi Secretário da Cultura de Porto Alegre de 1989 a 1995 e Secretário da Cultura do estado do Rio Grande do Sul, de 1999 a 2001. Atualmente, é assessor do governador do Rio Grande do Sul, Olívio Dutra.

15. SANDRA JATAHY PESAVENTO
Professora titular de História do Brasil da Universidade Federal do Rio Grande do Sul, Programa de Pós-Graduação em História e Programa de Pós-Graduação em Urbanismo. Doutora em História pela USP. Pós-doutoramentos em Paris (EHESS), professora convidada das Universidades de Toulouse, Bordeaux e Poitiers (França), Leiden (Holanda), Cleveland (EUA) e estágio no Smithsonian Institution (EUA). Pesquisadora IA do CNPq. Autora de vários livros, sendo os mais recentes *Uma Outra Cidade: Cidadania e Exclusão no Final do Século XIX*, São Paulo, Editora Nacional, 2002; *Erico Veríssimo, o Romance da História*, com Jacques Leenhardt, Lígia Chiappini e Flávio Aguiar, São Paulo, Nova Alexandria, 2001; *O Imaginário da Cidade: Representações Literárias do Urbano* (Paris, Rio de Janeiro e Porto Alegre), Porto Alegre, Editora da Universidade, 1999.

16. RICARDO RIBENBOIM
Artista e designer gráfico há trinta anos, tendo participado de diversas exposições, palestras e publicações nacionais e internacionais. Criador de marcas, projetos de identidade visual e publicações de arte, com diversos prêmios nas áreas em que atua. É membro atuante de diversas instituições culturais. Foi conselheiro das leis de incentivo à cultura municipal, estadual e federal. Foi curador de Web Art na XXIV Bienal Internacional de São Paulo. Dirigiu o Paço das Artes em 1996. Desde 1997 é diretor superintendente do Itaú Cultural.

17. JACQUES LEENHARDT
Filósofo, sociólogo e doutor em Sociologia, é diretor de estudos da Escola de Altos Estudos em Ciências Sociais da Universidade de Paris (EHESS/CNRS), onde é responsável pela equipe de pesquisa Funções Imaginárias e Sociais das Artes e das Literaturas.

Professor convidado de diversas universidades da Europa, Estados Unidos e América Latina. Presidente de honra da AICA – Associação Internacional dos Críticos de Arte. Autor de *Lecture politique du roman: "La jalousie" d'Alain Robbe-Grillet* (*Leitura Política do Romance: "O Ciúme" de Alain Robbe-Grillet*), 1973; *La force des mots: le rôle des intellectuels* (*A Força das Palavras: o Papel dos Intelectuais*), 1982; *Les Amériques Latines en France*, 1992; *Lire la lecture: essai de sociologie de la lecture*, 1982; *Nos Jardins de Burle Marx*, 1996; *Érico Veríssimo: O Romance da História*, coautor, 2001, entre outros. É um dos autores do Manifesto para o Meio Ambiente no Século XXI (1996).

18. PABLO ROCCA
Professor de Literaturas Uruguaya y Latinoamericana na Facultad de Humanidades y Ciencias de la Educación (Universidad de la República – Uruguay). Responsável pelo Programa de Documentación en Literaturas Uruguaya y Latinoamericana. Exerce a crítica cultural em diversos meios nacionais e estrangeiros. Publicou vários livros, dentre eles: *35 Años en Marcha (Crítica y Literatura en el Semanario Marcha y en Uruguay)*, 1991; *Horacio Quiroga, el Escritor y el Mito*, 1996; *Historia de la Literatura Uruguaya Contemporánea* (1996-1997), codirección con Heber Raviolo; *Enseñanza y Teoría de la Literatura en José Enrique Rodó*, 2001. Diretor técnico do *Nuevo Diccionario de Literatura Uruguaya*, 2001.

19. LUIZ ANTONIO DE ASSIS BRASIL
Romancista. Doutor em Letras. Professor da Pontifícia Universidade Católica do Rio Grande do Sul. Autor de quinze obras, entre elas: *Bacia das Almas, Manhã Transfigurada, Um Castelo no Pampa, Videiras de Cristal, Cães da Província, As Virtudes da Casa, O Pintor de Retratos*. Prêmio Érico Veríssimo pelo conjunto da obra; Prêmio Machado de Assis, da FBN, por *O Pintor de Retratos*.

20. ROBERTO BITTENCOURT MARTINS
Nasceu em 1937, na região da Fronteira Brasil-Uruguai (Bagé), filho de dois pioneiros da psicanálise em nosso país (Mário e Zaira Martins). Cursou medicina no Rio de Janeiro, formando-se pela Faculdade Nacional em l962. Qualificou-se como analista na Sociedade Brasileira de Psicanálise do Rio de Janeiro em 1969 e, como grupoterapeuta, na Sociedade de Psicoterapia Analítica de Grupo do estado do Rio. Ao lado da atividade clínica exercida em instituições e consultório, dedicou-se também à literatura, colaborando em jornais e revistas, recebendo alguns prêmios (Machado de Assis para volume de contos em 1962, *Paraná* em 1979) e publicando livros de ficção (como *Ibiamoré- O Trem Fantasma, O Vento nas Vidraças, Amor Ardente*). Vive atualmente no Rio de Janeiro.

21. ALDYR GARCIA SCHLEE
Nasceu em Jaguarão, RS, na fronteira com o Uruguai, em 1934. Doutor em Ciências Humanas. Foi desenhista profissional (vencedor do Concurso Nacional para a escolha do uniforme da seleção brasileira de futebol, 1953), jornalista (Prêmio Esso de Reportagem, 1963), e professor da Universidade Católica e da Universidade Federal de Pelotas (Pró-Reitor, de 1989 a 1992). Escritor bilíngüe, foi vencedor de duas Bienais de Literatura Brasileira (em 1982, com *Contos de Sempre*; e em 1984, com *Uma Terra Só*), e finalista do Prêmio Casa de las Américas (com *Linha Divisória*). Publicou originalmente em espanhol *El Día en que el Papa fue a Melo* (1991) e *Cuentos de Fútbol*

(1995), cuja versão em português lhe valeu em 1998 o Prêmio Açorianos. Também ganhou o Prêmio Açorianos com seu último livro de ficção, *Contos de Verdades*, 2000, e com a tradução de *Facundo*, de Domingo Faustino Sarmiento (1997). Traduziu para o português alguns dos mais importantes autores uruguaios e argentinos; e verteu para o espanhol Cyro Martins e João Simões Lopes Neto. Temas de especialidade: Criação literária; literatura uruguaia e gaúcha; identidade cultural; relações fronteiriças

22. FLÁVIO WOLF DE AGUIAR
Professor doutor em Literatura Brasileira da FFLCH-USP. Diretor do Centro Ángel Rama de Estudos Latino-americanos da mesma faculdade. Foi professor convidado nas Universidades de Montreal, Laval (Canadá), Berlim (Alemanha), Havana (Cuba), Abidjan (Costa do Marfim) e de várias universidades brasileiras. Autor de vários livros, dentre eles: *A Comédia Nacional no Teatro de José de Alencar* (São Paulo, Ática, 1984), Prêmio Jabuti da Câmara Brasileira do Livro daquele ano, categoria de Ensaio Literário; e do romance Anita (São Paulo, Boitempo, 1999), Prêmio Jabuti em 2000.

SÍNTESE BIOBIBLIOGRÁFICA
DE CYRO MARTINS

Cyro Martins nasceu em 1908, em Quaraí, RS, filho de Apolinário e Felícia dos Santos Martins. Em 1917, freqüenta o Colégio Municipal e recebe aulas do professor Caravaca, personagem em *Rodeio* e *O Professor*. Em 1920, deixa a Campanha e vem para o internato do então Ginásio Anchieta, em Porto Alegre, vivência imortalizada em *Um Menino Vai para o Colégio*.

Escreve seus primeiros artigos e contos aos quinze anos. Em 1928, com dezenove anos, ingressa na Faculdade de Medicina de Porto Alegre. Retorna a Quaraí, em 1934, já formado, para fazer a "prática da medicina", como dizia, sobretudo nos bairros e vilas da cidade. Nesse mesmo ano, estréia com *Campo Fora* (contos), impregnado do imaginário da campanha e da fronteira. Morre seu pai, Bilo Martins.

Em 1935, casa com Suely de Souza e utiliza, em conferência, pela primeira vez, a expressão gaúcho a pé, origem e *leit motiv* de sua trilogia (*Sem Rumo, Porteira Fechada, Estrada Nova*). Em 1937, vai estudar neurologia no Rio de Janeiro, onde publica *Sem Rumo* pela Ariel, primeiro romance da trilogia do gaúcho a pé. Em 1938, já em Porto Alegre, presta concurso para Psiquiatria do Hospital São Pedro e, no ano seguinte, participa da fundação da Sociedade de Neurologia, Psiquiatria e Medicina Legal no Hospital São Pedro e vê publicado seu romance *Enquanto as Águas Correm*, pela Globo. Também abre seu primeiro consultório. *Mensagem Errante* surge em 1942, em plena Segunda Guerra Mundial e, em 1944, *Porteira Fechada*, segundo romance da trilogia do gaúcho a pé.

Em 1949, casa com Zaira Meneghello. Dois anos depois, vai fazer sua formação psicanalítica em Buenos Aires. Em 1954, aparece o terceiro romance da trilogia do gaúcho a pé, *Estrada Nova*, que a crítica literária do Rio Grande do Sul elegeu como o melhor e mais sólido romance do autor. Retorna, em 1955, de Buenos Aires, já como membro da Associação Psicanalítica Argentina. Traz a Porto Alegre, entre outros, o analista argentino Arnaldo Rascovsky, de quem se tornara amigo, para debates sobre psicoterapia analítica de grupo. Em 1957, é eleito presidente da Sociedade de Neurologia, Psiquiatria e Neurocirurgia, quando inicia sua atividade como professor no Instituto de Psicanálise. Ainda nesse ano sai *Paz nos Campos*, reunindo contos e novelas que depois ele desdobrará em outras publicações.

De 1958 a 1964 tem vários trabalhos científicos traduzidos para o espanhol e o alemão. Nos anos seguintes lança *Do Mito à Verdade Científica* (1964), *A Criação Artística e a Psicanálise* (1970), *Perspectivas do Humanismo Psicanalítico* (1973), *Orientação Educacional e Profilaxia Mental* (1974), *Rumos do Humanismo Médico Contemporâneo* (1977), revelando-se um homem de ciência voltado para os problemas socioculturais do seu tempo. Volta ao conto em *A Entrevista* (1968) e em *Rodeio* (estampas e perfis) (1976) recria o mundo da infância e adolescência na campanha. Em 1976 tem a obra analisada no primeiro número da série *Escritores Gaúchos* do IEL/RS. Em 1978, é homenageado por amigos, médicos, escritores e historiadores pela passagem dos seus setenta anos. As revoluções de 1893 e 1923 servem de pano de fundo para o romance *Sombras na Correnteza* (1979), em que homenageia seu pai Bilo Martins, transformando-o em personagem como dono de um boliche de beira de estrada. Continua alternando publicações de caráter científico e literário. Em 1979, coordena e é co-autor de *Perspectivas da Relação Médico-Paciente*.

Em 1980, publica *A Dama do Saladeiro* (contos). Já a novela *O Príncipe da Vila* (1982) configura um salto ontológico em sua obra, enquanto os ensaios de *O Mundo em que Vivemos* (1983) e *A Mulher na Sociedade Atual* (1984) mostram o ensaísta preocupado com problemas nucleares de nosso tempo, em que sobressaem a situação, a condição e o papel da mulher na sociedade. A revolução de 1930 é revisitada com um olhar irônico no romance *Gaúchos no Obelisco* (1984). Já no romance *Na Curva do Arco-íris* (1985) convivem o analista e o ficcionista: o social, o histórico e a introspecção se fundem de modo admirável. Foi homenageado especial da 32ª Feira do Livro de Porto Alegre em 1986. Ao completar oitenta anos, seu esplendor criativo se mostra no romance *O Professor* (1988), em que o poeta simbolista Alceu Wamosy aparece como personagem em plena Revolução de 1923. Ainda em homenagem aos seus oitenta anos, um grupo de amigos lança o Prêmio Literário Cyro Martins que, já em 1990, premia *Petrona Carrasco*, de Valter Sobreiro Júnior.

Em 1990 realiza seu incomum livro de memórias, em parceria com Abrão Slavutzky, *Para Início de Conversa*. E, em 1991, seu último trabalho de ficção, a novela *Um Sorriso para o Destino*. Ainda publicaria uma série de ensaios psicanalíticos, em *Caminhos* (1993) e, quando seria de esperar que falasse de si mesmo, surpreende discorrendo sobre seus amigos poetas, pintores e ficcionistas, em *Páginas Soltas* (1994).

A vida deu-lhe cancha para reformular, com seu editor, toda a sua obra de ficção e ciência, antes de falecer em 15 de dezembro de 1995, em Porto Alegre.

Até seus últimos momentos foi estóico, solidário, generoso e, apesar das circunstâncias, preocupado com os outros, lembrando aquela sua frase inesquecível: "Mas o ideal mesmo é a gente mão se sentir jamais em fim de festa e experimentar o gosto de viver no devir do dia-a-dia, infinito recomeçar da criação".

Zaira Meneghello, sua mulher, e os filhos Maria Helena, Cecília e Cláudio, acompanhados por amigos, médicos e escritores, instituíram em novembro de 1997, o Centro de Estudos de Literatura e Psicanálise Cyro Martins, que vai cuidar da vasta obra que Cyro Martins nos legou e promover estudos a partir dela. É como se estivéssemos cumprido a tarefa que ele, entre amável e irônico, costumava vaticinar para sua filha Maria Helena: "Não se preocupe se ocupe".

Carlos Jorge Appel
Crítico Literário e Editor

Título	*Fronteiras Culturais (Brasil-Uruguai-Argentina)*
Organizadora	Maria Helena Martins
Revisão	Marilena Vizentin
Capa	Gad'Designer
Ilustração da Capa	Obra *Campanha*, de Bina Monteiro, 152cm x 109cm, acrílico sobre madeira. Obra integrante da exposição *Olhares sobre Cyro* (Clara Pechansky, curadora), especialmente realizada para o evento *Cyro Martins 90 Anos* (Porto Alegre, 1998)
Projeto Gráfico	Gerson Oliveira de Souza
Editoração Eletrônica	Aline E. Sato Amanda E. de Almeida
Formato	14 x 21 cm
Papel de capa	Cartão Supremo 250 g/m^2
Papel de miolo	Pólen Rustic Areia 85 g/m^2
Número de páginas	260
Impressão	Lis Gráfica